Software-Entwicklung für Echtzeitsysteme

Juliane T. Benra • Wolfgang A. Halang

Software-Entwicklung für Echtzeitsysteme

Springer

Prof. Dr. Juliane T. Benra
Fachhochschule Oldenburg/Ostfriesland/
Wilhelmshaven
Friedrich-Paffrath-Straße 101
26389 Wilhelmshaven
Deutschland
benra@fh-oow.de

Prof. Dr. Dr. Wolfgang A. Halang
Lehrstuhl für Informationstechnik
Fernuniversität in Hagen
58084 Hagen
Deutschland
wolfgang.halang@fernuni-hagen.de

ISBN 978-3-642-01595-3   e-ISBN 978-3-642-01596-0
DOI 10.1007/978-3-642-01596-0
Springer Heidelberg Dordrecht London New York

Die Deutsche Nationalbibliothek verzeichnet diese Publikation in der Deutschen Nationalbibliografie;
detaillierte bibliografische Daten sind im Internet über http://dnb.d-nb.de abrufbar.

Einbandentwurf: eStudio Calamar S.L.

Gedruckt auf säurefreiem Papier

Springer ist Teil der Fachverlagsgruppe Springer Science+Business Media (www.springer.com)

Den Mitgliedern des gemeinsamen Fachausschusses
Echtzeitsysteme der Gesellschaft für Informatik und der
VDI/VDE-Gesellschaft für Mess- und Automatisierungstechnik
in Erinnerung an viele interessante Gespräche auf den jährlichen
Workshops in Boppard

Herausgeber

Prof. Dr. Juliane T. Benra studierte Mathematik mit dem Nebenfach Informatik an der Universität des Saarlandes in Saarbrücken und später an der Universität Hannover. Nach dem Diplom war sie als Software-Ingenieurin und Projektleiterin in Industrieunternehmen in Bremen, Hannover und Oldenburg tätig und beschäftigte sich dabei hauptsächlich mit Echtzeitanwendungen. Berufsbegleitend wurde sie an der Carl von Ossietzky-Universität Oldenburg zum Dr. rer. nat. in Informatik promoviert. Im Jahre 1997 wurde sie zur Professorin im Fachbereich Ingenieurwissenschaften der Fachhochschule in Wilhelmshaven berufen und widmet sich seither der Ingenieursausbildung insbesondere in der Echtzeitdatenverarbeitung.

Prof. Dr. Dr. Wolfgang A. Halang studierte an der Ruhr-Universität Bochum Mathematik und Theoretische Physik und wurde dort in Mathematik und später an der Universität Dortmund in Informatik promoviert. Er war im Ingenieurbereich Prozessleittechnik der Bayer AG tätig, bevor er auf den Lehrstuhl für Angewandte Informatik an der Reichsuniversität zu Groningen in den Niederlanden berufen wurde. Seit 1992 ist er Inhaber des Lehrstuhls für Informationstechnik, insbesondere Realzeitsysteme, im Fachbereich Elektrotechnik der Fernuniversität in Hagen, dessen Dekan er von 2002 bis 2006 war. Er nahm Gastprofessuren an den Universitäten Maribor und Rom II wahr, gründete die Zeitschrift Real-Time Systems und leitete 1992 das NATO Advanced Study Institute on Real-Time Computing. Weiterhin war und ist er in mehreren wissenschaftlichen Organisationen aktiv, so z.B. als Vorsitzender eines Koordinierungskomitees in der International Federation of Automatic Control.

Autoren

Juliane Benra   Fachhochschule Oldenburg/Ostfriesland/Wilhelmshaven
benra@fh-oow.de
Kapitel 1, 3 und 4
Roman Gumzej   Universität in Maribor, Slowenien
roman.gumzej@fl.uni-mb.si
Kapitel 2, 7 und 8
Wolfgang A. Halang   Fernuniversität in Hagen
wolfgang.halang@fernuni-hagen.de
Kapitel 1, 2, 4, 7 und 8
Jürgen Jasperneite   Hochschule Ostwestfalen-Lippe Lemgo
juergen.jasperneite@hs-owl.de
Kapitel 5
Hubert B. Keller   Forschungszentrum Karlsruhe
hubert.keller@iai.fzk.de
Kapitel 3 und 6
Shourong Lu   Fernuniversität in Hagen
shourong.lu@fernuni-hagen.de
Kapitel 2
Rainer Müller   Hochschule Furtwangen
mueller@hs-furtwangen.de
Kapitel 6
Gudrun Schiedermeier   Fachhochschule Landshut
gschied@fh-landshut.de
Kapitel 3 und 6
Theodor Tempelmeier   Fachhochschule Rosenheim
tempelmeier@fh-rosenheim.de
Kapitel 3 und 6

Vorwort

Im März 1991 schrieb Konrad Zuse im Vorwort zum ersten Buch eines der
Herausgeber [57]:

> ... auf das erste programmgesteuerte Rechengerät Z3, das der Unter-
> zeichner im Jahre 1941 in Berlin vorführen konnte, folgte unter an-
> derem ein Spezialgerät zur Flügelvermessung, das man als den ersten
> Prozessrechner bezeichnen kann. Es wurden etwa vierzig als Analog-
> Digital-Wandler arbeitende Messuhren vom Rechnerautomaten abge-
> lesen und im Rahmen eines Programms als Variable verarbeitet.

Dieses Zitat zeigt, dass elektronische Datenverarbeitungsanlagen praktisch
seit Anbeginn im Echtzeitbetrieb eingesetzt werden. Solche Echtzeitsysteme
haben mit der Zeit immer weitere Verbreitung in einer unübersehbaren Vielzahl von Anwendungsgebieten gefunden. Sie werden beispielsweise in der Me-
dizintechnik ebenso eingesetzt wie in der Fabrikautomation. Das verbindende
Merkmal aller solcher unterschiedlichen Anwendungen sind immer besondere
zeitliche Anforderungen, denen Echtzeitsysteme gerecht werden müssen.

Für die Entwickler solcher Systeme ergibt sich – unabhängig vom kon-
kreten Anwendungsfeld – die Notwendigkeit der genauen Kenntnis der für
diese Anforderungen notwendigen Methoden, Verfahren und Techniken. Daher haben sich die Autoren dieses Buches am Rande eines Workshops des
GI/GMA-Fachausschusses Echtzeitsysteme zusammengefunden, um verschiedene relevante Themen zur Echtzeitproblematik zu behandeln. Das daraus
entstandene Buch richtet sich sowohl an Praktiker in Informatikfirmen und
Ingenieurbüros, die bereits einige Zeit im Berufsleben stehen und einen zusam-
menfassenden Überblick über viele Aspekte der Echtzeitdatenverarbeitung zur
Abwicklung eigener Projekte benötigen, als auch an Forscher, die sich mit aktuellen Entwicklungen des Themengebietes vertraut machen möchten, ohne
eine Vielzahl von Einzelliteratur bearbeiten zu müssen. Insbesondere aber ist
der Band als Lehrbuch für Studierende höherer Semester der Informatik sowie verschiedener ingenieurwissenschaftlicher Disziplinen gedacht, die sich den
Herausforderungen von Echtzeitsystemen stellen wollen.

Zur Ergänzung dieses Buches bietet sich eine Reihe weiterer Werke an, von denen hier nur einige erwähnt werden sollen. Den Schwerpunkt auf die Planung von Echtzeitsystemen legt ein Buch von Zöbel [156]. Ebenfalls einen Überblick über Echtzeitsysteme bietet das Buch von Wörn und Brinkschulte [23], das ergänzend zum vorliegenden Band zu Aspekten der Architektur von Echtzeitbetriebssystemen zu Rate gezogen werden kann. Eine Weiterführung in Richtung Prozessinformatik findet sich bei Heidepriem [60]. Wer daran interessiert ist, Aspekte der C-Programmierung von Echtzeitsystemen kennenzulernen, sollte das Werk von Kienzle und Friedrich [92] zu Rate ziehen.

Dieses Buch hat den Anspruch, einen Überblick über die der Echtzeitdatenverarbeitung zu Grunde liegenden Prinzipien zu geben. Seine acht Kapitel beleuchten jeweils einen wesentlichen Aspekt der Entwicklung und des Aufbaus von Echtzeitsystemen.

1. Zunächst werden die sich aus der Natur des Echtzeitbetriebs für das Gebiet ergebenden grundlegenden Begriffe Recht- und Gleichzeitkeit, Vorhersehbarkeit und Verlässlichkeit sowie harte und weiche Zeitanforderungen definiert, aus denen Echtzeitsystemen angemessene Denk- und Beurteilungskategorien abgeleitet werden. Weiterhin wird das für Implementierungen fundamentale Konzept nebenläufiger Rechenprozesse eingeführt.

2. Eine ganzheitliche Methodik zu Analyse und Entwurf von Echtzeitsystemen wird vorgestellt. Sie beruht auf der Unified Modeling Language (UML), die sich als Standard für den objektorientierten Entwurf durchzusetzen scheint. Weil UML und seinen bisherigen Erweiterungen ein nur unzureichendes Verständnis der Anforderungen und Merkmale des Echtzeitbetriebs zugrunde liegt, werden Stereotypen definiert, um das in der Sprache Mehrrechner-PEARL enthaltene umfassende Domänenwissen und die von keinem anderen Ansatz erreichten klaren Konzepte für Entwurf und Analyse verteilter Echtzeitsysteme in UML einzubringen.

3. In Echtzeitsystemen werden nebenläufige Rechenprozesse als zur Interaktion mit den in der Umgebung parallel ablaufenden Prozessen jeglicher Art geeignetes Konstrukt eingesetzt. Das Zusammenwirken und der Informationsaustausch dieser Rechenprozesse muss so organisiert werden, dass dadurch keine Fehler verursacht und die Echtzeitsysteme in konsistenten Zuständen gehalten werden. Zu diesem Zweck werden kritische Bereiche, die beiden häufigsten für nebenläufige Prozesse auftretenden Synchronisationsaufgaben Kooperation und gegenseitiger Ausschluss sowie Problemlösungsstrategien mit Hilfe von Semaphoren und Monitoren behandelt.

4. Die echtzeitspezifischen Konzepte von Echtzeitbetriebssystemen werden eingeführt und am Beispiel von RTOS-UH näher betrachtet, da es frei verfügbar und anderen marktgängigen Echtzeitbetriebssystemen technisch weit überlegen ist und weil ihm der legale Status der Betriebsbewährtheit verliehen wurde, weshalb es auch für sicherheitsgerichtete Anwendungen eingesetzt werden darf. Ausführliche Dokumentationen stehen kostenlos und in deutscher Sprache im Internet zur Verfügung.

5. Wegen der Verteiltheit von Echtzeitsystemen sowie der mehr und mehr dezentralen Anordnung von Sensoren, Aktoren und Verarbeitungseinheiten werden diese Komponenten untereinander verbindende Kommunikationsnetze benötigt, die so ausgelegt sein müssen, dass die darüber laufenden Übertragungen und Transaktionen vorgegebene Zeitschranken einhalten, um trotz Netzverkehrs Regelungen und zeitgerechte Ereignisreaktionen zu ermöglichen. Weiterhin werden in diesem Kapitel Erkennungsverfahren für Übertragungsfehler und Methoden zur Synchronisation der Uhren in den Knotenrechnern verteilter Systeme behandelt.

6. Das asynchrone Paradigma zur Programmierung von Echtzeitsystemen wird vorgestellt. In ihrer täglichen Praxis als Hochschullehrer haben die Autoren immer wieder festgestellt, dass Studierende Denkweise und Konzepte der Echtzeitprogrammierung am leichtesten verstehen, wenn sie am Beispiel von PEARL darstellt werden, denn diese von Automatisierungstechnikern konzipierte originäre Echtzeitprogrammiersprache besitzt im Vergleich mit anderen im Echtzeitbereich eingesetzten Sprachen die klarsten und mächtigsten anwendungsbezogenen Sprachkonstrukte. Das hat positive Konsequenzen auf Qualität und Sicherheit der damit erstellten Systeme. Durch Einsatz von PEARL lässt sich auch ein Wettbewerbs- und Produktivitätsvorsprung erzielen, denn um eine einzige problembezogene und selbstdokumentierende PEARL-Anweisung bspw. in C auszudrücken, bedarf es dort oft bis zu 30 Zeilen völlig unverständlichen Codes.

7. Wegen ihrer großen Bedeutung wird die Qualitätssicherung von Programmen und Dokumentationen recht ausführlich behandelt. Dabei wird von der grundsätzlich anderen Natur dieser Artefakte gegenüber materiellen Konstrukten ausgegangen und besonderes Augenmerk auf den Sicherheitsbezug von Software für eingebettete Systeme gelegt, der für andere Software nicht gilt. Es werden komplementär wirkende konstruktive und analytische Maßnahmen, deren Einsatz die Software-Qualität zu erhöhen verspricht, und als Richtlinie ein Regelwerk zur Programmierung eingebetteter Systeme für sicherheitsgerichtete Automatisierungsaufgaben vorgestellt. Weiterhin werden praktisch anwendbare Verfahren zur funktionalen Prüfung von Programmen und zum Nachweis ihres Echtzeitverhaltens auch bei Einsatz in verteilten Systemen beschrieben.

8. Das Buch schließt mit der Betrachtung von Kriterien und Verfahren zur Bewertung der Leistung und Dienstequalität von Echtzeitsystemen – einem Aspekt, dem bisher kaum Aufmerksamkeit geschenkt wurde, da immer Geschwindigkeit und Kosten von Rechnern im Vordergrund standen. Aber gerade für eingebettete Systeme sind Sicherheit, Echtzeitfähigkeit, Wartbarkeit oder System- und Folgekosten viel bedeutsamer. Deshalb werden Leistungsbewertung von und Dienstgütekriterien für Echtzeitsysteme detailliert erläutert, mit denen sich jede Entwurfsalternative ganz spezifisch nach dem Anforderungsprofil der Anwendung bewerten lässt.

Sollten Sie Fehler in diesem Buch feststellen oder Anregungen jeglicher Art haben, so bitten wir Sie, uns diese unter `pearl@fernuni-hagen.de` mitzuteilen. Unter `http://www.real-time.de/Lehrbuch` werden wir gegebenenfalls Korrigenda und andere Hinweise bekannt geben.

An der Fertigstellung dieses Buches hatten viele Personen Anteil. Genannt werden sollen hier natürlich insbesondere die Autoren, die Beiträge zu den einzelnen Kapiteln erstellt haben. Viel Zeit und Mühe haben auch Jan Bartels, Jutta Düring, Wilfried Gerth, Andreas Hadler, Jürgen Heidepriem und Albrecht Mehl auf dieses Projekt verwandt, indem sie z.B. einzelne Kapitel begutachtet, hilfreiche Hinweise gegeben oder Illustrationen angefertigt haben. Allen möchten wir herzlich für ihr Engagement danken. Ebenso danken wir Eva Hestermann-Beyerle und Birgit Kollmar vom Springer-Verlag für die ausgezeichnete Zusammenarbeit.

Wilhelmshaven und Hagen im Juni 2009

Juliane Benra   Wolfgang A. Halang

Inhaltsverzeichnis

Einführung

Durch Erschließung immer weiterer neuer und großer Anwendungsbereiche nimmt die Bedeutung von Echtzeitsystemen im täglichen Leben und für unser aller Sicherheit rasch zu. Das von diesen Systemen abgedeckte breite Spektrum sei hier beispielhaft durch Steuerungen und Regelungen von Waschmaschinen, Antiblockiersystemen, Computer-Tomographen, strukturinstabilen Flugzeugen, Magnetbahnen, Kraftwerken und Energieverteilungssystemen, Luftverkehrsüberwachungseinrichtungen sowie Satelliten und Raumstationen charakterisiert. Im Interesse des Wohlergehens der Menschen sind beträchtliche Anstrengungen bei der Entwicklung höchst verlässlicher Echtzeitsysteme erforderlich. Weiterhin hängen heutzutage Konkurrenzfähigkeit und Wohlstand ganzer Nationen vom frühestmöglichen und effizienten Einsatz rechnergestützter Fertigungssysteme ab, für welche die Echtzeitverarbeitung eine entscheidende Rolle spielt.

1.1 Grundlegende Begriffe

1.1.1 Echtzeitbetrieb

Da mit den Begriffen Echt- oder Realzeitsystem im Allgemeinen noch recht unterschiedliche und oft sogar falsche Vorstellungen verknüpft werden, ist es notwendig, an den Anfang eine Präzisierung der mit Echtzeitinformatik zusammenhängenden Begriffe zu setzen. Das grundlegende Charakteristikum dieser Disziplin ist der Echtzeitbetrieb. Letzterer wird in der Norm DIN 44300 [39] „Informationsverarbeitung" vom März 1972 unter der Nummer 161 (bzw. als „Realzeitverarbeitung" unter der Nummer 9.2.11 in einer neueren Version der Norm vom Oktober 1985) folgendermaßen definiert:

Ein Betrieb eines Rechensystems, bei dem Programme zur Verarbeitung anfallender Daten ständig betriebsbereit sind, derart, dass die Verarbeitungsergebnisse innerhalb einer vorgegebenen Zeitspanne verfügbar sind. Die Daten können je nach Anwendungsfall nach einer zeitlich zufälligen Verteilung oder zu vorherbestimmten Zeitpunkten anfallen.

Definitionsgemäß ist es mithin Aufgabe in dieser Betriebsart arbeitender Digitalrechner, Programme auszuführen, die mit externen technischen Prozessen in Zusammenhang stehen. Da die Programmabläufe mit den in den externen Prozessen auftretenden Ereignissen zeitlich synchronisiert sein und mit diesen Schritt halten müssen, werden Echtzeitsysteme auch als *reaktive Systeme* bezeichnet. Und da sie stets in größere Automatisierungsumgebungen („einbettende Systeme") eingebettet sind, werden sie auch *eingebettete Systeme* genannt.

Wie aus Abb. 1.1 ersichtlich ist, definiert man ein Echtzeitsystem als ein dediziertes Rechnersystem mit nebenläufigem Betrieb, das in zeitbeschränkter Weise auf externe Umstände reagiert. Die Umstände resultieren aus in der Umgebung des Echtzeitsystems auftretenden Ereignissen. Typischerweise haben Reaktionen die Form von Signalen an die Umgebung. Die Zeitverhältnisse werden als binnen oder als außerhalb spezifizierter Zeitschranken betrachtet. Entsprechend werden Rechtzeitigkeitsaussagen gemacht, die anwendungsspezifische Bedeutungen haben können.

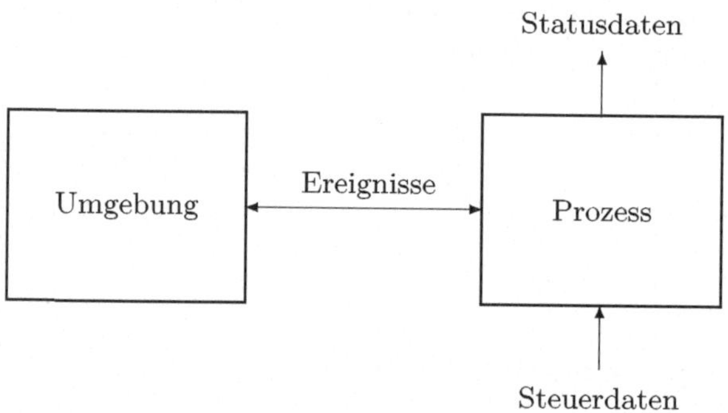

Abb. 1.1. Schematische Definition eines Echtzeitsystems

1.1.2 Echtzeitanforderungen

Von anderen Formen der Datenverarbeitung unterscheidet sich der Echtzeitbetrieb durch das explizite Hinzutreten der Dimension *Zeit*. Als den für unsere Betrachtungen zweckmäßigsten Zeitbegriff wählen wir den von Kant, der sinngemäß lautet:

> Die Zeit ist eine Kategorie, die es uns erlaubt, Ereignisse in einer Reihenfolge (d.h. einer Vorher-Nachher-Beziehung) anzuordnen.

Mathematisch gesprochen betrachten wir die Zeit als den eindimensionalen euklidischen Raum der reellen Zahlen. Die Zeit äußert sich in den folgenden beiden Hauptanforderungen an Echtzeitsysteme, die – sofern dies überhaupt möglich ist – auch unter extremen Lastbedingungen erfüllt sein müssen:

- **Rechtzeitigkeit** und
- **Gleichzeitigkeit**.

Wie wir weiter unten sehen werden, werden diese Anforderungen durch zwei weitere mit gleicher Bedeutung ergänzt:

- **Vorhersehbarkeit** und
- **Verlässlichkeit**.

Auf Anforderung durch einen externen Prozess müssen Erfassung und Auswertung von Prozessdaten sowie geeignete Reaktionen pünktlich ausgeführt werden. Dabei steht nicht die Schnelligkeit der Bearbeitung im Vordergrund, sondern die Rechtzeitigkeit der Reaktionen innerhalb vorgegebener und *vorhersehbarer* Zeitschranken. Echtzeitsysteme sind mithin dadurch charakterisiert, dass die funktionale Korrektheit eines Systems nicht nur vom Resultat einer Berechnung bzw. einer Verarbeitung, sondern auch von der Zeit abhängt, *wann* dieses Resultat produziert wird. Korrekte Zeitpunkte werden von der Umwelt der Echtzeitsysteme vorgegeben, d.h. diese Umwelt kann nicht wie von Stapelverarbeitungs- und Teilnehmersystemen dazu gezwungen werden, sich der Verarbeitungsgeschwindigkeit von Rechnern unterzuordnen. So muss z.B. das Steuergerät eines Airbags diesen aufgeblasen haben, bevor der Autofahrer auf das Lenkrad schlägt, und das Leitsystem eines chemischen Reaktors muss Überdruck ablassen, bevor der Reaktor explodiert.

Entsprechend der einbettenden Systeme teilt man Umgebungen in solche mit *harten* und *weichen* Zeitbedingungen ein. Sie unterscheiden sich durch die Konsequenzen (vgl. Abb. 1.2), die die Verletzung der Rechtzeitigkeitsforderung nach sich ziehen: während weiche Echtzeitumgebungen durch Kosten charakterisiert sind, die in der Regel mit zunehmender Verspätung der Resultate stetig ansteigen, sind solche Verspätungen in harten Echtzeitumgebungen unter keinerlei Umständen hinnehmbar, da verspätete Rechnerreaktionen entweder nutzlos oder sogar für Menschen oder den externen Prozess gefährlich sind. Mit anderen Worten, der Schaden der Nichteinhaltung vorgegebener Zeitschranken in harten Echtzeitumgebungen ist nicht hinnehmbar. Auf der anderen Seite sind vorzeitig eintreffende Resultate zwar korrekt, aber nicht qualitativ besser. Harte Zeitbedingungen können exakt bestimmt werden und ergeben sich typischerweise aus den physikalischen Gesetzen der automatisierten technischen Prozesse [67]. Das Interesse der Echtzeitinformatik gilt im Wesentlichen den Prozessumgebungen mit harten Echtzeitbedingungen.

Die zweite Forderung nach gleichzeitiger Bearbeitung externer Prozessanforderungen resultiert aus dem Vorhandensein paralleler Prozessabläufe in einbettenden Systemen und impliziert, dass Echtzeitsysteme grundsätzlich verteilt sein und die Möglichkeit zur Parallelverarbeitung bieten müssen.

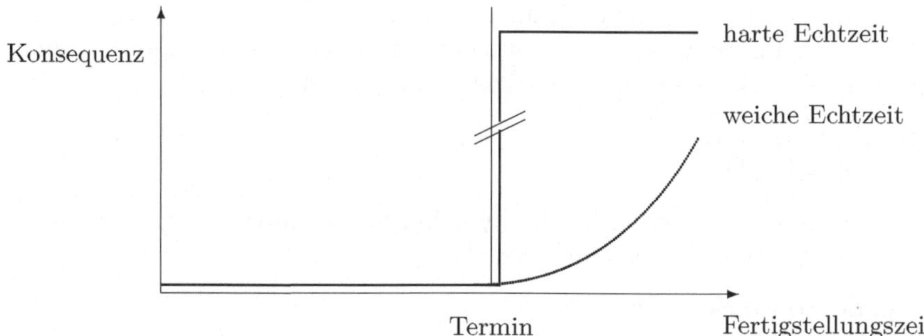

Abb. 1.2. Echtzeitumgebungen mit „harten" und „weichen" Zeitschranken

Die oben aus der Norm DIN 44300 zitierte Definition des Echtzeitbetriebs hat bedeutende Konsequenzen für die *Verlässlichkeit* von Echtzeitsystemen, weil die dort geforderte ständige Betriebsbereitschaft nur von fehlertoleranten und – vor allen Dingen gegenüber unsachgemäßer Handhabung – robusten Systemen gewährleistet werden kann. Diese Verlässlichkeitsanforderungen gelten sowohl für die Hardware als auch für die Software. Sie sind insbesondere für solche Anwendungen wichtig, bei denen Rechnerfehlfunktionen nicht nur zum Verlust von Daten führen, sondern auch Menschen und größere Investitionen gefährden. Die Erwartung hoher Verlässlichkeit kann natürlich nicht die unrealistische Forderung nach einem niemals ausfallenden System bedeuten, da es kein absolut zuverlässiges technisches System gibt. Jedoch muss man durch geeignete Maßnahmen danach streben, Verletzungen von Zeitschranken und entsprechende Schäden quantifizierbar und so unwahrscheinlich wie möglich zu machen. In diesem Zusammenhang müssen die Beschränkungen eines Echtzeitsystems erkannt und das Risiko seines Einsatzes für Zwecke der Prozessautomatisierung sorgfältig abgewogen werden.

In der Definition des Echtzeitbetriebs nach DIN 44300 heißt es, dass zu verarbeitende Daten nach einer zeitlich zufälligen Verteilung anfallen dürfen. Daraus wird häufig der Schluss gezogen, dass das Verhalten von Echtzeitsystemen nicht determiniert sein soll, und entsprechend werden Auswahlentscheidungen nichtdeterministisch getroffen. *Dieser Schluss beruht auf einem Denkfehler!* Zwar mag ein externer technischer Prozess derart komplex sein, dass sein Verhalten als zufällig erscheint – die durch einen Rechner daraufhin auszuführenden Reaktionen müssen jedoch genau geplant und vorhersehbar sein. Das gilt insbesondere für den Fall des gleichzeitigen Auftretens mehrerer Ereignisse, die zu einer Konkurrenzsituation um die Bedienung durch den Rechner führt, und schließt auch transiente Überlast- und andere Fehlersituationen ein. In solchen Fällen erwarten die Benutzer, dass das System seine Leistung nur allmählich und zwar in transparenter und vorhersagbarer Weise einschränkt. Nur ein voll deterministisches Systemverhalten wird letztendlich die sicherheitstechnische Abnahme programmgesteuerter Geräte für sicherheitskritische Aufgaben ermöglichen. Der in diesem Zusammenhang geeignete Begriff von Vorhersehbarkeit und Determinismus soll durch ein Beispiel aus dem täglichen Leben illustriert werden: wir wissen nicht, wann es brennen wird, aber wir erwarten die Ankunft der Feuerwehr innerhalb einer gewissen (kurzen) Zeitspanne, nachdem sie gerufen wurde.

Diese Betrachtung zeigt, dass Vorhersehbarkeit des Systemverhaltens von zentraler Bedeutung für den Echtzeitbetrieb ist. Sie ergänzt die Rechtzeitigkeitsforderung, da letztere nur dann garantiert werden kann, wenn das Systemverhalten exakt vorhersehbar ist, und zwar sowohl in der Zeit als auch bzgl. der Reaktionen auf externe Ereignisse. Da das zeitliche Verhalten heute verfügbarer Rechensysteme höchstens in Ausnahmefällen vorhersehbar ist, ist bei der Konzeption und Entwicklung von Echtzeitsystemen äußerste Vorsicht und Sorgfalt geboten.

1.1.3 Nebenläufige Rechenprozesse

Zur Realisierung der beiden Hauptforderungen Recht- und Gleichzeitigkeit an Echtzeitsysteme dienen die Konzepte *Unterbrechung* und *(paralleler) Rechenprozess* oder *Task*, die in anderen Bereichen der Datenverarbeitung nur auf der Betriebssystemebene bekannt sind. Durch Senden von *Unterbrechungssignalen* kann ein technischer Prozess im ihn bedienenden Rechner laufende Programme *verdrängen*, d.h. unterbrechen und zurückstellen, und dafür andere starten, die auf derart angezeigte Prozesszustände – möglichst rechtzeitig – reagieren. Im Rechner werden die gleichzeitigen und weitgehend voneinander unabhängigen Funktionsabläufe der physikalischen Umwelt durch parallele Rechenprozesse adäquat modelliert. Dieses Konzept ist von den verwendeten Rechnerstrukturen unabhängig und darüber hinaus der zentrale Begriff der Programmierung von Echtzeitanwendungen.

Eine Task ist die *Ausführung eines – einem Vorgang in einem externen technischen Prozess zugeordneten – Programms*. Letzteres ist eine Formulierung eines durchzuführenden Algorithmus. Der Ablauf einer Task wird durch ein Organisationsprogramm gesteuert und mit Betriebsmitteln ausgestattet. Eine Task (TA; vgl. im Folgenden die Bezeichnungen aus Abb. 1.3) wird von einem Anstoß aktiviert, worauf ein Programm (P) abläuft, das aus Eingabedaten (A1) einen Ausgabedatensatz (A2) berechnet. Es ist möglich, dass sich mehrere, auch gleichzeitig laufende Tasks, desselben Programmes bedienen. Die nebenläufige Abarbeitung einer Anzahl von Tasks unter Verwendung des gleichen oder auch verschiedener Programme nennt man *Mehrprozessbetrieb* oder *Multitasking*.

Ein Rechenprozess ist mithin der zeitliche Vorgang der Abarbeitung eines sequentiellen Programms auf einem Rechner. Ein Programm ist ein statisches Objekt, das aus einer Anzahl von Befehlen besteht, die in den Speicher eines Rechners geladen werden. Streng davon zu unterscheiden ist die dynamische Ausführung eines Programms, die einen Rechenprozess darstellt. Diese Unterscheidung ist wesentlich, besonders für Systeme, die wiedereintrittsfähige

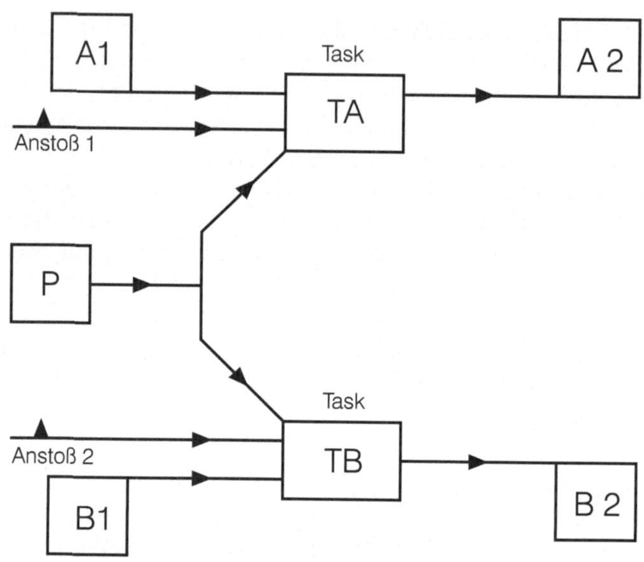

Abb. 1.3. Zum Konzept des parallelen Rechenprozesses

Programmkomponenten umfassen. Ein einziges Exemplar eines Programmcodes kann dort zur gleichen Zeit von mehreren Tasks ausgeführt werden.

Auch der Aufruf eines Rechenprozesses ist deutlich vom Aufruf eines (Unter-) Programms zu unterscheiden. Bei einem Unterprogrammaufruf wird die Ausführung des aufrufenden Programms ausgesetzt, bis das Unterprogramm ausgeführt ist. Dann wird das aufrufende Programm fortgesetzt. Ein Unterprogrammaufruf bewirkt also eine Verlängerung des aufrufenden Programms. Demgegenüber werden beim Aufruf eines Rechenprozesses das aufrufende Programm und der aufgerufene Rechenprozess „gleichzeitig" ausgeführt, wobei die tatsächliche Ausführung nach dem Aufruf durch ein Echtzeitbetriebssystem gesteuert wird.

Parallele (oder auch konkurrent oder nebenläufig genannte) Bearbeitung von Rechenprozessen stellt sich dann ein, wenn z.B. zwei Prozesse T1 und T2 *verschränkt* zur Abarbeitung kommen, d.h. es werden Befehle von T1 abgearbeitet, dann einige Befehle von T2 und danach wieder Befehle von T1. Sind mehrere Prozessoren vorhanden, so kann dies echt parallel geschehen. Bei Vorhandensein nur eines einzigen Prozessors spricht man von *Pseudoparallelität.*

Ein Rechenprozess existiert nicht nur während der Ausführung der Befehle des bearbeiteten Programms, sondern auch während geplanter oder erzwungener Wartezeiten. Er beginnt mit dem Eintrag in eine Liste eines Organisationsprogramms und endet mit dem Löschen aus dieser Liste. Ein Rechenprozess kann damit auch als ein von einem Echtzeitbetriebssystem gesteuerter Vorgang der Abarbeitung eines sequentiellen Programms definiert werden.

1.2 „Echtzeitdenke": Kategorien und Optimalität

Im Gegensatz zu weitverbreiteten Fehlinterpretationen muss deutlich betont werden, dass auf Grund der Definition in DIN 44300 weder Teilnehmer- noch einfach sehr schnelle Systeme notwendigerweise Echtzeitsysteme sind. Rechtzeitiges Reagieren ist viel wichtiger als Geschwindigkeit. Auch das in der Informatik übliche Denken in wahrscheinlichkeitstheoretischen und statistischen Kategorien im Hinblick auf die Beurteilung von Rechnerleistungen ist für die Echtzeitinformatik nicht angebracht, ebensowenig wie Fairness bei der Anforderungsbearbeitung oder Minimierung mittlerer Reaktionszeiten als Optimalitätskriterien des Systementwurfs taugen. Statt dessen müssen extreme Lastsituationen sowie maximale Laufzeiten und Verzögerungen betrachtet werden. Bei der Realisierung vorhersehbarer und verlässlicher Echtzeitsysteme ist das Denken in statischen Termen und die Respektierung physikalischer Beschränkungen ein absolutes Muss:

> *Alle – vorgetäuschten – dynamischen und „virtuellen" Elemente sowie alle Maßnahmen, die nur im statistischen Mittel einen Beitrag zur Leistungssteigerung von Rechensystemen erbringen, schaden mehr als dass sie nutzen.*

Trotz der besten Planung eines Systems existiert immer die Möglichkeit, dass es durch eine Notfallsituation in einem Rechnerknoten zu einer vorübergehenden Überlastung kommt. Um solche Fälle zu handhaben, wurden Lastverteilungsverfahren entwickelt, die Aufgaben auf andere Knoten in verteilten Systemen verlagern. In industriellen eingebetteten Echtzeitsystemen ist diese Idee jedoch i.A. nicht anwendbar, da sie nur für reine Rechenprozsse sinnvoll ist. Im Gegensatz dazu sind Steuerungs- und Regelungsprozesse in hohem Maße ein- und ausgabeintensiv, so dass die feste Verkabelung der Peripheriegeräte mit bestimmten Knoten eine Verteilung von Last unmöglich macht.

Nach den hergebrachten Denkkriterien der Informatik erscheint maximale Prozessorauslastung als eine wichtige Fragestellung und ist deshalb Thema vieler Forschungsarbeiten. Für eingebettete Echtzeitsysteme ist es dagegen völlig irrelevant, ob die Prozessorauslastung optimal ist oder nicht, da die Kosten in einem größeren Zusammenhang gesehen werden müssen, und zwar im Rahmen des einbettenden externen Prozesses und in Bezug auf dessen Sicherheitsanforderungen. Zieht man die Kosten des technischen Prozesses und mögliche Schäden in Betracht, die eine Rechnerüberlastung verursachen kann, so sind die relativen Kosten für den Rechner i.A. zu vernachlässigen. In Anbetracht immer noch stetig sinkender Hardware-Preise sind auch die absoluten Zahlen von abnehmender Bedeutung. (Eine Stunde Produktionsausfall einer mittelgroßen verfahrenstechnischen Anlage, die durch einen Rechnerausfall verursacht wird, und die notwendigen Reinigungsarbeiten kosten z.B. etwa 50.000 €. Dies ist auch ungefähr der Preis eines Prozessleitsystems, das die Anlage steuert. Eine Prozessorplatine kostet nur einen geringen Bruchteil der genannten Summe.) Aus diesen Gründen ist die Prozessorauslastung kein sinnvolles Entwurfskriterium für eingebettete Echtzeitsysteme. Geringere Prozessorauslastung ist ein – billiger – Preis, der für die Einfachheit eines Systems und seiner Software (ein erfahrener Systementwickler kostet über 1.000 € pro Tag) bezahlt werden muss, die Voraussetzung zur Erzielung von Verlässlichkeit und Vorhersehbarkeit ist.

Entwurf und Analyse verteilter Echtzeitsysteme

2.1 Einleitung

In den letzten Jahren hat sich die Spezifikationssprache UML [114] als Standard für den objektorientierten Entwurf informationsverarbeitender Systeme herauskristallisiert. Die Sprache wird intensiv zur Entwicklung komplexer Informationssysteme eingesetzt und von den meisten Werkzeugen zur objektorientierten Modellierung unterstützt. Zwar beinhaltet UML ein großes Spektrum verschiedener Diagrammtypen und Erweiterungsmechanismen, mit denen Zielsysteme visuell modelliert werden können, jedoch fehlen den spezifischen Bedürfnissen verteilter Echtzeitumgebungen angemessene Konstrukte. Deshalb gibt es eine Reihe von Ansätzen wie z.B. UML-RT [115], UML entsprechend zu erweitern. Alle kranken jedoch daran, dass ihnen ein nur unzureichendes Verständnis der Anforderungen und Merkmale des Echtzeitbetriebs zugrunde liegt.

Im Gegensatz dazu bauen die Definitionen der verschiedenen Versionen der höheren Echtzeitprogrammiersprache PEARL gerade auf einem vertieften Verständnis dieser Charakteristika auf, was die konzeptionelle Stärke der Sprache ausmacht. Schon 1993 wurde gezeigt [58], dass sich eine erweiterte Teilmenge von PEARL wegen der Orientierung der Grundsprache an den Anforderungen der Automatisierungstechnik und der Begriffswelt von Ingenieuren sowie ihrer leichten Lesbarkeit und Verständlichkeit hervorragend zur Spezifikation von Echtzeitanwendungen eignet. Dies gilt umso mehr für das bereits 1989 normierte Mehrrechner-PEARL [40], das eigentlich „PEARL für verteilte Echtzeitsysteme" heißen sollte, weil es sogar eher eine Spezifikations- als eine Programmiersprache ist; denn neben nur wenigen ausführbaren Sprachkonstrukten im klassischen Sinne enthält es Sprachmittel zum Ausdruck aller Funktionen, die zur Spezifikation des Verhaltens verteilter, eingebetteter Systeme erforderlich sind:

- Beschreibung des gerätetechnischen Aufbaus,
- Beschreibung der Software-Konfiguration,

- Spezifikation der Kommunikation und ihrer Eigenschaften (Peripherie- und Prozessanschlüsse, physikalische und logische Verbindungen, Übertragungsprotokolle) sowie
- Angabe der Bedingungen und der Art der Durchführung dynamischer Rekonfigurierungen im Fehlerfalle.

Auch wenn sich Mehrrechner-PEARL bisher nicht hat durchsetzen können, liegt es doch nahe, das darin enthaltene umfassende Wissen und die von keinem anderen Ansatz erreichten klaren Konzepte für Entwurf und Analyse verteilter Echtzeitsysteme und zur entsprechenden Erweiterung von UML zu nutzen, anstatt das Rad neu zu erfinden.

Diese Überlegungen lagen der Entwicklung der ganzheitlichen Entwurfsmethode „Spezifikations-PEARL" oder kurz „S-PEARL" zu Grunde, die hier vorgestellt wird. Da Rechtzeitigkeits- und Sicherheitsaspekte für Echtzeitsysteme ebenso wichtig wie funktionale Korrektheit sind, müssen sie ganzheitlich unter Berücksichtigung aller ihrer Komponenten und funktionalen Eigenschaften und ganz besonders ihrer nachfolgenden Verifikation entwickelt werden. Dieser Anforderung wird die vorgestellte Methode gerecht. Ihre Spezifikationssprache und Notation zur Beschreibung von Hardware/Software-Architekturen, von Echtzeitprozesse darstellenden zeitbehafteten Zustandsübergangsdiagrammen, von dynamischen System-(re)-konfigurationen und von Kosimulationen zur Prüfung der Korrektheit und Zeitgerechtheit entworfener Systeme oder Subsysteme wird im Folgenden vorgestellt.

Nach der Beschreibung des Modellierungsansatzes von S-PEARL wird gezeigt, wie sich eine Schnittstelle zwischen der S-PEARL-Methode und UML erstellen lässt. Dies werden wir durch Definition geeigneter UML-Stereotypen tun. Da UML als äußerst wichtige Entwurfsmethode für Informationssysteme auch zum Entwurf eingebetteter Systeme verwendet wird, ermöglicht diese Schnittstelle somit an S-PEARL orientierten Entwurf auch in UML unter Verwendung der reichhaltigen diagrammatischen Darstellungsmöglichkeiten, die UML bietet. Wir erweitern UML um an Mehrrechner-PEARL orientierten Konzepte und zeigen schließlich deren Anwendbarkeit am Beispiel der Spezifikation eines verteilten elektronischen Bordsystems für Automobile.

2.2 Spezifikations-PEARL

Die Entwurfsmethode S-PEARL basiert auf der in der Norm für Mehrrechner-PEARL (DIN 66253, Teil 3 [40]) verwendeten Notation, nach der eine textuelle (vgl. Listing 2.1) Systemarchitekturbeschreibung aus sogenannten Dvisions besteht, die verschiedene Aspekte eines Systementwurfs definieren. Sie ermöglicht die Konstruktion konzeptueller Systemmodelle, wobei die Architekturen der Hard- und der Software gleichzeitig beschrieben werden können. Mit der S-PEARL-Methode kann ein Systemmodell mit Hilfe zugeordneter Werkzeuge erstellt und auf Kohärenz geprüft werden. Der Nutzen, die Methode einzusetzen, besteht darin,

- die spätere Systemintegration schon in einem sehr frühen Stadium berücksichtigen zu können,

- zeitliche Beschränkungen überall dort in Entwürfen angeben zu können, wo dies erforderlich ist, und

- die Zeitgerechtheit von Entwürfen schon vor ihrer Implementierung prüfen zu können.

Listing 2.1. Beispiel einer textuellen Architekturbeschreibung in S-PEARL basierend auf Mehrrechner-PEARL

```
ARCHITECTURE;
STATIONS;
   NAMES: KP;
      PROCTYPE: MC68370 AT 20 MHz;
      WORKSTORE: SIZE 65536 SPACE 0 -
         'FFFF'B4 READ/WRITE WAITCYCLES 1;
      WORKSTORE: SIZE 32768 SPACE 0 -
         '7FFF'B4 READONLY WAITCYCLES 1;
      INTERFACE: KP_IO (DRIVER: KPINOUT; DIRECTION: INPUT;
         SPEED: 20971520 BPS; UNIT: FIXED);
      STATEID: (NORMAL, CRITICAL);
      STATIONTYPE: KERNEL; SCHEDULING: EDF;
      MAXTASKS: 20; MAXSEMA: 5;
      MAXEVENT: 15; MAXEVENTQ: 5;
      MAXSCHED: 30; TICK: 1E-3 SEC; ...
STAEND;


NET;
   KP.KP_IO <-> TP1.TP1_IO; KP.KP_IO <-> TP2.TP2_IO;
   TP1.TP1_IO <-> Sensor1.S1; TP2.TP2_IO <-> Sensor2.S2;
NETEND;


SYSTEM;
   NAMES: KP; KP.KP_IO INOUT;
   NAMES: Sensor 1; Sensor1.S1 OUT;
   NAMES: Sensor 2; ...
   NAMES: TP1; TP1.S1 IN; TP1.TP1_IO INOUT;
   NAMES: TP2; ...
SYSEND;


CONFIGURATION;
   COLLECTION KP_WS;
      PORTS KP_TP1_lin, KP_TP2_lin;
      CONNECT KP_WS.KP_TP1_lin INOUT
         TP1_WS.TP1_KP_lin VIA KP.KP_IO;
      CONNECT KP_WS.KP_TP2_lin INOUT
         TP2_WS.TP2_KP_lin VIA KP.KP_IO;
   COLEND;
```

```
  COLLECTION TP_WS;
    PORTS S1 , TP1_KP_lin ;
    CONNECT TP1_WS.S1 IN VIA TP1.S1 ;
    CONNECT TP1_WS.TP1_KP_lin INOUT
      KP_WS.KP_TP1_lin VIA TP1.TP1_IO ;
    MODULE TP1_WS_M1;
      EXPORTS(Side 1);
        TASK Side1 ;
          TRIGGER PORT S1 ;
          DEADLINE 100;
        TASKEND;
      MODEND;
  COLEND;
CONFEND;
ARCHEND;
```

2.2.1 Modellierung von Software/Hardware-Architekturen

Die S-PEARL-Methode sieht die gemeinsame Beschreibung der Architekturen von Hard- and Software vor. Ein Hardware-Modell besteht aus STATIONs, den Verarbeitungsknoten eines Systems. Ihre Komponenten (vgl. Abb. 2.1) werden aus einer Liste allgemeiner Komponenten wie Prozessoren, Speicher oder Schnittstellen ausgewählt und bestimmen die Struktur der Stationen. Auf der anderen Seite stellen sie auch deren Betriebsmittel dar und die zur Zuteilbarkeitsanalyse notwendigen Zeitinformationen bereit.

Ein Software-Modell setzt sich aus COLLECTIONs zusammen, die in Abhängigkeit ihrer Zustandsinformationen auf die STATIONs des Hardware-Modells abgebildet werden (Abb. 2.2). Ihrerseits bestehen COLLECTIONs aus MODULEs von TASKs. Zu jeder Zeit ist genau eine COLLECTION einer STATION zum Ablauf zugeordnet. Mithin ist die COLLECTION auch die Einheit dynamischer Rekonfigurationen. Verwaltet werden COLLECTIONs von einem Konfigurationsverwalter (CM), der eine Middleware-Schicht zwischen Echtzeitbetriebssystem, sofern vorhanden, und Anwendungsprogrammen darstellt. Er fungiert als (1) Hardware-Abstraktionsschicht, (2) Hardware/Software-Schnittstelle und (3) als Kooperationsagent für die COLLECTIONs. Um ausführbare Einheiten zu bilden, wird der CM zusammen mit den Applikationen für die Zielplattform übersetzt oder der Kosimulationsumgebung zur Prüfung auf zeitgerechtes Verhalten hinzugefügt (Abb. 2.3).

2.2.2 Task-Modellierung

Nach [108] lässt sich das Verarbeitungsmodell der meisten im Echtzeitmodus laufenden Anwendungen in Form folgender „Gleichung" schreiben:

$Echtzeitprogrammmodell =$
$\quad Datenflussmodell + Zustandsautomat + Zeitbeschränkungen$

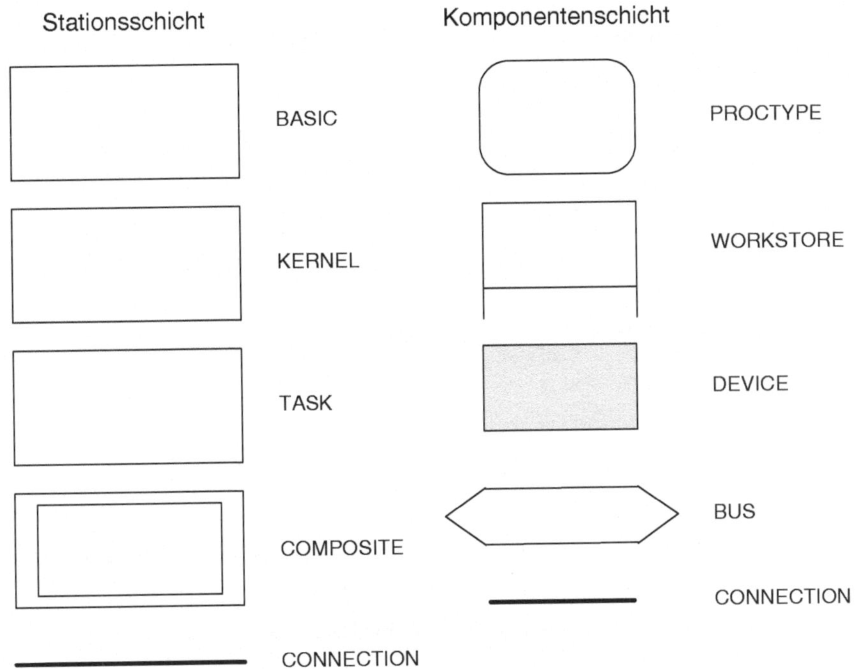

Abb. 2.1. S-PEARL-Konstrukte zur Hardware-Architekturbeschreibung

Die Tasks einer Anwendung stellen die Prozesse in einem laufenden System dar. Sie sind im Wesentlichen durch ihre Aktivierungsbedingungen und Zeitbeschränkungen sowie dadurch gekennzeichnet, dass sie Teile bestimmter COLLECTIONs sind. Diese Information reicht zwar aus, grobe Modelle von Programmen zu erstellen, jedoch nicht, um deren Brauchbarkeit nachzuweisen. Deshalb wurden zeitbehaftete Zustandsübergangsdiagramme zu ihrer Darstellung eingeführt. Sie synchronisieren sich und kommunizieren untereinander durch Aufrufe des Konfigurationsverwalters und/oder der Echtzeitbetriebssysteme der die Tasks ausführenden Knoten.

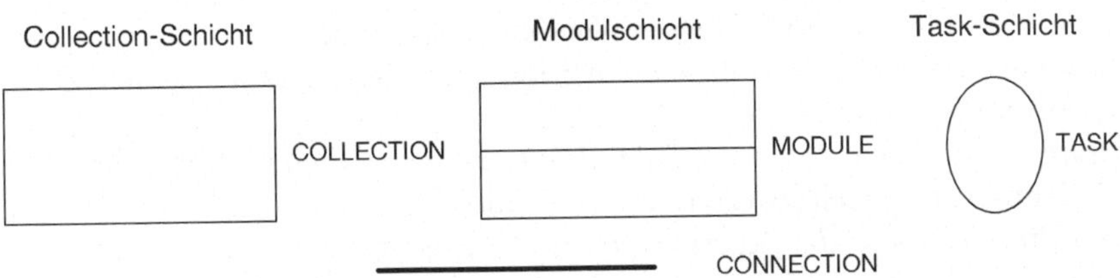

Abb. 2.2. S-PEARL-Konstrukte zur Software-Architekturbeschreibung

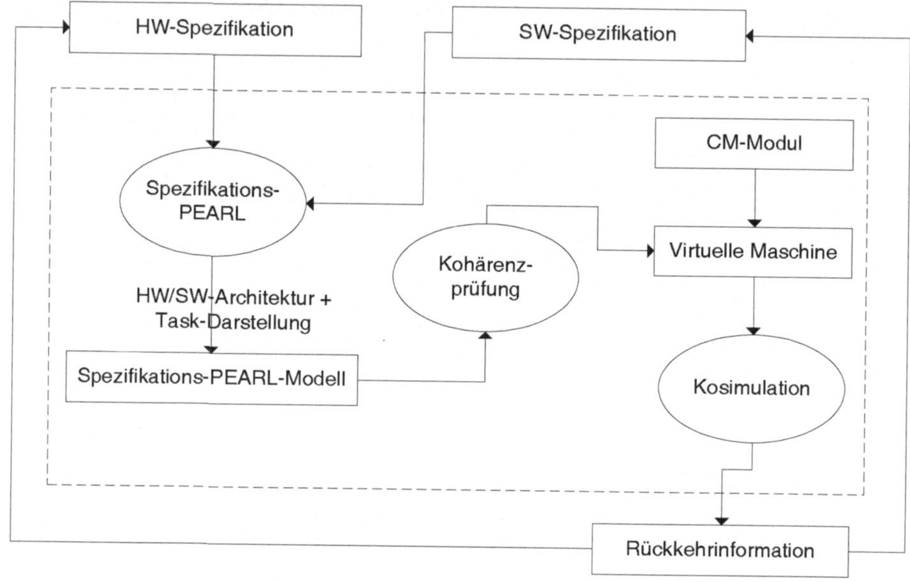

Abb. 2.3. Beziehungen zwischen Hardware/Software-Modellen

Task-Zustandsübergangsdiagramme (TZÜD) sind hierarchische endliche Automaten; sie besitzen

Startzustände: Task-Aktivierungsbedingungen und Initialisierungsaktionen,
Arbeitszustände: atomare Aktivitäten mit möglicherweise vorhersagbaren Dauern,
Superzustände: nichtatomare Aktivitäten – hierarchische Dekomposition der Arbeitszustände, und
Endzustände: Abschlussaktionen.

Jeder Zustand enthält folgende Daten:

Zustandstyp: Start-, Arbeits-/Super- oder Endzustand,
Vorbedingung der Ausführung des Zustandes: Aktivierungsbedingung im Falle eines Startzustandes,
Zeitrahmen: kürzeste und längste Ausführungszeiten,
Zeitüberschreitung: auszuführende Aktion falls der Zustand seinen Zeitrahmen überschreitet,
Verbindung(en) zum (zu den) Folgestand (Folgezuständen) falls die Verarbeitung erfolgreich fortgeführt wird, und
Aktivitäten während der Ausführung dieses Zustandes: Programmcode mit PEARL-Systemaufrufen.

Die Verbindungen zwischen Zuständen stellen den Fortschritt von Tasks in der Zeit dar. Alle Verbindungen sind lokal, d.h. an den Zustand einer Task gebunden. Kooperation von Tasks wird durch die Zustandsaktionen modelliert, d.h. durch Aufrufe des Betriebsssystems, ggf. durch den Konfigurationsverwalter. Diese stoßen auch die Fortführungsvorbedingungen der Zustände an. Betriebssystem und KV sind für den Entwickler durch ihre Systemaufrufe und die Systemkonfiguration sichtbar, die nur durch Setzen der Parameter der entsprechenden STATION definiert wird.

In Abhängigkeit vom Zustandstyp unterscheiden sich die Auslösebedingungen leicht. Nur Startzustände können explizit (auf Anforderung) aktiviert werden. Die anderen Zustandstypen beruhen auf folgenden Typen von Vorbedingungen:

externe Ereignisse (int(no)), stellen Unterbrechungen dar,

interne Ereignisse (sig(no)), stellen Signale dar,

Zeitgeber (timer(at,every,during), stellen Zeitsignale dar,

allgemeine Bedingungen (cd(expression)), d.h. Ausdrücke, die nach Auswertung interner System/Programmzustände oder Datenstrukturen des Betriebssystems boolesche Resultate liefern.

Nur Endzustände werden ohne Vorbedingung unmittelbar ausgeführt. Nach ihrem erfolgreichen Abschluss geht die Kontrolle an einen Startzustand zurück. Ist die Vorbedingung eines Superzustandes erfüllt, so wird die Kontrolle automatisch dem Startzustand seines Teilzustandsdiagrammes übertragen. Falls die Übergangsbedingung zum nächsten Zustand innerhalb des maximalen Zeitrahmens ($maxT$) des gegenwärtigen Zustandes erfüllt ist, folgt der Kontrollfluss der erfolgreicher Fortsetzung entsprechenden Verbindung. Falls ein minimaler Zeitrahmen ($minT$) vorgesehen ist, werden die Fortsetzungsbedingungen erst dann überprüft, wenn die spezifizierte Zeit abgelaufen ist. Am Beginn jeder Zustandsausführung wird die Zeitüberschreitungsbedingung auf den maximalen Zeitrahmen gesetzt. Falls diese Zeit überschritten wird, bevor die angeforderten Betriebsmittel verfügbar sind (die Vorbedingung des Folgezustandes erfüllt ist), wird die angegebene Ausweichaktion ausgeführt. Falls keine spezifiziert ist, ist ein Fehler aufgetreten (der im Rahmen einer Kosimulation protokolliert wird). Die Aktivitäten innerhalb eines Zustandes sind eine Menge von Aktionen, die solange ausgeführt werden, wie sich die umgebende Task in diesem Zustand befindet. Es wird angenommen, dass die Aktionen einen einzelnen Block von Programmanweisungen inklusive Aufrufe von Diensten des Betriebssystems und/oder des KVs bilden, der bei der Transformation des Diagramms in Programmcode in eine Kontrollstruktur eingebettet wird. Ihre Ausführungszeiten werden vom Entwickler abgeschätzt und beim Setzen der Zeitrahmen jedes Zustandes verwendet.

Richtlinien zur Task-Modellierung

Die Rolle einer Task ist in der S-PEARL-Methode genau dieselbe wie in der Programmiersprache PEARL [41] – jede innerhalb eines gegebenen Zeitrahmens auszuführenden Prozedur ist eine Task. Das Problem bei der Zerlegung der Operationen von Tasks in Zustände besteht darin, dass einfache Tasks nur die drei Zustände Start, arbeitend und Ende haben. Neue Zustände werden nur eingeführt, (1) wenn eine zeitbeschränkte atomare (Teil-) Operation identifiziert wird, (2) wenn Synchronisation oder Kommunikation zwischen Tasks notwendig ist oder (3) um in Abhängigkeit der Vorbedingungen von Folgezuständen Verzweigungen zu verschiedenen Fortsetzungspfaden zu definieren. Folgende Kriterien wurden zur Bildung von Task-Zuständen ausgewählt:

- ein Zustand stellt eine einfache logische Aktivität dar, die nur von ihrer Vorbedingung abhängt und deren Ausführungszeit bestimmt oder vorhergesagt werden kann,
- jede Task muss zumindest einen Startzustand sowie einen oder mehrere Arbeits-/Super- und Endzustände haben,
- eine komplexe Operation wird in individuelle Zustände durch Einführung eines Superzustandes auf gleicher Ebene und Definition ihrer Operationen in einem Teildiagramm aufgeteilt, um gute Zerlegbarkeit zu erleichtern.

Umsetzung von TZÜ-Diagrammen in Programm-Tasks

Modelle von Task-Zustandsübergangsdiagrammen werden in zwei Formen in Programm-Tasks überführt:

1. zielplattformorientiert, wenn sie mit einem entsprechenden Übersetzer für eine spezifizierte Hardware-Architektur übersetzt und dort ausgeführt werden können, und
2. simulationsorientiert, wenn sie zur Kosimulation in einer Simulationsumgebung benutzt und interpretiert werden sollen.

Der wesentliche Unterschied zwischen diesen beiden Formen ist die Art der Behandlung externer Ereignisse. Im ersten Fall werden sie von der Umgebung erzeugt und von den Geräteschnittstellentreibern als Hardware-Unterbrechungen behandelt, während sie im anderen Falle in der Kosimulationsumgebung erzeugt und als Software-Signals vom Echtzeitbetriebssystem behandelt werden.

Im folgenden Beispiel werden die Formen diagrammatischer Darstellung und Speicherung sowie die Mechanismen zur Übersetzung von TZÜ-Diagrammen in Prototypen von Programm-Tasks diskutiert und illustriert. Die allgemeine Form der so von TZÜ-Diagrammen erhaltenen Task-Prototypen ist in den Listings 2.2 und 2.3 zu sehen.

Beispiel einer TZÜD-in-Task-Umsetzung

Dieses Beispiel soll den Einsatz von Task-Zustandsübergangsdiagrammen anhand des einfachen Task-Modells der Steuerung einer Ampel an einem Fußgängerübergang illustrieren. Die Ampel wird durch eine einfache Logik gesteuert. Als Ausgabe schaltet sie die Lichter und ein Anforderungsrelais. Gemäß Tabelle 2.1 ist die Ausführung zyklisch und kann durch eine Folge von Schritten wie in Abb. 2.4 gezeigt dargestellt werden. Initiiert in Schritt 1 beginnt die Folge auf Druck des Anforderungsknopfes durch einen Fußgänger oder 3 min nach dem letzten Zyklus. Folgende Forderungen und Restriktionen müssen dabei beachtet werden: Schritt 1 wird 180 sec lang verzögert (sofern das Anforderungsrelais nicht schon durch vorheriges Drücken gesetzt ist), Schritt 2 10 sec lang, Schritt 3 30 sec lang und Schritt 4 20 sec lang, bevor die Ausführung mit Schritt 1 fortfährt. Die Anfangsbedingungen sind: rotes Licht ist an für die Fußgänger, grünes für die Autos (Schritt 1) und das Relais ist zurückgesetzt.

Listing 2.2. Darstellung eines TZÜD in annotiertem C

```c
#include "module_name.h"
bool _timeout=false;  /* Zeitüberschreitungsanzeiger */
bool _start_state=true;  /* Anfangszustandszeiger */
void task_name(int &state_id) {
  if (_start_state) {
      state_id=choose_start();  /* START-Zustand wählen */
      _start_state=false;  /* Anfangszustandszeiger löschen */
  }
  switch (state_id) {
      case 0: {  /* START-Zustand: */
          if (_timeout) {  /* Aktion bei Zeitüberschreitung */
              _start_state=true; _timeout=false; }
          else {
              /* Verzögerung um minT */
              /* Sind die Vorbedingungen erfüllt? */
              _timeout=Timeout(state_id);
              if (!_timeout) {
                  _start_state=false;
                  /* Verzögerung um maxT-minT */
                  /* Anweisungen der Aktion */
                  /* state_id entsprechend setzen */
                  Next(state_id);
              }
          } break; }
      case 1: {  /* Für einen WORKING-Zustand: */
          if (_timeout) {  /* Aktion bei Zeitüberschreitung */
              _timeout=false; }
          else {
              /* Verzögerung um minT */
              /* Sind die Vorbedingungen erfüllt? */
              _timeout=Timeout(state_id);
              if (!_timeout) {
                  /* Verzögerung um maxT-minT */
                  /* Anweisungen der Aktion */
                  /* state_id entsprechend setzen */
                  Next(state_id);
              }
          } break; }
```

```
case 2: { /* Für einen SUPER-Zustand: */
   if (_timeout) { /* Aktion bei Zeitüberschreitung */
      _timeout=false; }
   else {
      /* Teildiagramm des SUPER-Zustandes: */
      /* Aufruf einer eigenen sub_task()-Funktion */
      /* mit deren state_id, die binnen der */
      /* Task-Ausführung geführt wird */
   } break; }
case 3: { /* Ergänzend für einen SUPER-Zustand: */
   /* Rückkehr zum Zustand mit der nächsten state_id */
   Next(state_id); break; }
case n: { /* END-Zustand: */
   /* Verzögerung um minT */
   /* Anweisungen der Aktion */
   Next(state_id); /* state_id entsprechend setzen */
   _timeout=false;
      /* Zeitüberschreitungsanzeiger zurücksetzen */
   _start_state=true; /* Anfangszustandszeiger setzen */
   break;
   }
  }
}
```

Die textuelle Darstellung des TZÜDs in Abb. 2.4 besteht aus Fragmenten des Initialisierungscodes für jeden TZÜD-Zustand. Eine „Vorbedingung" stellt die Auslösebedingung ihres Zustandes dar. Wie bereits erwähnt gibt es vier Typen von Vorbedingungen, die hier benutzt werden können. Der Zweck der Parameter $maxT$ und $minT$ ist, den zeitlichen Rahmen für die Ausführung eines Zustandes zu bestimmen. Die Teile „Aktion" und „BeiZeitüberschreitung" sind durch Programmanweisungen, PEARL-Systemaufrufe und Kommentare dargestellt, die mit dem Schlüsselwort „END;" abgeschlossen sind.

Tabelle 2.1. Logiktabelle der Ampelsteuerung

	Ampel für Fußgänger		Ampel für Autos		
Schritt	Rot	Grün	Rot	Gelb	Grün
1	1	0	0	0	1
2	1	0	0	1	0
3	0	1	1	0	0
4	1	0	1	1	0

Während die graphische TZÜD-Darstellung hauptsächlich zum Einsatz in CASE-Entwurfswerkzeugen gedacht ist, eignet sich die textuelle Darstellung mehr zur Archivierung und automatischen Übersetzung in Quellcode von Programmprototypen (vgl. Listings 2.2 und 2.3).

Listing 2.3. Darstellung eines TZÜD in PEARL

```
MODULE module_name;
SYSTEM;
/* Unterbrechungen, Signale und Systemvariablen definieren */

PROBLEM;
/* Alle globalen Strukturen initialisieren */
DCL timeout BIT INIT('0'B1);  /* Zeitüberschreitungsanzeiger */
DCL start_state BIT INIT('1'B1);  /* Anfangszustandszeiger */

task_name : PROCEDURE (state_id REF INT);
   IF start_state EQ '1'B1 THEN
        state_id:=choose_start();  /* START-Zustand wählen */
        start_state:='0'B1;  /* Anfangszustandszeiger löschen */
   FIN;
   WHILE '1'B1 REPEAT
        CASE state_id
            ALT (0)  /* Für den START-Zustand: */
                IF timeout EQ '1'B1 THEN
                    /* Aktion bei Zeitüberschreitung */
                    start_state:='1'B1; timeout:='0'B1;
                ELSE
                    AFTER minT RESUME;
                    /* Sind die Vorbedingungen erfüllt? */
                    timeout:=Timeout(state_id);
                    IF timeout EQ '0'B1 THEN
                        start_state:='0'B1;
                        AFTER maxT-minT RESUME;
                        /* Anweisungen der Aktion */
                        /* state_id entsprechend setzen */
                        Next(state_id);
                    FIN;
                FIN;
            ALT (1)  /* Für einen WORKING-Zustand: */
                IF timeout EQ '1'B1 THEN
                    /* Aktion bei Zeitüberschreitung */
                    timeout:='0'B1;
                ELSE
                    AFTER minT RESUME;
                    /* Sind die Vorbedingungen erfüllt? */
                    timeout:=Timeout(state_id);
                    IF timeout EQ '0'B1 THEN
                        AFTER maxT-minT RESUME;
                        /* Anweisungen der Aktion */
                        /* state_id entsprechend setzen */
                        Next(state_id);
                    FIN;
                FIN;
```

```
        ALT (2)  /* Für einen SUPER-Zustand: */
         IF timeout EQ '1'B1 THEN
                /* Aktion bei Zeitüberschreitung */
                timeout:='0'B1;
            ELSE /* Teildiagramm des SUPER-Zustandes: */
                /* Aufruf einer eigenen sub_task()-Funktion */
                /* mit deren state_id, die binnen der */
                /* Task-Ausführung geführt wird */
            FIN;
        ALT (3)  /* Ergänzend für einen SUPER-Zustand: */
          /* Rückkehr zum Zustand mit der nächsten state_id */
                Next(state_id);
        ALT (n)  /* END-Zustand: */
             AFTER minT RESUME;
                /* Anweisungen der Aktion */
                Next(state_id);
                /* state_id entsprechend setzen */
                timeout:='0'BIT; start_state:='1'BIT;
                /* Zeitüberschreitungsanzeiger zurück- */
                /* und Anfangszustandszeiger setzen */
        FIN;
    END;
END;

MODEND;
```

2.2.3 Konfigurationsverwalter und Betriebssystem

Die meisten Methodiken gemeinsamen Entwurfs berücksichtigen nicht die Zielbetriebssysteme. Die wenigen, für dies nicht gilt und ausführbaren Code erzeugen, verwenden kommerziell verfügbare Betriebssysteme, so dass die Werkzeuge eng an die Zielumgebungen gebunden sind, von denen sich auch Beschränkungen in der Ausdrucksfähigkeit der Echtzeiteigenschaften von Anwendungen übertragen. Deshalb ist es sinnvoll, ein Echtzeitbetriebssystem mit einem umfassenden Satz echtzeitspezifischer Systemfunktionen zu verwenden, wie es in Form des an PEARL orientierten Betriebssystems RTOS-UH [122] zur Verfügung steht. Damit werden Entwickler in den Stand versetzt, das Echtzeitverhalten ihrer Anwendungen so gut wie möglich zu formulieren.

Der Konfigurationsverwalter stellt eine Hardware-Abstraktionsschicht dar, die als Hardware-Architekturmodell konfiguriert hauptsächlich zur Definition der Struktur, zeitlichen Eigenschaften und Schnittstellen jeder STATION dient. Das betrachtete Echtzeitbetriebssystem unterstützt als optionaler Teil des Konfigurationsverwalters Tasking-Modell und Systemaufrufe der Programmiersprache PEARL sowie antwortzeitgesteuerte Zuteilung. Seine Betriebsmittel (z.B. Anzahl von Tasks, Semaphoren, Signalen oder Ereignissen) sind durch Setzen der Parameter einer KERNEL STATION vorbestimmt.

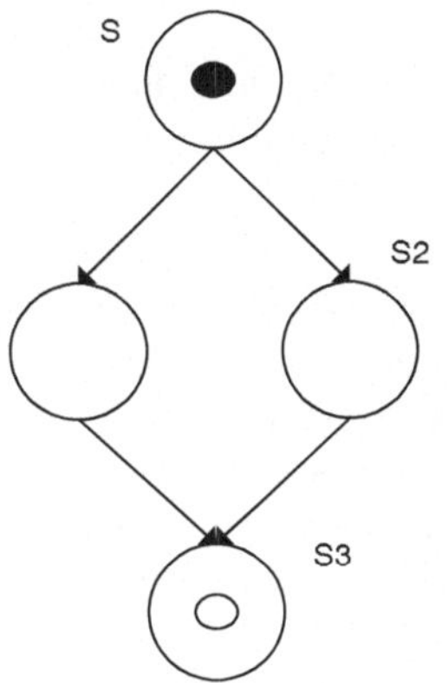

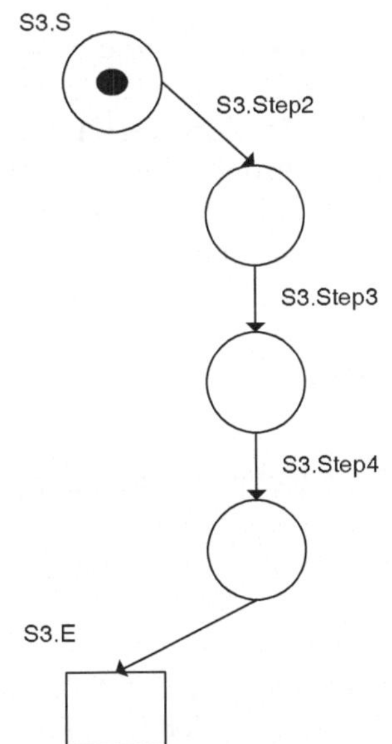

[State types]
START=0
TRANSIENT=1
SUPER=2
END=3

[States]
S=START
S1=WORK
S2=WORK
S3=SUPER
E=END

[S]
Precondition=
minT=0
maxT=0
Next=S1; S2;
Action= ! Step1 Lichter an
END;

[S1]
Precondition=tm(180 SEC)
minT=0
maxT=0
Next=S3;
OnTimeout=END;
Action= END;

[S2]
Precondition=ev(button : INT)
minT=0
maxT=0
Next=S3;
OnTimeout= END;
Action= ! Knopf rücksetzen
END;

[S3]
Precondition=
minT=0
maxT=0
Next=S;
OnTimeout= END;
Action=S3;
END;

[State types]
START=0
TRANSIENT=1
SUPER=2
END=3

[States]
S3.S=START
S3.Step2=WORK
S3.Step3=WORK
S3.Step4=WORK
S3.E=END

[S3.S]
Precondition=
minT=0
maxT=0
Next= S3.Step2;
OnTimeout= END;
Action=DISABLE button;
END;

[S3.Step2]
Precondition=
minT=10 SEC
maxT=
Next= S2.Step3;
OnTimeout= END;
Action= ! Step 2 Lichter an
END;

[S3.Step3]
Precondition=
minT=30 SEC
maxT=
Next= S2.Step4;
OnTimeout= END;
Action= ! Step3 Lichter an
END;

[S3.Step4]
Precondition=
minT=20 SEC
maxT=
Next= S3.E;
OnTimeout=END;
Action= ! Step4 Lichter an
END;

[S3.E]
Precondition=
minT=
maxT=
Next=
OnTimeout= END;
Action=ENABLE button;
END;

Abb. 2.4. Beispielhafte graphische und textuelle TZÜD-Darstellung

Funktionalität des Konfigurationsverwalters

In S-PEARL ist auf jedem Verarbeitungsknoten (STATION) eine Komponente Konfigurationsverwalter (KV) als primärer Prozess des Laufzeitsystems vorgesehen, dessen Ausführung immer mit der (Re-) Initialisierung des KV-Objekts beginnt. Dieses lädt zunächst die COLLECTIONs der Task-Objekte und aktiviert die anfängliche COLLECTION durch Auslösen der darin enthaltenen initialisierenden Task-Objekte. In STATIONs ohne Echtzeitbetriebssystem wird vom KV die Haupt-Task der COLLECTION gestartet und ihr die Kontrolle übergeben, während der KV sonst als Eingangsschnittstelle der Betriebssystemfunktionen agiert und geeignete Systemaufrufe und -ports zum Transfer von Systemanforderungen zu/von Knoten mit Echtzeitbetriebsystemen verwendet, um die Tasks der COLLECTION einzuplanen. Außerdem zeichnet der KV den internen Zustand seines Knotens auf und reagiert nach vorgegebenen Bedingungen auf Zustandsänderungen, z.B. durch Rekonfigurationen.

Neben lokaler Ausführung ist der KV auch für jedwede Kommunikation mit anderen STATIONs und für die Kooperation zwischen den Tasks derselben COLLECTION verantwortlich. Er muss also Port-zu-Port-Verbindungen durch die Schnittstellen der STATION herstellen. Synchronisations- und Systemdienstaufrufe werden auf derselben STATION bedient, wenn diese mit einem Echtzeitbetriebssystem ausgestattet ist. Sonst werden diese Anforderungen durch einen bestimmten Port an eine geeignete STATION weitergeleitet.

Die Funktionen der Anwendungsprogrammierschnittstelle des KV sind:

(Re-) Konfiguration:

$Cm\_Init(S)$ – initialisieren der STATION S und laden der anfänglichen Software-Konfiguration und

$Cm\_Reset(S)$ – neustarten der STATION S mit der anfänglichen Software/Hardware-Konfiguration.

Stationszustandsüberwachung:

$Cm\_Getstate(S)$ – abfragen des aktuellen Zustandes der STATION S und

$Cm\_Setstate(S, state)$ – ändern des aktuellen Zustandes der STATION S in "state".

Kommunikation zwischen Stationen:

$Cm\_Transmit(TCBi, portID, msg\_buff[])$ – Nachrichtenübertragung durch eine Verbindung,

$Cm\_Reply(TCBi, portID, msg\_buff[])$ – Übertragung der Antwortnachricht durch eine Verbindung und

$Cm\_Receive(TCBi, portID, msg\_buff[])$ – Nachrichtenempfang durch eine Verbindung, wobei TCBi den Index des Kontrollblocks (TCB) der Task, portID den Namen des Ports und msg_buff[] den Nachrichtenpuffer bezeichnen.

Die Verbindungen werden durch Ports der Software-Architektur und zugeordneter Geräte der Hardware-Architektur hergestellt. Die Attribute der Ports stellen die Kommunikations- (kleinstes Paket, Protokoll etc.) und Pfadparameter (VIA/PREFER) dar. Die Pfadauswahl beeinflusst die Weise, in der Kommunikationsgeräte verwendet werden. Das Attribut VIA gibt an, eine ganz bestimmte Leitung zu benutzen, während PREFER üblicherweise der vertrauenswürdigsten Leitung in einer Liste zugeordnet wird. Leitungen verkörpern Verbindungen zwischen Geräten der Hardware-Architektur (z.B. Schnittstellen).

In asymmetrischen Architekturen sind direkte Aufrufe von Echtzeitbetriebssystemfunktionen nicht immer möglich. Deshalb werden Stellvertreterfunktionen aufgerufen, um geeignete Systemanforderungsnachrichten an den KV des Knotens zu erzeugen, wo das Echtzeitbetriebssystem residiert. Die Parameter solcher Systemanforderungen werden aus den übertragenen Nachrichten in Einklang mit einem vordefinierten Codierungsschema extrahiert, das auch bei der Konstruktion des Parametersatzes benutzt wird.

Um gleichförmige Behandlung von Systemanforderungen zu ermöglichen, wurde die Programmierschnittstelle des Echtzeitbetriebssystem so gestaltet, dass sie die Umwandlung von Systemaufrufen in Parameterlisten ermöglicht, die direkt der Schnittstellenprozedur des Echtzeitbetriebsystems zugeleitet oder zur Behandlung der KERNEL STATION gesendet werden können. Zwei weitere interne Funktionen wurden deshalb in die KV-Schnittstelle eingefügt:

$Cm\_SysRequest(S, sys\_par[])$ – sende Systemaufrufparameter zur Verarbeitung an das Echtzeitbetriebssystem und

$Cm\_SysResult(S)$ – speichere Resultat vom Echtzeitbetriebssystem (Resultat des Systemaufrufs und mögliche Kontextumschaltungsanforderung an die lokale Zuteilungsroutine des KV $(KV\_System(S))$).

2.3 Simulative Verifikation von S-PEARL-Systemmodellen

Das Verfahren zur Verifikation der Zeitgerechtheit von S-PEARL-Modellen beruht auf Kosimulation mit antwortzeitgesteuerter Zuteilung und Zeitgrenzen. Ein Entwurf wird in eine interne Darstellung zur Simulation transformiert. Als wichtigstes Resultat liefert diese die Aussage, ob die Ausführung erfolgreich war oder nicht, sowie weiterhin ein Ablaufprotokoll mit zusätzlichen Informationen. Diese erlauben dann, Engpässe und nicht erreichbare Zustände zu erkennen sowie die Zeitparameter des Modells und der Spezifikationen fein zu justieren. Nach Kontrollen der Systemarchitektur wird das Modell für eine erfolgreiche Verifikation folgenden Kohärenzprüfungen unterzogen:

Vollständigkeitsprüfung: alle Komponenten sind vorhanden und umfassend beschrieben,

Bereichs- und Kompatibilitätsprüfung: Kompatibilität der Parameter zwischen Komponenten und

Prüfung der Software-auf-Hardware-Abbildung: vollständige Abdeckung und Berücksichtigung der Betriebsmittellimitierungen.

Diese Prüfungen bereiten die Verifikation von Zeitgerechtheit vor, die in den folgenden Abschnitten beschrieben wird.

2.3.1 Systemmodell

Das verwendete Systemmodell ist eine interne Systemdarstellung in Form von Architekturdaten und Simulationsknoten. Das Hardware-Modell besteht aus STATION-Knoten als Simulationsknoten der obersten Ebene mit Ressourcen spezifizierter Eigenschaften. Das Software-Modell setzt sich aus COLLECTION-Knoten zusammen, die auf die STATION-Knoten entsprechend ihrer (Anfangs-) Zustände abgebildet werden. Diese wiederum bestehen aus TASK-Knoten mit der Semantik von TZÜD-Programmdarstellungen. Kosimulation beruht dann auf folgenden Annahmen.

- Es gibt nur eine einzige globale Simulationsuhr im System, auf die sich alle STATION-Uhren (Zeitgeber) beziehen (durch perfekte Synchronisation).
- Die Zeitereignisse beziehen sich auf die Zeitgeber der entsprechenden STATIONs.
- Tasks sind Fertigstellungstermine zugeordnet (mit kurzen Initialisierungs-Tasks als einziger Ausnahme).
- Task-Zuständen (TZÜD) sind Zeitrahmen (minimale und maximale Zeit) zur Ausführung ihrer Aktivitäten innerhalb der Zustände zugeordnet (in Einheiten der Zeitgeber).
- Alle Simulationsknoten sind von einem gemeinsamen Typ einer Simulationseinheit abgeleitet.

Hardware-Modell

Es gibt drei mögliche Grundtypen von STATION-Simulationsknoten: BASIC (allgemein – für Programme und Echtzeitbetriebssystem), TASK (Programme) und KERNEL (Echtzeitbetriebssystem). Eine oder mehrere Kommunikationsleitungen können zum Informationsaustausch mit anderen STATION-Knoten an sie angeschlossen sein. Die Attribute der internen Geräte der STATIONs liefern die Parameter zur Parameterisierung der Konfigurationsverwalter und Echtzeitbetriebsysteme der STATIONs. Eine COMPOSITE STATION würde nur einen Supersimulationsknoten darstellen, zusammengesetzt aus zwei oder mehr STATION-Simulationsknoten, weshalb nur ihre konstituierenden Knoten in die Kosimulation eingehen.

Software-Modell

COLLECTION-Simulationsknoten sind als Unterknoten mit assoziierten STATIONs verbunden, während TASK-Simulationsknoten mit ihren COLLECTIONs verbunden sind. Zur Kommunikation zwischen den Tasks auf verschiedenen STATIONs werden die geeigneten COLLECTION-PORTS verwendet. Der KV einer STATION bestimmt, wann eine bestimmte COLLECTION aktiv ist und verteilt seine Nachrichten entsprechend.

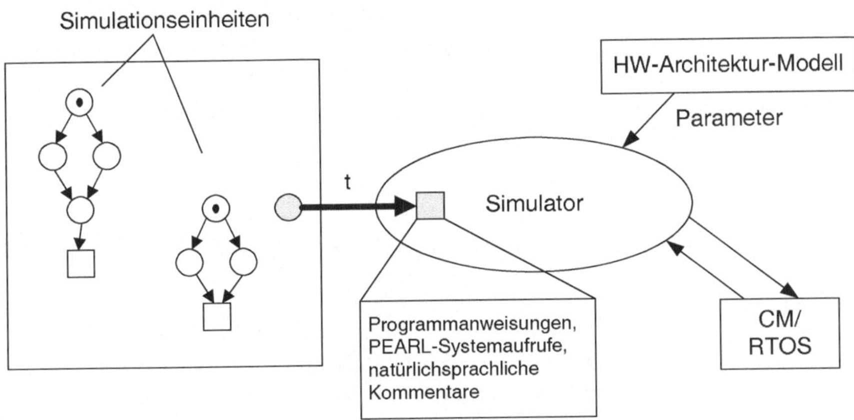

Abb. 2.5. Simulationsverlauf

Task-Modell (TZÜD)

TASKs werden durch zeitbezogene Zustandsübergangsdiagramme dargestellt, deren Programmrepräsentationen eingesetzt werden, um TASK-Simulationsknoten zu betreiben. Während der Simulation ist ihre Ausführung für das Fortschreiten in Zeit und Raum verantwortlich.

Konfigurationsverwalter- und Betriebssystemmodell

Seinem Wesen nach ist der KV ein Agent zur Kooperation zwischen STATIONs bzw. COLLECTIONs. Durch Auswertung der Architekturspezifikation von S-PEARL verfügt er über Informationen über die Software- und Hardware-Architektur des Systems. Funktional spielen KV und Echtzeitbetriebssystem bei der Kosimulation (Abb. 2.5) die gleiche Rolle wie bei Ausführung auf einer Zielplattform. Die wesentlichen Unterschiede bestehen in der von der Simulationsumgebung unterhaltenen globalen Echtzeituhr und den Umschaltungen zwischen den Task-Zuständen, die bei der Simulation nur auf hohem Niveau vorgenommen werden.

Jeder Verarbeitungsknoten mit Echtzeitbetriebssystem unterhält eine Echtzeituhr. In einer Simulationsumgebung sind alle diese Uhren perfekt mit der globalen Simulationszeit synchronisiert. Diese Funktion sollte in einer Ausführungsumgebung mittels eines unabhängigen globalen Zeitgebers und vorhersagbarer Zeitsignalverteilung implementiert sein.

Zustandsübergänge von Tasks werden sowohl bei der Simulation als auch von der Zielplattformimplementierung als Verdrängungspunkte genutzt. Die Betriebsmittelzugriffsfunktionen und Gerätetreiber einer STATION führen bei der Simulation virtuelle und auf der Zielplattform reale Funktionen aus.

Es wird angenommen, dass die vom Betriebssystem für Zuteilung und Betriebsmittelzuweisung benötigte Zeit konstant ist. Die Bedienzeit von Systemaufrufen wird in die Zustandszeitrahmen der aufrufenden TASKs eingerechnet. Ihre einzige Funktion ist, Zustände interner Datenstrukturen des (Betriebs-) Systems zu verändern sowie Tasks und Zustände gemäß geltender Bedingungen anzustoßen.

2.3.2 Verifikation zeitgerechter Verarbeitbarkeit

Korrektheitskriterien

Jede Verifikationsmethode erfordert die Definition eines Kriteriums, das zum Ausdruck bringt, wann ein System nicht mehr korrekt funktioniert, d.h. welche Grenzen seinem „normalen" Verhalten gesetzt sind. Der für die hier betrachtete Verifikationsmethode verwendete Korrektheitsbegriff lautet: „Ein System versagt, falls es bei der Kosimulation einen undefinierten Zustand erreicht oder sein definierter Zeitrahmen verletzt wird, ohne dass eine Ausweichreaktion gegeben wäre." Indem die kürzesten und längsten Übergangszeiten durch die Zustände von TZÜDen ausprobiert werden, wird versucht, den Zeitbereich so gut abzudecken, dass sich die Ergebnisse für jeden Zustand und mithin auch für jede Task als Ganzes auf beliebige Übergangszeitpunkte innerhalb der Intervalle $(minT, maxT)$ verallgemeinern lassen.

Kosimulation mit antwortzeitgesteuerter Zuteilung

Zur Verifikation werden die jeweils nächsten kritischen Ereignisse simuliert und Tasks nach Antwortzeiten zugeteilt. Der nächste kritische Zeitpunkt wird immer durch die Simulationseinheit mit der frühesten Aktivierungszeit bestimmt. Diese Zeit wird an alle ihre übergeordneten Einheiten weitergeleitet und wird so zum nächsten globalen kritischen Zeitpunkt. Bei jedem Schritt wird auf das Eintreten von Zeitfehlern geprüft. Eine Zeitüberschreitung stellt einen kontrollierten Programmausfall dar, der durch eine Ausweichaktion und durch Übergang in den Anfangszustand behandelt wird. Ist diese Aktion für den aktuellen Zustand nicht definiert, so fällt das System aus. Kosimulation der Zuteilung nach nächsten Antwortzeiten beruht auf folgenden Zeitparametern einer Task (vgl. Abb. 2.6):

A: Aktivierungszeitpunkt,

R: kumulierte Laufzeit (wird beim nächsten kritischen Ereignis aktualisiert),

E: Fertigstellungszeitpunkt (Zeit, zu der gemäß ihrer maximalen Laufzeit das normale Task-Ende erwartet wird; bei einer Kontextumschaltung muss die aktuelle Zeit t_1 gespeichert werden, da dieser Parameter bei Fortsetzung der Task-Ausführung mit der dann aktuellen Zeit t_2 gemäß $E' = E + (t_2 - t_1)$ neu zu setzen ist),

D: Fertigstellungstermin (zu setzen, wenn A bekannt ist).

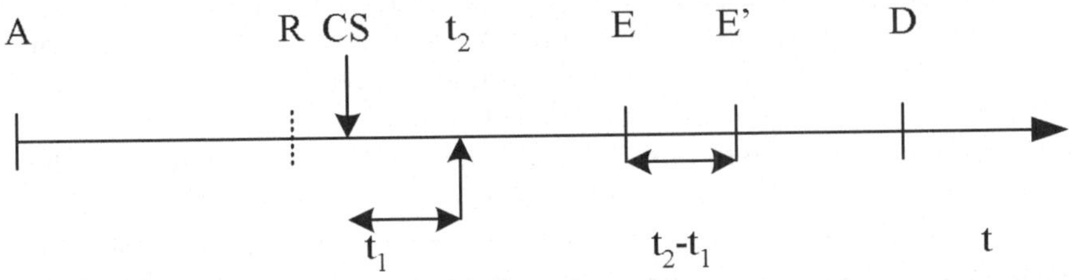

Abb. 2.6. Ablauf einer Task mit einer Kontextumschaltung (CS)

Eine Task wird zugeteilt, wenn sie aufgerufen oder auf Grund eines eingeplanten Ereignisses aktiviert wird. Zur Ausführung wird die Task mit dem frühesten Fertigstellungstermin ausgewählt. Ihr aktueller Zustand bestimmt zusammen mit der aktuellen Zeit t ihren nächsten kritischen Zeitpunkt. Task-Zustände werden als atomare Operationen ausgeführt, der Kontext wird nicht vor Abarbeitung des Task-Zustandes umgeschaltet. Das Echtzeitbetriebssystem führt die Zuteilung durch, d.h. bestimmt die dringlichste Task, während der Simulator den nächsten kritischen Zeitpunkt der jeweils aktuellen Operation (Task-Zustand oder externes Ereignis) bestimmt.

Im Zuge der Zuteilung müssen folgende Kriterien (Ausfallbedingungen) für alle aktiven Tasks überprüft werden:

- $t < Z = D - (E - (A + R))$, worin Z für den letztmöglichen Zeitpunkt steht, an dem die Task noch gestartet/fortgestzt werden kann, um ihre Frist einzuhalten;

- $t < E \leq D$ muss für alle aktiven Tasks gelten, da sie sonst ihre Fertigstellungstermine versäumen.

Tasks können zur Ausführung beim Eintritt externer Ereignisse eingeplant werden. Diesen werden für Simulationszwecke Auftrittszeitpunkte zugeordnet und genauso wie normale, in STATIONs auftretende Ereignisse behandelt. Die jeweils nächsten kritischen Zeitpunkte werden einer Tabelle mit Unterbrechungsnummern und entsprechenden Auftrittszeiten entnommen. Bei Erreichen dieser Zeitpunkte führt das Echtzeitbetriebssystem die eingeplanten Funktionen aus.

Bei der Kosimulation wird für jeden Zustand die Zeit des Übergangs zum nächsten Zustand nach zwei Varianten berechnet:

1. $RTC + minT$ um die Vorbedingungen zu prüfen und
2. $RTC + maxT$ für den Übergang zu einem neuen Zustand.

Wenn zu einem kritischen Zeitpunkt nach (2) die Vorbedingung für den Übergang zu einem weiteren Zustand nicht erfüllt ist, besteht eine Fehlersituation und die Ausweichaktion für Zeitüberschreitungen wird ausgeführt. Ist eine solche nicht definiert, liegt ein Systemausfall vor. Während der Simulation werden die Parameter E und D für jede Task bei ihrer Aktivierung gesetzt – A ist bereits gesetzt. Wird ein kritischer Zeitpunkt erreicht, so wird geprüft, ob damit der für die Task gesetzte Zeitrahmen verletzt wurde, was zu folgenden Konsequenzen führt: (1) Subtraktion der Verwaltungszeit vom Spielraum der Task oder (2) Systemausfall wegen Versäumens ihres Fertigstellungstermins.

Die Simulationsergebnisse werden während der Ausführung jeder Simulationseinheit protokolliert und jeder Schritt wird von allen übergeordneten Simulationseinheiten berücksichtigt, d.h. jeder Task-Zustand notiert seine Aktion im TASK- und jede Task ihre Zustandsänderungen im COLLECTION-Protokoll. Jede COLLECTION notiert die Zeiten ihrer ersten und eventueller späterer erneuter Zuordnungen zu einer STATION sowie die Zustandsänderungen, die dazu geführt haben, in deren Protokoll. Weiterhin protokollieren STATIONs und COLLECTIONs die Zeiten ihrer Kommunikation untereinander. Für alle Ausnahmen wird festgehalten, wo sie entdeckt wurden.

Durch Kosimulation nachgewiesene zeitgerechte Verarbeitbarkeit behält ihre Gültigkeit, sofern sich die vorgesehenen Ausführungszeiten bei Erweiterung des Software-Modells zu einem funktionsfähigen Programm nicht ändern.

2.4 UML-Profil für S-PEARL

Die Unified Modeling Language (UML) [114] ist in die vier Schichten Benutzerobjekte, Modell, Metamodell und Meta-Metamodell gegliedert. Sie stellt Konstrukte bereit, um auf verschiedenen Abstraktionsstufen Modelle zu visualisieren und sowohl statische als auch dynamische Systemaspekte zu spezifizieren. Ohne die Notwendigkeit zur Änderung des Metamodells erlauben die in UML vorgesehenen Erweiterungsmechanismus *Stereotypen, etikettierte Werte* und *Nebenbedingungen*, Modellelemente auf bestimmte Anwendungsgebiete hin maßzuschneidern. Mit Stereotypen können bestehende Modellierungselemente erweitert oder angepasst, aber auch völlig neue, anwendungsspezifische Elemente geschaffen werden. Da die möglichen Modifikationen von geringfügigen Änderungen der Notation bis hin zur Neudefinition der gesamten Grundsprache reichen, stellen Stereotypen ein sehr mächtiges Ausdrucksmittel dar. Mit etikettierten Werten können Elemente mit neuen Attributen versehen werden, um damit ihre Bedeutung zu verändern. Etikettierte Werte werden oft mit Stereotypen assoziiert, um von speziellen Anwendungen benötigte zusätzliche Informationen zu spezifizieren. Schließlich wird das Konstrukt Nebenbedingung in Modellelementen dazu verwendet, Semantikspezifikationen oder Bedingungen anzugeben, die für diese Elemente immer erfüllt sein müssen.

Ein UML-Profil ist ein für eine bestimmte Domäne, Technologie oder Methodik vorgefertigter Satz von Erweiterungsmechanismen, das angibt, wie UML dort anzuwenden und zu spezialisieren ist. Mit einem Stereotypen lassen sich virtuelle Unterklassen von UML-Metaklassen mit zusätzlicher Semantik definieren. Es können einer zugrunde liegenden Metamodellklasse weitere Nebenbedingungen hinzugefügt und mit Etiketten zusätzliche Eigenschaften definiert werden. Eine Nebenbedingung ist eine als Textausdruck dargestellt semantische Restriktion, die üblicherweise in der Object Constraint Language (OCL) formuliert wird. Nebenbedingungen werden einem oder mehreren Modellelementen zugeordnet. Definitionen von Etiketten spezifizieren neue Eigenschaften innerhalb von Stereotypdefinitionen. Die Eigenschaften individueller Modellelemente werden mit Hilfe etikettierter Werte spezifiziert.

Der Definitionsprozess eines allgemeinen UML-Profils für eine gegebene Plattform oder ein bestimmtes Anwendungsgebiet besteht aus:

1. Definition einer Menge von Elementen, die die Plattform oder das System und ihre Beziehungen untereinander abdecken und die sich als Metamodell darstellen lassen, das die Definition der Gebilde des Gebiets, ihrer Beziehungen und die Struktur und Verhalten dieser Gebilde bestimmenden Nebenbedingungen enthält.

2. Definition des UML-Profils, in dem für jedes relevante Element des Metamodells ein Satz von Stereotypen definiert wird.

3. Etikettierte Werte sollten als Attribute definiert werden und im Metamodell auftauchen. Sie beinhalten die entsprechenden Typen und Anfangswerte. Die Bereichsrestriktionen werden mit Nebenbedingungen ausgedrückt.

Von den drei Mechanismen werden wir nun Gebrauch machen, um ein UML-Profil zu definieren, das die wesentlichen Konstrukte und semantischen Konzepte von S-PEARL erfasst und abbildet, um so das Verhalten verteilter, eingebetteter Echtzeitsysteme genau beschreiben zu können. Dabei werden, wie in Abb. 2.7(a) gezeigt, STATION, COLLECTION und Konfigurationsverwalter als grundlegende Gebilde durch entsprechende UML-Stereotypen definiert. Dann werden sie benutzt, um die das Strukturmodell von S-PEARL spezifizierenden Klassendiagramme zu definieren. Wir werden die Stereotypen unter Verwendung der UML-Konzepte Knoten, Komponenten, Port, Verbindung und Protokoll aufbauen. Sie wurden zuerst in der Methode Real-time Object Oriented Modeling (ROOM) [134] eingeführt und dann in UML-RT integriert.

In Abb. 2.7(a) ist die Beziehung zwischen dem zu definierenden und an S-PEARL orientierten Profil und dem standardmäßigen Metamodell von UML gezeigt. Das S-PEARL-Profil ist durch ein UML-Paket dargestellt, das die die S-PEARL-Konstrukte abbildenden Elemente beschreibt. Das Profilpaket für S-PEARL hängt von dem Verhaltenselement „Foundation" und den Modellverwaltungspaketen ab, da es die Notationen von S-PEARL definieren und einige Stereotypen generieren muss.

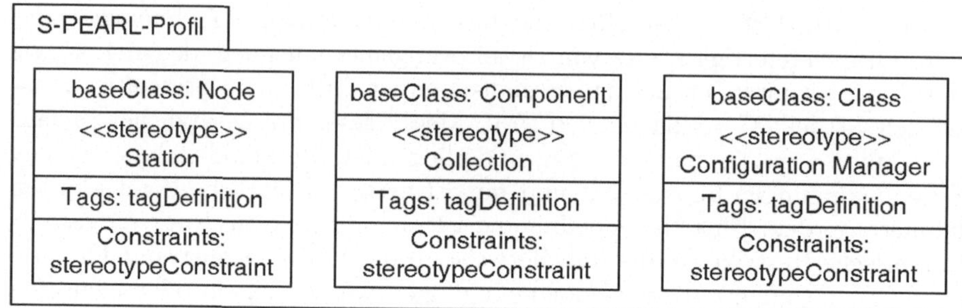

(a) Konstruktion des S-PEARL-Profils

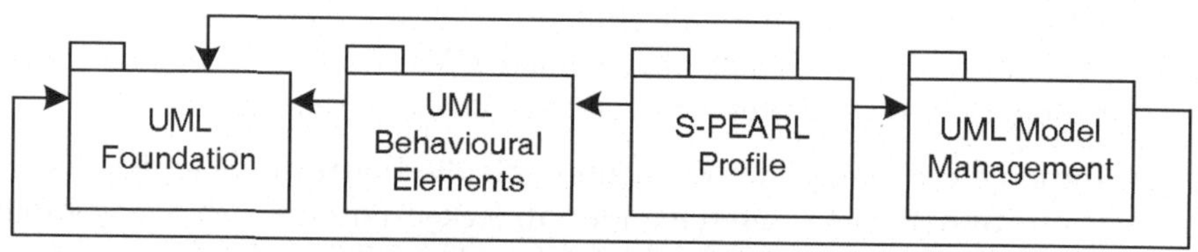

(b) Abhängigkeiten zwischen dem an S-PEARL orientierten Profil
und dem Metamodell von UML

Abb. 2.7. S-PEARL-Profil und Strukturmodell

2.4.1 Abbildung von S-PEARL auf ein UML-Profil

Mehrrechner-PEARL umfasst Sprachmittel zur Beschreibung der Hardware-
und Software-Konfiguration verteilter System. Nach Abb. 2.8 besteht eine Systemarchitekturbeschreibung aus Stations-, Konfigurations-, Netz- und
Systemteil, in denen verschiedene, miteinander verbundene Systementwurfs-
schichten spezifiziert werden. Die Beziehungen zwischen Hard- und Software-
Modellen des an Mehrrechner-PEARL orientierten S-PEARL zeigt Abb. 2.3.
   Zur Abbildung der Konstrukte von S-PEARL auf UML-Elemente müssen
zunächst die Konstrukte von UML und S-PEARL verglichen werden, um geeignete Basiselemente auswählen und dann UML-Stereotypen für S-PEARL-
Elemente definieren zu können. Wesentlich bei der Abbildung ist die Architektur von S-PEARL, seine Echtzeitmerkmale und seine Laufzeitbedingungen.
Abb. 2.9 zeigt die wesentlichen so definierten Stereotypen.

Station

Im Stationsteil von S-PEARL werden die Verarbeitungsknoten eines Systems
eingeführt. Sie werden als schwarze Kästen mit Verbindungen für den Datenaustausch behandelt. Ein System kann mehrere, eindeutig identifizierte und
für Rekonfigurierungszwecke mit entsprechenden Zustandsinformationen ver-
sehene Stationen umfassen. Die Grundkomponenten einer Station sind Pro-
zessortypen, Arbeitsspeicher und Geräte.

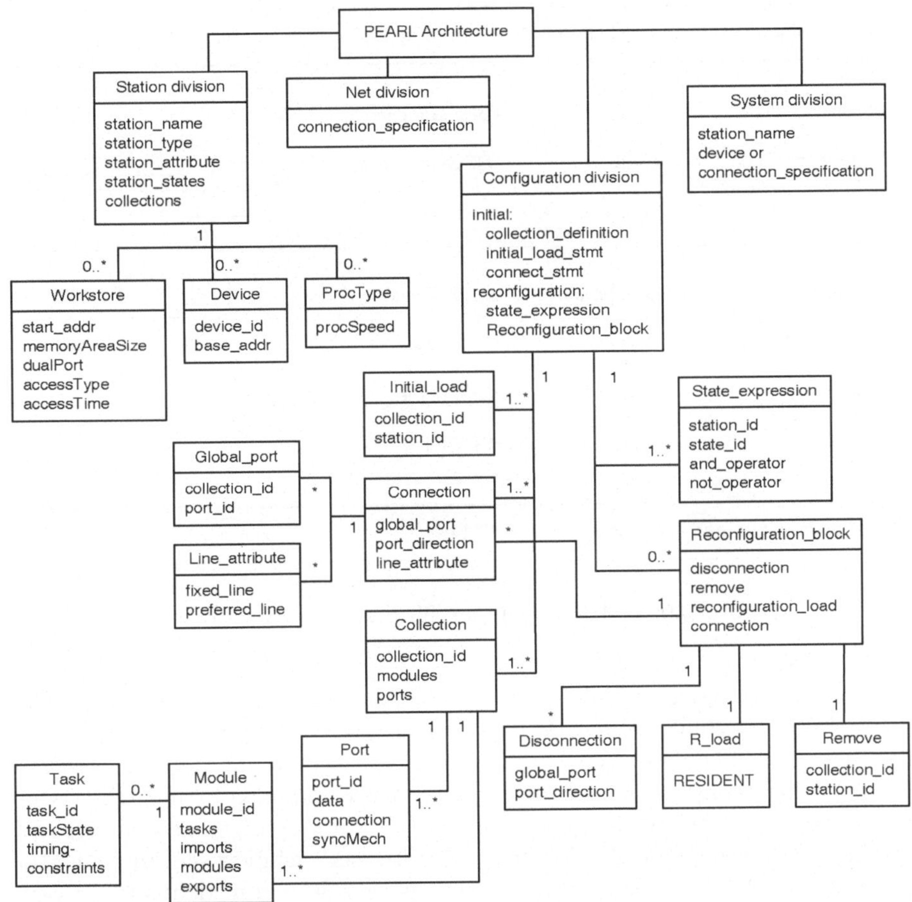

Abb. 2.8. Systemarchitekturbeschreibung in Mehrrechner-PEARL

Ein Knoten ist in UML ein physikalisches Betriebsmittel, das instantiiert und stereotypiert werden kann, um unter verschiedenen Betriebsmittelarten unterscheidbar zu sein. Assoziationen zwischen Knoten werden durch ihre Kommunikationspfade dargestellt. Auch sie können stereotypiert werden, um zwischen verschiedenen (Typen von) Pfaden zu unterscheiden. Knoten haben eindeutige Namen. Sie können Objekte und Komponenteninstanzen enthalten und den physischen Einsatz von Komponenten darstellen. Deshalb liegt es nahe, die Stationen und Netzverbindungen aus S-PEARL mit Knoten und ihren Assoziationen in UML zu beschreiben und für verschiedene Typen davon entsprechende Stereotype zu definieren.

Komponenten werden in UML im Sinne des komponentenbasierten Software-Entwurfs und nicht als einfache Programmstücke betrachtet. Die interne Struktur einer Komponente lässt auch erkennen, wie sie mit ihrer

S-PEARL-Element	UML-Element	Stereotyp	Bildelement
Station	Node	<<SPStation>>	
Component	Class	<<SPComponent>>	Workstore Device Proctype
Line	Class	<<SPLine>>	
Collection	Component	<<SPCollection>>	
Port	Class	<<SPPort>>	
Module	Class	<<SPModule>>	
Task	Class	<<SPTask>>	
ConfigurationManager	Class	<<CM>>	

Abb. 2.9. UML-Stereotypen für S-PEARL-Konstrukte

Umgebung interagiert, nämlich ausschließlich durch Schnittstellen oder öfter durch Ports. Deshalb kann eine Komponente durch eine andere mit zumindest denselben Schnittstellen oder Ports ersetzt werden, da diese die einzigen für die Umgebungen zugänglichen Teile einer Komponente sind. Physische Instanzen von Software-Komponenten können auf Knoten eingesetzt werden.

Abb. 2.10 zeigt eine Station in S-PEARL und definiert sie durch UML-Einsatz- und Klassendiagramme. Station ist als Stereotyp definiert, in dem Komponenten und Stationszustand die wesentlichen Modellierungselemente ausmachen. Eine Komponente stellt Recheneinheiten und Datenspeicher mit mehrfachen Schnittstellen genannt Verbindungen dar, die die Interaktion der Komponente mit anderen spezifiziert.

Als Stereotyp von UML-Knoten enthält Station auch alle deren Eigenschaften und verwendet mithin Ports zur Kommunikation mit anderen Stationen, die von Komponenten. Jede Schnittstelle definiert einen Interaktionspunkt zwischen der Komponente und ihrer Umgebung.

Collection

S-PEARL kennt auch den Konfigurationsteil, in dem ausführbare Anweisungen zum Laden und Entfernen von Collections sowie zum Auf- und Abbau logischer Kommunikationspfade angegeben werden. Programme sind als zu Collections gruppierte Module von Tasks strukturiert, die als größte separat ladbare Software-Einheiten im Rahmen der Konfiguration entweder statisch

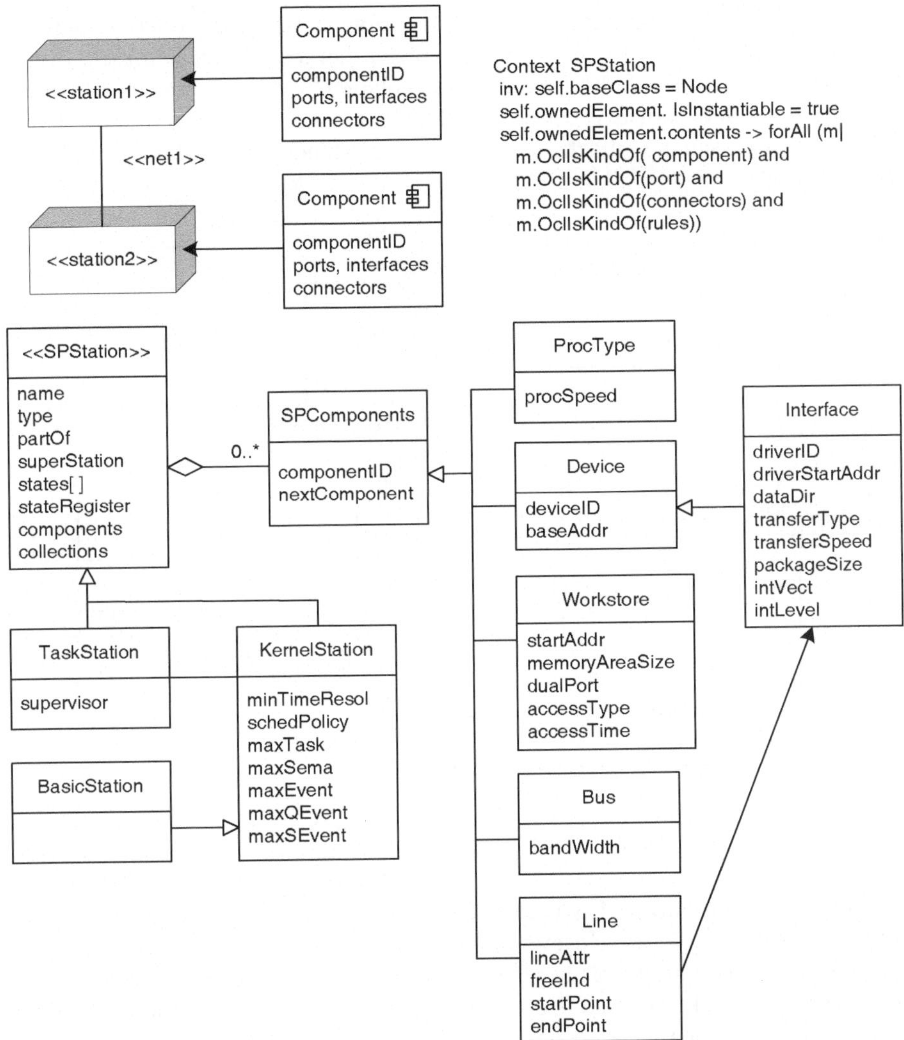

Abb. 2.10. Stereotyp Station (Einsatzdiagramm) und Struktur des Hardware-Teils der Architekturdaten (Klassendiagramm)

oder dynamisch Systemknoten zugewiesen werden. Weiterhin stellen Collections die Elemente der dynamischen Rekonfiguration dar. Collections kommunizieren untereinander allein durch Nachrichtenaustausch auf der Basis des Portkonzepts. Zu einem Port gesendete oder von dort empfangene Nachrichten sind nur lokal in der eigenen Collection bekannt. Die wesentlichen Elemente in Collections sind Module und Ports, über die alle Interaktionen abgewickelt werden.

Ändert sich der Zustand einer Station, so wird eine andere Collection aktiviert und die Verbindungen werden wieder hergestellt. Zusammen bilden die Collections, die auf dieselbe Station geladen werden, eine „Konfiguration". Diese werden vom KV verwaltet, der die aktive Collection auswählt und Nachrichten zwischen Collections (auch auf verschiedenen Stations) durch ihre Ports zustellt.

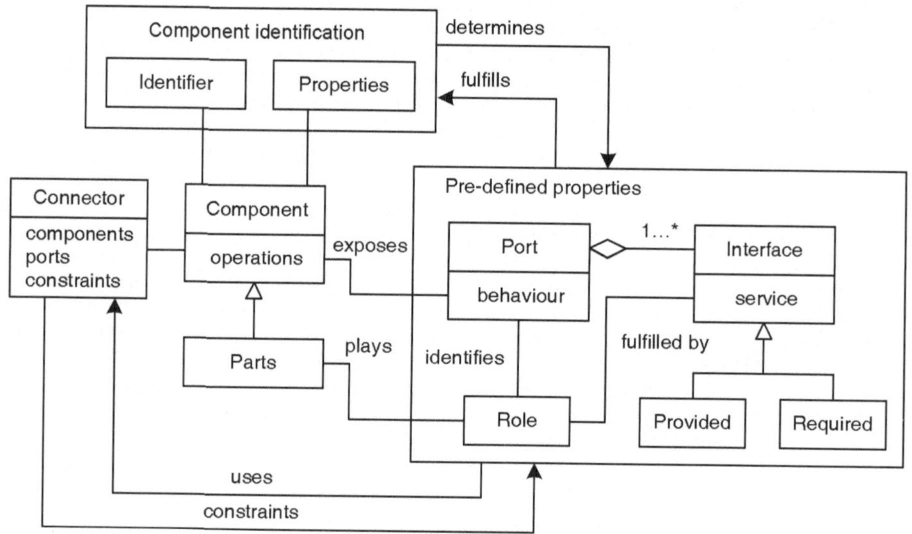

Abb. 2.11. Komponentenmodell von UML

Komponenten sind in UML aus Teilen, Konnektoren, Ports und Schnittstellen zusammengesetzt. Untereinander tauschen sie Daten durch Ports und Konnektoren aus, und zwar ausschießlich. Von außen betrachtet ist eine Komponente ein Satz bereitgestellter und erforderlicher Schnittstellen, die über Ports sichtbar sein mögen, und intern ein Satz von Klasseninstanzen oder Teilen, die zur Implementierung der von den Schnittstellen der Komponente angebotenen Dienste zusammenarbeiten. Teile stellen Subkomponenten dar. Als Erweiterung von UML-Komponenten um die nichtfunktionalen Aspekte Kontrakt und allgemeine Eigenschaften ist in Abb. 2.11 ein Komponentenmodell definiert. Die Abbildung illustriert die Komponentenkonzepte und reflektiert sowohl externe als auch interne Sichten. Eine Komponente besitzt eine eindeutige Identifikation und einen Satz Eigenschaften, sie definieren einen Satz Kommunikationsports, die Schnittstellen bereitstellen, und sie kann aus anderen Komponenten zusammengesetzt sein. Abb. 2.12 zeigt das Strukturklassendiagramm der Konfiguration mit einer Anzahl Stereotypen wie „Collection", „Port", „Task" und „Connect".

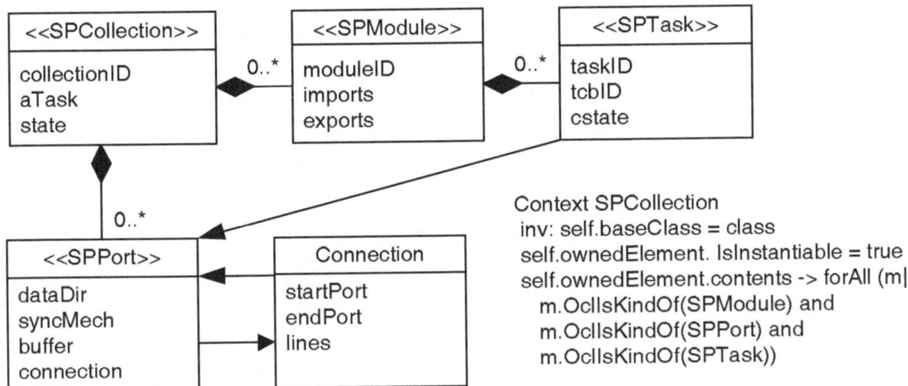

Abb. 2.12. Struktur des Software-Teils von Architekturdaten mit Stereotypen für Collection, Modul, Task und Port in S-PEARL

Mit ihrem Verhalten und ihren Elementen Modul und Port weisen, wie in Abb. 2.12 gezeigt, Konfigurationen von Collections in S-PEARL größte Ähnlichkeit mit Komponenten in UML auf, da beide primäre Berechnungselemente darstellen, Ports haben sowie hierarchisch zerlegbar und ersetzbar sind. Somit ist es naheliegend, eine Konfiguration von Collections mit einer Komponente zu assoziieren (vgl. Abb. 2.13) und eine Collection selbst als Teil davon mit einer Klasse:

Konnektor ist eine Verbindung im Komponentenmodell im Sinne von *Delegation* oder *Konstruktion*. Ein *Delegationskonnektor* verbindet entweder einen bereitgestellten Port einer Komponente mit einem Teil ihrer Realisierung in der Bedeutung, dass durch den Port empfangene Anforderungen an den Teil weitergeleitet werden, oder er verbindet einen Realisierungsteil mit einem bereitgestellten Port in der Bedeutung, dass durch den Port gesendete Anforderungen aus dem Teil stammen. Zwischen einem einzelnen Port und verschiedenen Realisierungsteilen können mehrere Verbindungen bestehen. Ein *Konstruktionskonnektor* verbindet eine(n) erforderliche(n) Schnittstelle oder Port einer Komponente mit einer/einem passenden bereitgestellten Schnittstelle oder Port einer anderen Komponente.

In S-PEARL stellt eine Verbindung ein Bindeglied zwischen Ports von Collections dar. Zum selben Zweck wird in UML der Konnektor zum Verbinden von Komponenten oder Subkomponenten durch Port-zu-Port-Verbindungen benutzt. Verbindungen können so auf UML-Konnektoren abgebildet werden.

Collections kommunizieren in S-PEARL durch Nachrichtenaustausch von Port zu Port, wodurch sich direkte Referenzierung von Kommunikationsobjekten in anderen Collections erübrigt und die Kommunikationsinfrastruktur von der Logik der Nachrichtenübertragung entkoppelt wird. Eine Nachricht kann an mehrere Empfänger geschickt oder es können auch

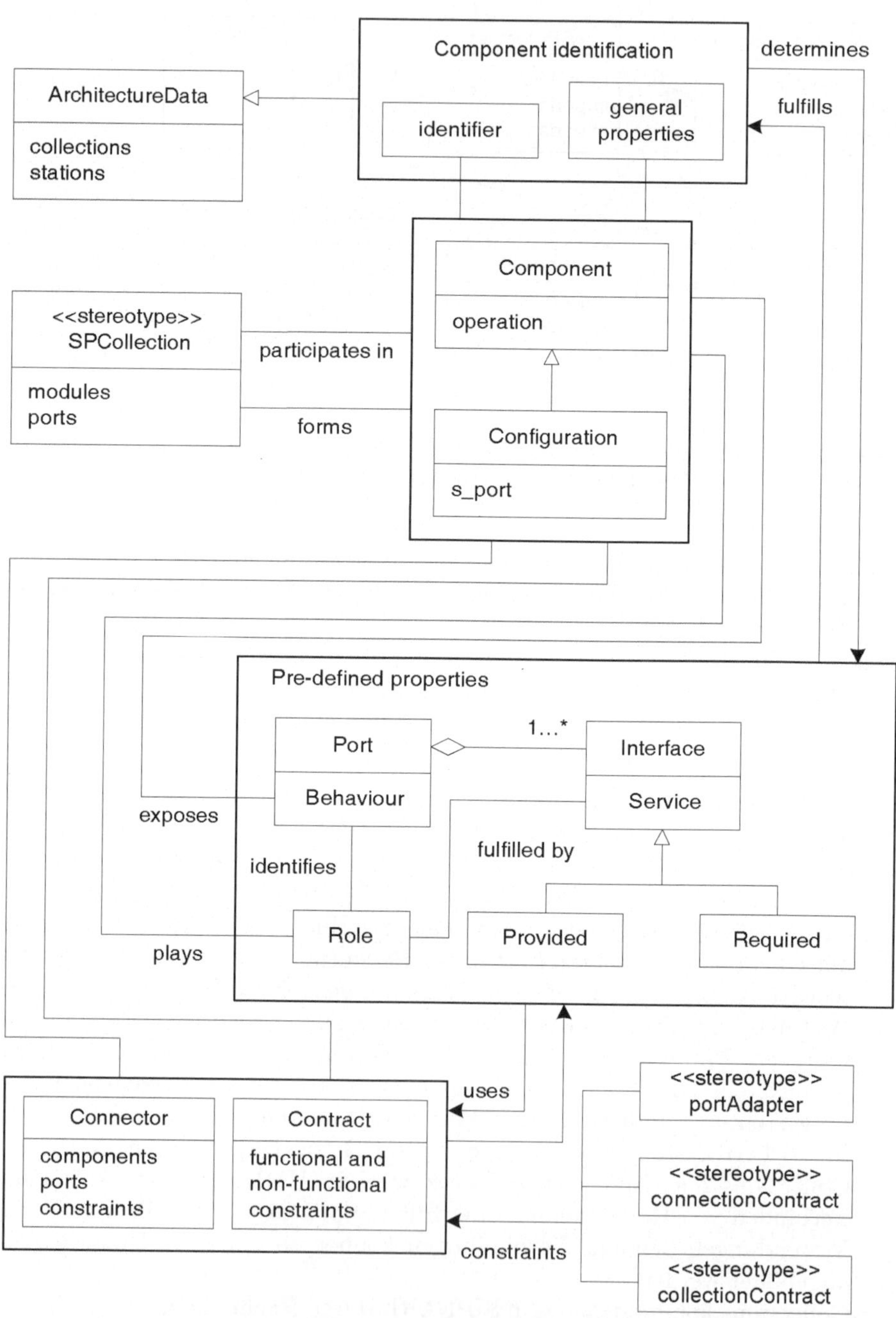

Abb. 2.13. Stereotyp für eine Konfiguration von Collections im Kontext einer UML-Komponente

Nachrichten von mehreren Absendern angenommen werden. Eine Nachricht kann asynchron oder synchron mit und ohne Empfangsbestätigung und mit Antwort gesendet werden. Für synchrones Senden und Empfangen kann eine Ausweichaktion für den Fall von Zeitüberschreitungen spezifiziert sein. Der hauptsächliche Zweck von Protokollen in S-PEARL ist, Muster für die Kommunikation zwischen Collections zu definieren. In UML stellen Protokolle die Verhaltensaspekte von Konnektoren dar, die den Kommunikationsmustern von S-PEARL sehr ähneln. Somit können wir Nebenbedingungen und etikettierte Werte für die Kommunikationsmuster definieren und ihnen Ports und Verbindungen zuweisen, um ähnliche Effekte wie in S-PEARL zu erreichen.

Port ist im Komponentenmodell ein mit Name und Typ versehener Interaktionspunkt einer Komponente. Ein bereitgestellter Port ist durch eine bereitgestellte, ein erforderlicher Port durch eine erforderliche Schnittstelle und ein komplexer Port durch eine beliebige Menge beider Formen von Schnittstellen charakterisiert. Komplexe Ports ermöglichen die Lokalisierung komplexer Interaktionsmuster mit Aufrufen in beiden Richtungen. Im Unterschied zu Schnittstellen kann ein Port mit einem Verhalten assoziiert sein, das das extern beobachtbare Verhalten der Komponente bei Interaktion durch den Port spezifiziert. Dies ermöglicht die Spezifikation semantischer Kontrakte. Eine Komponente kann verschiedene Ports mit dem Typ derselben Schnittstelle haben und zwischen durch verschiedene Ports empfangene Aufrufe unterscheiden.

In S-PEARL gibt es Ports mit den Typen ein-, ausgehend und bidirektional, die direkt auf die Ports im Komponentenmodell abgebildet werden könnten, da beide als Schnittstellen dienen, die Interaktionspunkte zwischen Berechnungselementen und ihren Umgebungen definieren. Wir haben jedoch einen Port-Stereotypen zur Kommunikation zwischen Collections mit den Eigenschaften und der Funktionalität der Ports von S-PEARL definiert. Dazu wurde ein dedizierter Komponentenport „s_port" eingesetzt, der in asymmetrischen Systemen die Parameter der vom KV-Objekt bedienten Systemaufrufe überträgt (vgl. Abb. 2.17).

Schnittstelle ist der einzige sichtbare Teil einer Komponente, die alle von den Benutzern zu ihrem Einsatz benötigten Informationen bereitstellen und Spezifikation ihrer Operation enthalten sollte. Sie stellt eine Ansammlung von Operationen dar, die zur Spezifikation der Dienste einer Klasse oder Komponente verwendet wird. Während der Ausführung werden diese im Rahmen des Aufrufs der Komponentenfunktionalität benutzt.

In S-PEARL werden Collections durch gleichförmige Schnittstellen aufgerufen und ihre einzigen Interaktionspunkte sind die genannten Ports. Ihre Ausführung und Zusammenarbeit wird durch den KV organisiert, der auf jedem Knoten die primäre Ausführungsklasse jeder Komponente ist.

Eigenschaften werden zur Charakterisierung der Aspekte von Komponenten benutzt. Allgemeine Eigenschaften können hinsichtlich Zeitverhalten wie Fertigstellungstermin, Periode oder maximale Ausführungszeit und Betriebsmittelbedarf angegeben werden. Mit vordefinierten Eigenschaften werden Superkomponenten, Ports oder Nebenbedingungen beschrieben. Zeitliche Anforderungen könnten als dem Stereotyp „Task" einer „Collection" zugeordnete etikettierte Werte ausgedrückt werden. Jedoch kann der Task-Stereotyp diese Informationen auch aufnehmen. Wenn mehrere Tasks ablaufbereit sind, sollte sie prioritätsgesteuert zugeteilt werden. Zuteiler sind zeitgesteuerte Systeme zur Verwaltung gemeinsamer Betriebsmittel. Um zwischen anstehenden Betriebsmittelanforderungen eine Auswahl zu treffen, verwenden sie gewöhnlich Zuteilungsstrategien. Diese können als Kontrakte formuliert werden.

Andere Konstrukte von S-PEARL haben ähnliche Aspekte und können ihnen als Eigenschaften zur Auswertung durch Systemprogramme zugeordnet werden. Solche Merkmale hängen mithin von den Zielplattformen ab und sind mit Vorsicht zu behandeln.

Operation spezifiziert eine individuelle Aktion, die ein Komponentenobjekt ausführen wird. Ihre Eingabeparameter spezifizieren die der Komponente zur Verfügung oder an sie geleiteten Informationen und ihre Ausgabeparameter die von der Komponente aktualisierten oder erarbeiteten Informationen. Sie zieht alle resultierenden Zustandsänderungen der Komponente und alle geltenden Nebenbedingungen in Betracht.

Kontrakt ist als Klasse im Komponentenmodell definiert und dient zur Spezifikation der Nebenbedingungen von Komponentenoperationen. Gemäß der Theorie und Methode des kontraktbasierten Entwurfs [105] wird mit einem Kontrakt Funktionalität spezifiziert. Er kann einem Port, Konnektor oder einer Komponente zugewiesen werden und funktionale oder nichtfunktionale Nebenbedingungen bestimmen. Unter architekturbezogenen Nebenbedingungen können solche hinsichtlich Komponenten, Komposition und Verbindungen unterschieden werden. In Echtzeitsystemen können komponentenbezogene Nebenbedingungen Eigenschaften der Zeitkritikalität beschreiben, die die Umgebung von einer Komponente erwartet. Verbindungsbezogene Nebenbedingungen beschreiben die Zeitkritikalität von Nachrichtenübertragungen über Komponenten hinweg, eine normalerweise (sub-) systemweite zeitliche Anforderung. Kompositionsbezogene Nebenbedingungen schließlich beschreiben das von der Umgebung erwartete Zeitverhalten einer Komponente. Ein UML-Kontrakt kann ebenfalls eingesetzt werden, um Änderungen des Systemzustandes als Folge einer Operation zu identifizieren, d.h. er definiert, was die Operation bewirkt. Alle Nebenbedingungen können durch Verwendung von Kontrakten und deren Zuweisung zu entsprechenden Objekten spezifiziert werden.

Portadapter ermöglicht die Verbindung zweier inkompatibler Ports. Er definiert die mit den Port verbundene Semantik und stellt die von dem jeweils anderen Port erwarteten Operationen bereit. Anpassungen werden im Rahmen der Abbildung realisiert. Portadapter können auch zeitabhängige Nebenbedingungen des operationalen Verhaltens von Komponenten beschreiben.

Konfigurationsverwalter

Gemäß Aufbau und Funktionalität des Konfigurationsverwalters sollte ein in UML formuliertes Modell von ihm aus einer Menge von Stationen, Konfigurationen von Collections sowie einer Menge statischer oder dynamischer Verbindungen bestehen, die während der Ausführung hergestellt werden mögen, um alle zur Zusammenstellung eines Systems erforderlichen Informationen zu erfassen. Bei der Modellierung der Konfigurationsverwaltung werden die drei relevanten Aspekte Parameter, Architektur und Funktionalität in Betracht gezogen.

Parameterkonfiguration: In S-PEARL unterhält der KV Informationen über die Stationsparameter und die Abbildung der Software auf die Hardware. Zur Parameterisierung des KV werden die Eigenschaften der Hard- und Software-Architekturen als „Architekturparameter" (vgl. Abb. 2.14) verwendet. Zwischen den Architekturparametern der Hard- und Software bestehen die folgenden Beziehungen:
- für jede Station sind einer oder mehrere Zustände definiert und mit jedem Zustand ist eine Collection assoziiert,
- jede Station kennt ihre Rolle im verteilten System, zu dem sie gehört (basierend auf ihrem Typ),
- jede Collection kennt die Station, zu der sie gehört, und
- jede Collection kennt ihre Mitglieder und Schnittstellen zu anderen Collections und innerhalb ihrer selbst.

Parameterkonfiguration verfolgt den Zweck, ein System mit einem anderen Verarbeitungsalgorithmus so zu rekonfigurieren, das es weiterhin dieselbe Funktionalität implementiert, jedoch mit unterschiedlicher Leistung, Genauigkeit, Energieaufnahme oder Betriebsmittelanforderung. Eine solche Rekonfiguration wird notwendig, wenn sich entweder die Dynamik der Umgebung oder die Betriebsanforderungen ändern.

Funktionale Konfiguration: Gemäß der Definition des KV als Kooperationsagent für Collections mit bestimmter Anwendungsprogrammierschnittstelle und deterministischem Verhalten wird der funktionale Aspekt seines Modells durch die KV-Operation *reconfigure()* dargestellt, die zur Durchführung dynamischer Rekonfigurationen aufgerufen wird. Dies zeigt Listing 2.4, wo *_collection* für die Portschnittstelle des KV steht, die die *load()*- oder *unload()*-Funktionen von Collections aufrufen, um die Ausführung einer bisher aktiven Collection zu beenden und die für den aktuellen Stattionszustand (sreg) vorgesehene neue Collection (rück) zu laden und zu aktivieren. Collections implementieren Funktionen, um sich selbst zu laden und auszulagern sowie um ihre Verbindungen aufzubauen und um Nachrichten zu übertragen. Dabei werden von den Tasks geeignete Meldungen (Aufrufe von Schnittstellenfunktionen) abgegeben und durch ihre CollectIons an den KV weitergeleitet, um Operationen der Zustandsüberwachung und -änderung sowie der dynamischen Rekonfiguration auszuführen.

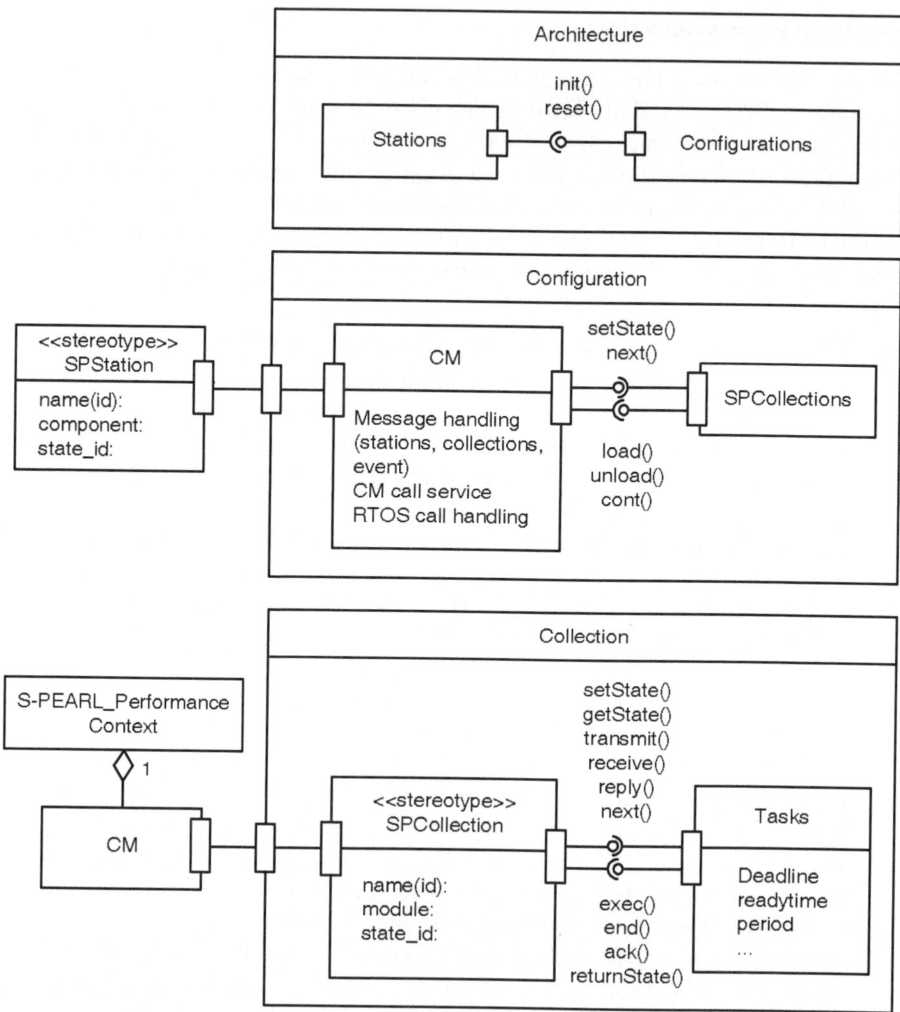

Abb. 2.14. Kompositionsstrukturdiagramm des KV-Modells

Im Allgemeinen umfasst funktionale Konfiguration geteilte Nutzung von
Betriebsmitteln durch verschiedene Rechenprozesse. Dabei muss in erster Linie sichergestellt werden, dass Zustand und Zwischenwerte erhalten
bleiben, wenn ein Prozess verdrängt und später wiederhergestellt wird.
Im Falle von Tasks ist dafür das Echtzeitbetriebssystem und bei Collections der KV verantwortlich und das Laufzeitsystem muss für Beobachtung, Änderung und Wiederherstellung von Zuständen und Daten geeignete Funktionen und Variablen der Anwendungsprogrammierschnittstelle
bereithalten.

Listing 2.4. Rekonfigurationsfunktion des Konfigurationsverwalters

```
void reconfigure(char s) {
  switch(sreg){
   case s: break;
   default: _collection.unload(sreg); break;
  }
  switch(s){
   case sreg: break;
   default: _collection.load(s); break;
  }
  sreg=s;
}
```

Architekturkonfiguration: Rekonfiguration einer Architektur umfasst die Verschiebung von Rechenprozessen. Der wichtigste dabei zu beachtende Aspekt ist sichere Überführung der internen Zustände solcher Prozesse. Aus Sicht der Struktur stellt das Rekonfigurationsverwaltungsmodell (vgl. Abb. 2.14) das „Rückgrat" jeder in UML entworfenen S-PEARL-orientierten Anwendung dar. Konfigurationen aus Collections werden auf Stationen abgebildet. Der KV koordiniert ihre Kommunikation und eventuelle, durch Zustandsänderungen der sie beherbergenden Stationen ausgelöste dynamische Rekonfigurationen.

Im Rahmen der komponentenbasierten Software-Technik spezifiziert eine Architekturrekonfiguration, welche Instanzen welcher Komponenten benötigt werden und wie ihr Betriebsmittelbedarf erfüllt wird, wie Behälterdienste konfiguriert sind und wie diese auf Komponenten und ihre Instanzen anzuwenden sind. Eine Gerätespezifikation beschreibt die verfügbaren Merkmale der vorgesehenen Zielgeräte (und Betriebssysteme). Dies bestimmt letztendlich, welche Behälterfunktionen im Zielsystem verfügbar sind und wie diese implementiert sind.

Architekturkonfiguration bezweckt, Hardware und Rechenprozesse durch Umverteilung von Betriebsmitteln zu modifizieren. Diese Art der Rekonfiguration ist in Situationen nötig, in denen Betriebsmittel nicht mehr genutzt werden können, sei es wegen Ausfällen, wegen Zuweisung an höher priorisierte Aufgaben oder wegen Abschaltung zur Minimierung des Stromverbrauchs. Damit ein System auch in Gegenwart von Ausfällen funktionsfähig bleibt, müssen seine Hardware modifiziert und Rechenprozesse neu zugeteilt werden.

Das Ausführungsverhalten des KV lässt sich durch Sequenzdiagramme beschreiben, die Überblicke über die möglichen Ausführungsszenarien an Verarbeitungsknoten und für Collections von Tasks geben können. Sie zeigen auch die Bedingungen auf, unter denen Verarbeitungsknoten ihre Szenarien ändern sollten. Der zwischen den eine Anwendung bearbeitenden Architekturkomponenten stattfindende Nachrichtenaustausch ist in Abb. 2.15 dargestellt.

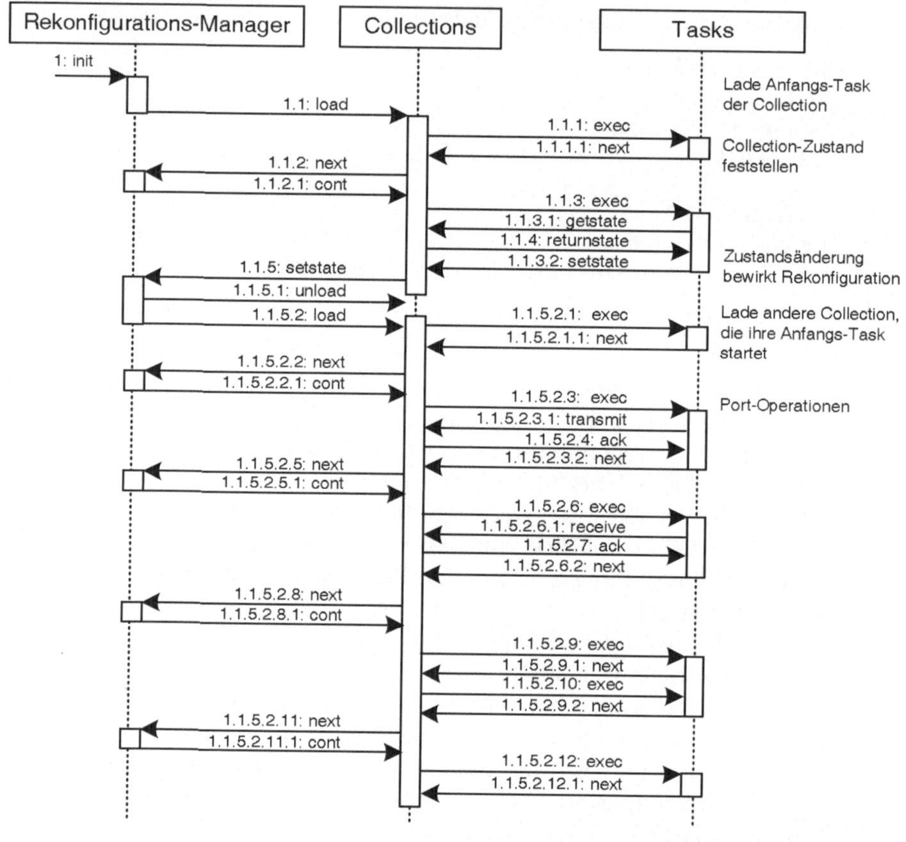

Abb. 2.15. Sequenzdiagramm einer Rekonfiguration

Bindung von TZÜDen an UML-Zustandsdiagramme

Um Tasks richtig darstellen und verwalten zu können, müssen zur Verwendung in UML-Modellen noch einige weitere Konstrukte definiert werden. In UML werden mit Zustandsautomaten die dynamischen Aspekte von Systemen modelliert. Das Hauptaugenmerk liegt dabei auf dem Verhalten von Objekten in der Reihenfolge eingetretener Ereignisse, um den durch diese ausgelösten Kontrollfluss in Form von Transitionen von einem Zustand zum anderen zu zeigen. Ein Zustandsautomat modelliert die Lebenszeit eines einzelnen Objektes, sei dieses nun eine Klasseninstanz, ein Anwendungsfall oder gar ein ganzes System. Ein Objekt kann ein Ereignis empfangen, darauf mit einer Aktion reagieren, dann seinen Zustand ändern und auch ein anderes Ereignis empfangen. Seine Antwort kann abhängig von seinem aktuellen Zustand und der Antwort auf das vorhergehende Ereignis verschieden sein.

Mit Zustandsdiagrammen wird adaptives operationelles Verhalten modelliert. Die zur Modellierung zur Verfügung stehenden Objekte sind Zustände,

Ereignisse und Transitionen: (1) Zustände repräsentieren das operationelle Modell, (2) Ereignisse die Ursachen modaler Änderungen und (3) Transitionen und Transitionsregeln definieren die Vorbedingungen und die Konsequenzen modaler Änderungen. Es lassen sich hierarchische endliche Zustandsautomaten kreieren, da Zustände wiederum Zustände, Ereignisse und Transitionen enthalten können. Deshalb kann der Zustandsdiagrammformalismus von UML verwendet werden, um das Task-Konzept von S-PEARL durch Definition eines Übergangs zur Methode „main()" von Tasks zu modellieren.

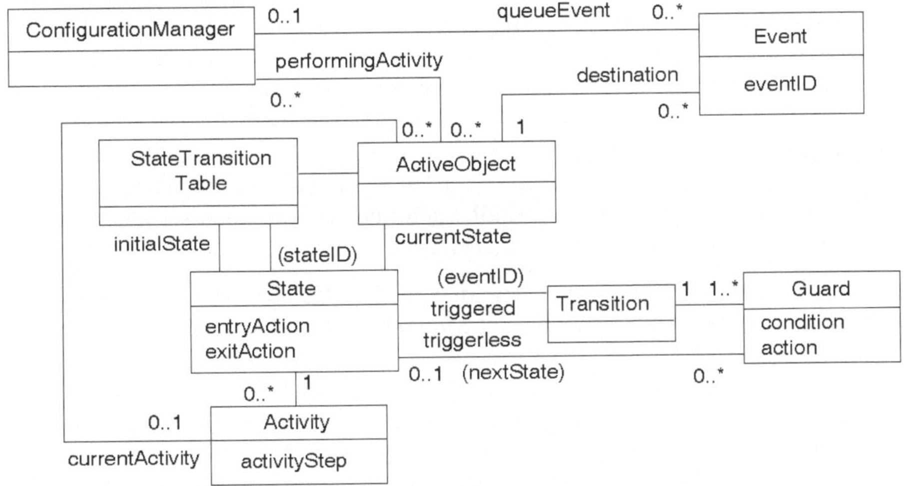

Abb. 2.16. KV im Kontext des Mechanismus von UML-Zustandsdiagrammen

In Abb. 2.16 ist der in UML vorgesehene Mechanismus von Zustandsdiagrammen dargestellt. Er enthält die Klassen KV, Ereignis, ActiveObject, StateTransitionTable, Zustand, Transition und Aktivität. Die zur Implementierung von TZÜ-Diagrammen von S-PEARL notwendigen Anpassungen werden im Folgenden dargelegt.

- Der Kontrollfluss wird in erster Linie durch Ereignisse und nicht durch Funktionsaufrufe bestimmt. Als lokales Betriebsprogramm jeder Station steuert das Objekt KV den Ausführungspfad in diesem (Teil des) System(s). Es unterhält auch eine Liste aktiver Objekte (z.B. Collections-/Tasks in S-PEARL), die aktuell Aktivitäten ausführen. Umschalten zwischen Weiterleitung von Ereignissen und Ausführung von Aktivitäten erlaubt, die anderen aktiven Objekten im System zu verarbeiten und auch die Aktivitäten bei eintreffenden Ereignissen zu unterbrechen.
- Ein Zustand entspricht einer Situation endlicher Dauer im Leben eines Objekts, während der dieses einige Bedingungen erfüllt, einige Aktivitäten ausführt oder auf ein Ereignis wartet.

- Eine Transition zeigt einen Wechsel von einem Zustand zu einem anderen an und dass ein Objekt im ersten Zustand bestimmte Aktionen ausführen und in den zweiten Zustand eintreten wird, wenn ein spezifiziertes Ereignis auftritt und andere spezifizierte Bedingungen erfüllt sind. Jede Transition hat ein Etikett mit den drei optionalen Teilen Auslösesignatur, Überwachungsbedingung und Aktivität. Die Auslösesignatur ist meistens ein einfaches Ereignis, das eine mögliche Zustandsänderung bewirkt, kann aber auch mehrere Ereignisse und Parameter umfassen. Falls vorhanden, ist die Überwachungsbedingung ein boolscher Ausdruck, der den Wert wahr haben muss, damit die Transition erfolgt. Die Aktivität wird während der Transition ausgeführt. Sie kann eine beliebige ausführbare Anweisung in einer Programmiersprache sein.
- Eine Ereignisklasse definiert die Funktionen, die ein Ereignis an sein aktives Zielobjekt leiten. Jedes Ereignis kennt die Identifikation des aktives Objekts, das ihn empfangen wird.
- Die StateTransitionTable besteht aus einer Menge von Zuständen definiert durch ActiveObject. Sie unterhält auch den Anfangszustand, der bei Kreierung einer neuen Instanz ActiveObject anzunehmen ist.

Ein ausführbares Programm ist in der S-PEARL-Methode eine Collection von Modulen, die selbst wieder aus Mengen von auf Ereignisse reagierende Tasks bestehen (vgl. Abb. 2.12). Tasks stellen die Prozesse eines laufenden Systems dar, d.h. aktive Objekte im UML-Modell. In S-PEARL werden sie als TZÜ-Diagramme modelliert. Deren Übersetzung in Task-Prototypen liegt die Aufzählung der Zustände zu Grunde, die dem Ausführung und Zusammenarbeit verwaltenden KV ermöglicht, zwischen aktiven Tasks und Zuständen umzuschalten und zum vorherigen Zustand zurückzukehren, wenn die vorher aktive Task wieder aufgenommen wird. Verdrängungspunkte stimmen mit den Zustandsübergängen der Tasks überein, d.h. der Kontext soll nach Abarbeitung eines Task-Zustandes umgeschaltet werden, so wie dies in seinem TZÜ-Diagramm modelliert ist. Wenn die Aufzählung in die Übersetzung eines UML-Zustandsdiagramms in einen Task-Prototypen eingeführt wird, können beide Formalismen austauschbar benutzt werden. Den Zuständen in TZÜ-Diagrammen können zeit- oder ereignisbasierte Auslösebedingungen und Zeitrahmen für ihre Ausführung zugewiesen werden. Bei der Übersetzung in Task-Prototypen werden diese Parameter für die Generierung geeigneter Systemaufrufe des im KV inhärent vorhandenen Echtzeitbetriebssystems berücksichtigt.

Als lokales Betriebsprogramm jeder Station steuert das Objekt KV den Ausführungspfad in diesem (Teil des) System(s) (vgl. Abb. 2.17). Es unterhält auch eine Liste der Collections und eine Referenz zu der, die aktuell Aktivitäten ausführt. Diese Collection ist für die Einplanung der mit ihr assoziierten Tasks und ihre Kommunikation verantwortlich. Der hauptsächliche Kontrollfluss wird durch die Zustandsänderungen der Tasks und ihre System/KV-Anforderungen gesteuert (vgl. z.B. Listings 2.2 und 2.3).

Da die Übertragung von UML-Zustandsdiagrammen von den eingesetzten Werkzeugen (und Zielplattformen) abhängt, sollten die Systemaufrufe und Zeitbeschränkungen als Aktionen in den Diagrammen und zur Steuerung des KVs codiert werden. Um aber korrekt interpretiert zu werden, sind der KV und die Bibliotheken der Architekturdaten zu kombinieren.

2.4.2 UML-Applikationsarchitektur mit S-PEARL-Stereotypen

Eine Anwendungsarchitektur sollte sich aus einem Satz von Stationsknoten und Konfigurationskomponenten sowie einem Satz statischer oder dynamischer Verbindungen zusammensetzen, die während der Ausführung der Anwendung hergestellt werden können. Wie in Abb. 2.17 gezeigt, wird der KV als globales Konfigurationsobjekt beschrieben, das zur Laufzeit Rekonfigurationen von Stationen und Collections gemäß der Anwendungsarchitektur durchführt. In letzterer ist die Funktion *getArchitectureData()* als Teil der Konfiguration definiert. Sie speichert die relevanten Informationen über die Systemarchitektur, die die Anwendung (bzw. einen Teil davon) bildet. Diese Informationen sind im UML-Modell durch die parameterisierten Stereotypobjekte *SPStation* bzw. *SPCollection* dargestellt, die für *ArchitectureData* stehen, deren Struktur in den Abb. 2.7, 2.10 und 2.12 skizziert ist. Weiterhin spezifizieren sie Abhängigkeiten zwischen Stationsstereotypen und Knoten für den Einsatz.

Als Basisklasse der *Configuration*-Komponente aller Collections binnen Stationen ist der Konfigurationsverwalter (KV) für deren Aktivierung und Deaktivierung sowie in Abhängigkeit der Stationszustände zum Auf- und Abbau logischer Kommunikationspfade verantwortlich.

2.5 Beispiel: Modellierung eines verteilten Automobilbordsystems

In diesem Abschnitt soll der Einsatz obiger Stereotypen am Beispiel der Spezifikation eines verteilten automobilelektronischen Bordsystems vorgestellt werden. Solche Systeme bestehen i.w. aus einer Reihe elektronischer Steuereinheiten (ECUs), die durch zwei CAN-Feldbusse miteinander verbunden sind. Der eine Feldbus wird für die sicherheitskritischen Steuerungsaufgaben und der andere für Komfort- und Unterhaltungsfunktionen benutzt. Beide Feldbusse sind über einen Koppler miteinander verbunden, weil gewisse Daten im gesamten System benötigt werden. Um die Architektur eines solchen Systems darzustellen, wird in Abb. 2.18 der konzeptionelle Entwurf in Form eines Kollaborationsdiagramms gezeigt. Darin sind die Systemkomponenten und ihre Verschaltungen zu sehen. Zur Steuerung des Antriebsstrangs und der Karosserie gibt es zwei Subsysteme. Der Fahrer wirkt auf die ECUs des Motors, des Getriebes und der Bremsen durch die entsprechenden Pedale und Hebel

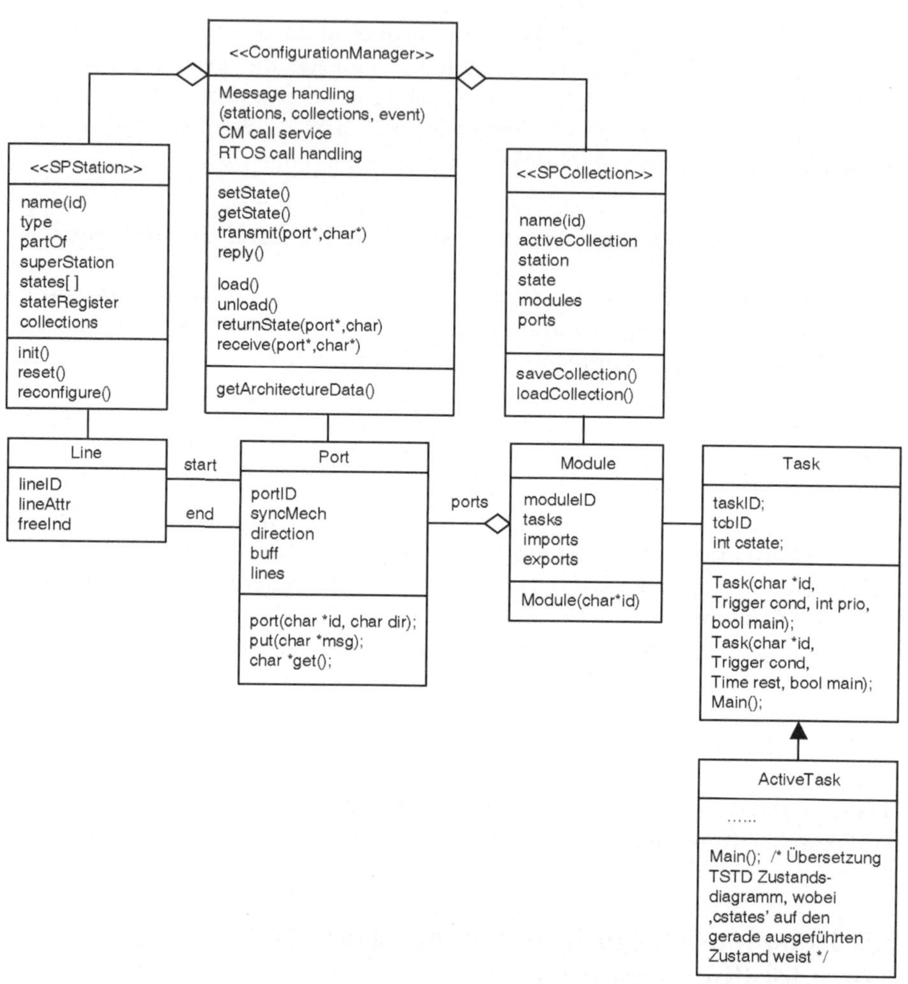

Abb. 2.17. An S-PEARL orientierte Applikationsarchitektur in UML

ein, was durch je eine Komponente für Antriebsstrang- und Karosserieein-
wirkung mit einem Verbindungsprotokoll zum Datentransfer zwischen ihnen
dargestellt wird. Grundsätzlich gibt es Punkt-zu-Punkt- und Mehrpunktver-
bindungen, die beide mit dem Stereotyp Protokoll modelliert werden können.
Die ECU-Koponente ist eine spezialisierte aktive Komponente, die zur Modellierung einer eigenständigen Systemkomponente dient. Ihre Funktion kann
nur von innen heraus aufgerufen werden. Zur Kommunikation mit anderen
Komponenten bedient sie sich der Nachrichtenübermittlung über Ports, die
durch Leitungen miteinander verbunden sind.

Das Kollaborationsdiagramm wird durch die Definitionen des Klassendia-
gramms verfeinert. Aus Platzgründen sei hier nur das Subsystem Antriebs-

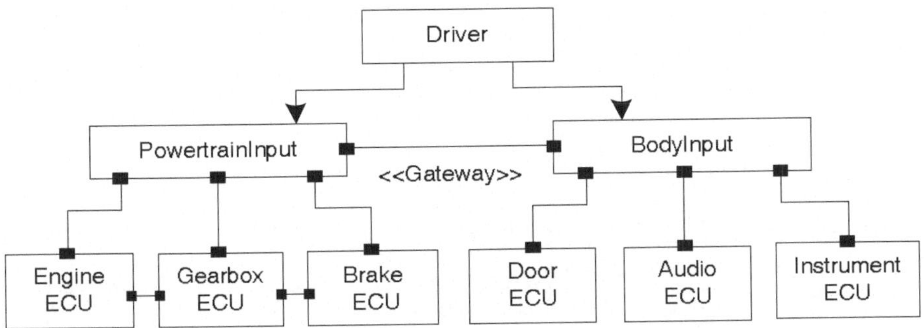

Abb. 2.18. Typische Architektur automobilelektronischer Bordsysteme

strang in Abb. 2.19 wiedergegeben. Zwischen den ECUs für Motor, Getriebe und Bremsen gibt es einen Port zur Übertragung elektrischer Größen und einen anderen zur Angabe der mechanischen Größen Winkelgeschwindigkeit und Drehmoment der Antriebswelle. Beide können wir mit Port-Stereotypen beschreiben. Die drei genannten ECU-Klassen enthalten die Charakteristika der die Komponenten beschreibenden Attribute. Den Klassen sind Invarianten beigegeben, um die ihr Verhalten bestimmenden physikalischen Gesetze zu spezifizieren. So wird die Invariante von „GearBox" z.B. als Funktion der Hilfsvariablen „currentRatio" geschrieben, deren Wert von der Bewegungsrichtung abhängt. Das Objekt reagiert auf die zwei Aufrufe „forwardGear()" und „reverseGear()", die Zustandsübergänge hervorrufen und somit das Verhalten ändern, da eine neue Invariante das aktuelle Übersetzungsverhältnis bestimmt. Die zwei Aufrufe liefern in Abhängigkeit der aktuellen Getriebespannung Wahrheitswerte ab, womit ein Gang unter Verwendung dieser Spannung ausgewählt werden kann. So ist sofortiges Gangschalten möglich, während sich die Achsen drehen. Zur Modellierung des dynamischen Verhaltens kann jede ECU-Komponente mit Zustände und Übergänge spezifizierenden Tabellen versehen werden, wie sie im UML-Standard vorgesehen sind und die die Reaktion von Komponenten auf an ihren Ports ein- oder ausgehende Nachrichten beschreiben. Zustandsübergänge können auch den Aufruf von Klassenoperationen bewirken. Darüber hinaus können Ablaufdiagramme zur Beschreibung der Interaktion von Komponenten sowie Protokollzustandstabellen zur Darstellung des protokollspezifischen Nachrichtenaustausches eingesetzt werden.

Obiges Beispiel zeigt, dass sich mit objektorientiertem Entwurf unter Verwendung von UML und dem an S-PEARL orientierten UML-Profil für verteilte Systeme folgende Probleme überwinden lassen, vor denen die Industrie zur Zeit noch steht:

- Spezifikationen sind nicht formal genug, um sorgfältig in Hinblick auf Umsetzbarkeit, Kosten und Entwicklungsdauer analysiert werden zu können,
- Entwürfe werden auf zu niedrigem Abstraktionsniveau durchgeführt: Umfeld, Verhalten und Steuerungsalgorithmen werden zusammen beschrie-

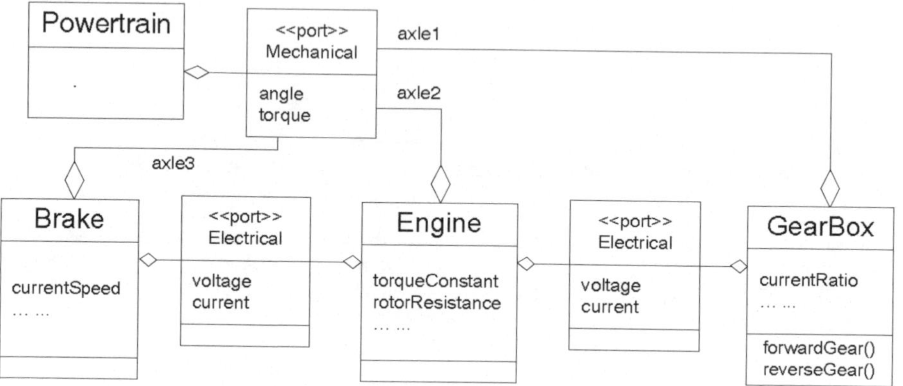

Abb. 2.19. Klassendiagramm der Architektur des Bordsystems

ben, woraus sich für den Entwurf eine zu schwierige und detailbeladene Sicht ergibt,

- Steuerungsalgorithmen implementierende Programme sind unstrukturiert: Software für verschiedenen Anwendungen wird mit Regel- und Treiberprogrammen von Sensoren und Aktoren vermengt,
- auf dem Betriebssystemniveau werden Tasks nach heuristischen Kriterien definiert und das Ablaufzeitverhalten von Systemen wird erst anhand von Implementierungen analysiert.

3

Synchronisation und Konsistenz in Echtzeitsystemen

3.1 Einführung

In der Echtzeitdatenverarbeitung haben Tasks häufig den Bedarf, Informationen austauschen. Dies geschieht über gemeinsame Daten oder Nachrichten und erfordert Synchronisationen bzw. konsistentes Verhalten. Dieses Kapitel beschäftigt sich mit den daraus resultierenden Problemen und schildert Problemlösungsstrategien mit Hilfe von Semaphoren und Monitoren.

Ein Beispiel soll die Notwendigkeit der Task-Synchronisation demonstrieren [131]. Stellen wir uns vor, dass es in einer Anwendung verschiedene Tasks gibt, die auf gemeinsame Daten zugreifen möchten: Beispielsweise könnte eine Task Bilddaten abspeichern und eine andere diese auswerten. Dann gilt es zu verhindern, dass beide Tasks gleichzeitig auf den Bildspeicher zugreifen, da sonst das Auswertungsprogramm gegebenenfalls auf Daten aus unterschiedlichen Aufnahmesituationen fehlerhaft reagieren würde. Es ist also sicherzustellen, dass nicht die Task Bildspeicherschreiben gleichzeitig mit der Task Bildspeicherauswerten den Speicher nutzt. Sinnvoll könnte es beispielsweise sein, hier eine Reihenfolge vorzugeben: Erst Beschreiben des Bildspeichers und anschließend Weiterverarbeitung durch die Task Bildspeicherauswerten.

Damit sind aus diesem Beispiel schon die beiden wesentlichen Problemsituationen für die Synchronisation von Tasks ersichtlich. Man nennt sie Problem des gegenseitigen Ausschlusses [23] und Kooperationsproblem. Bevor die beiden Problemsituationen genauer geschildert werden, muss jedoch der Begriff des kritischen Bereichs eingeführt werden.

3.1.1 Kritischer Bereich

Ein kritischer Bereich (im Folgenden als KB abgekürzt) ist ein Codestück in einer Task, in dem auf gemeinsam genutzte Betriebsmittel zugegriffen wird und für das Synchronisationsbedarf besteht.

3.1.2 Problem des gegenseitigen Ausschlusses

Das Problem des gegenseitigen Ausschlusses (Sperrsynchronisation, wechselseitiger Ausschluss) besteht darin, dass in mehreren Tasks kritische Bereiche
existieren, die dasselbe Betriebsmittel betreffen (so wie oben den Bildspeicher). Es ist sicherzustellen, dass Tasks nie gleichzeitig in die Abarbeitung
kritischer Bereiche eintreten, da es sonst zu Fehlern in der Programmausführung kommen kann.

3.1.3 Kooperationsproblem

Um ein Kooperationsproblem zu vermeiden, muss sichergestellt werden, dass
eine bestimmte Reihenfolge der Abarbeitung bei speziellen Operationen, die
in unterschiedlichen Tasks enthalten sind, eingehalten wird.

3.1.4 Erste Lösungsideen

Eine mögliche Idee zur Lösung des Problems des gegenseitigen Ausschlusses
besteht darin, ein Sperrbit einzusetzen, um einen kritischen Bereich vor un-
zulässigem Betreten zu schützen. Ein Sperrbit (oder auch Schlossvariable) ist
ein Bit, das nur die Werte „belegt" und „frei" annehmen kann. Vor dem Betreten eines kritischen Bereichs wird das zugeordnete Sperrbit geprüft. Solange
es belegt ist, wird gewartet und erneut geprüft. Nach erfolgreichem Überwinden dieser Stelle kann das Sperrbit für die eigene Task belegt werden und
verschließt dann den Zugang zum kritischen Bereich für andere. Nach dem
Verlassen des kritischen Bereichs gibt die Task dann das Sperrbit wieder frei
und somit auch den Weg in den kritischen Bereich für andere Tasks.

Leider ist dieses Vorgehen nicht unproblematisch, wie die in Tabelle 3.1
dargestellte Situation zeigen wird. Stellen wir uns zwei Tasks vor, die jeweils
exklusiv einen kritischen Bereich nutzen wollen und die nach der eben skiz-
zierten Idee vorgehen. Im Folgenden wird geschildert, wie durch ungünstige
Unterbrechungen und Task-Wechsel hier ein Problem entstehen kann. In der
Tabelle sind für aufsteigend geordnete Zeitpunkte jeweils die Aktivitäten der
Tasks sowie der Wert des Sperrbits angezeigt.

Betrachtung der Tabelle zeigt, dass genau die Situation eingetreten ist, die
man eigentlich mit der Verwendung des Sperrbits verhindern wollte, nämlich
der gleichzeitige Aufenthalt beider Tasks im kritischen Bereich[1]. Daher muss
man sich Gedanken machen, inwiefern Qualitätsmerkmale für Synchronisationsmechanismen existieren, die dann hinsichtlich möglicher Lösungskonzepte
überprüft werden könnten. Solche Merkmale sind die folgenden:

---

[1] Es gibt durchaus Lösungsmöglichkeiten [68] für das Problem des korrekten Zugriffs unter Verwendung von Sperrbits; diese sind allerdings aufwändig und damit
fehleranfällig.

Tabelle 3.1. Mögliche Problemsituation bei Nutzung eines Sperrbits

Zeitpunkt	Bildspeicherschreiben	Bildspeicherauswerten	Sperrbit
t1	Prüfen des Sperrbitwertes		frei
t2	Merken, dass es frei ist		frei
t3		Prüfen des Sperrbitwertes	frei
t4		Merken, dass es frei ist	frei
t5		Belegen des Sperrbits	belegt
t6		KB betreten	belegt
t7	Belegen des Sperrbits	KB	belegt
t8	KB betreten	KB	belegt

Sicherheit Ein gewähltes Lösungsverfahren muss sicher sein, auf jeden Fall muss ein gegenseitiger Ausschluss erreicht werden.

Aushungerungsfreiheit Ein Verfahren darf nicht dazu führen, dass eine Task warten muss, obwohl der kritische Bereich zur Zeit gar nicht belegt ist.

Verklemmungsfreiheit Ein Verfahren darf keine Verklemmungen verurschen.

Neben dem bereits geschilderten Problem hat das Konzept der Sperrbits noch weitere Nachteile. Aktives Warten auf das Eintreten der erhofften Bedingung kostet Rechenzeit, weil die Sperrbits immer wieder überprüft und dadurch Prozessoren unnötig beschäftigt werden. Ein weiterer Schwachpunkt ist, dass nur schwer zwischen Variablen zur Synchronisation und Wertvariablen unterschieden werden kann, was allgemein der Qualität der entstehenden Software nicht zuträglich ist. Daher werden im Folgenden die alternativen Konzepte der Semaphoren und Monitore vorgestellt, die die genannten Nachteile vermeiden.

3.2 Semaphore

3.2.1 Idee

Um die beim Einsatz von Sperrbits auftretenden Schwierigkeiten zu vermeiden, kann man beispielsweise für die Unteilbarkeit der Zugriffsoperationen Sorge tragen. Darüber hinaus ist es günstig, ein weitergehendes Werkzeug zur Task-Synchronisierung zur Verfügung zu haben, das auch bei der Bewältigung des Kooperationsproblems hilft. Beide Ziele lassen sich durch Einsatz der von Dijkstra eingeführten Semaphore [33] erreichen, einem leicht zu implementierenden Konstrukt für den Entwurf korrekter Synchronisationsprotokolle, das kein aktives Warten auf das Eintreten von Bedingungen erfordert.

3.2.2 Umsetzung

Die Implementierung eines Semaphors muss vom Betriebssystem unterstützt werden, es muss nämlich sichergestellt sein, dass die Nutzung des Semaphors

nicht durch ungünstige Task-Wechsel gestört werden kann [23]. Dies wird bei
Einprozessorsystemen z.B. dadurch erreicht, dass Unterbrechungen während
der Ausführung bestimmter Operationen auf einem Semaphor unterdrückt
werden [130] oder dass unteilbare Maschinenoperationen verwendet werden.

Einen Semaphor kann man als ganzzahlige Variable ansehen, für die ein definiertes Zugriffsprotokoll existiert. Der aktuelle Wert der Semaphorvariablen
(auch Semaphorzähler genannt) ist von großer Aussagekraft:

- Ein positiver Wert bedeutet, dass so viele Tasks, wie es dem Wert entspricht, parallel in den, dem Semaphor zugeordneten kritischen Bereich
  eintreten dürfen.
- Ein negativer Wert (nicht in jedem System implementiert) bedeutet, dass
  eine Warteschlange[2] der entsprechenden Länge existiert.
- Der Wert 0 bedeutet, dass der kritische Bereich nicht betreten werden darf,
  aber auch keine Warteschlange existiert.

Für den Zugriff auf Semaphore wurden von Dijkstra zwei Operationen definiert, deren Effekte in Listing 3.1 gezeigt sind:

P Diese Operation[3] wird benutzt, um die aufrufende Task gegebenenfalls aufzuhalten.

V Diese Operation[4] wird benutzt, um ein Ereignis zu signalisieren.

Nutzung zum gegenseitigen Ausschluss

Bei der Nutzung eines Semaphors zur Sicherstellung gegenseitigen Ausschlusses wird der Semaphorzähler mit 1 initialisiert und dann folgende Sequenz
eingehalten:

> Zunächst die P-Operation, dann Aufenthalt im kritischen Bereich und
> als letztes die V-Operation.

Ein Beispiel dafür ist in Tabelle 3.2 angegeben.

Nutzung zur Kooperation

Bei der Nutzung von Semaphoren zur Lösung des Kooperationsproblems werden P- und die V-Operation in unterschiedlichen Tasks platziert. Die Task,
die gegebenenfalls auf eine der anderen warten muss, enthält die P-Operation.
Eine Task, die signalisieren soll, dass eine Aktivität stattgefunden hat, enthält die V-Operation. Außerdem wird ein für Kooperationszwecke eingesetzter
Semaphor anders initialisiert, nämlich mit 0. Ein Beispiel dafür ist in den Tabellen 3.3 und 3.4 gegeben.

---

[2] deren Organisation hier nicht betrachtet wird
[3] P vom niederländischen passeren (passieren)
[4] V vom niederländischen vrijgeven (freigeben)

Listing 3.1. P- und V-Operation auf Semaphoren in Pseudocode

```
P–Operation:
        //Schritt 1:
        Falls Semaphorzähler kleiner als 1
        (d.h. es gibt bereits eine Task, die im KB ist)
                //Schritt 2:
                Einfügen der aufrufenden Task in die
                Semaphorwarteschlange
                //Schritt 3:
                Versetzen der aufrufenden Task in den
                Wartezustand
        //Schritt 4:
        Erniedrigen des Semaphorzählers um 1


V–Operation:
        //Schritt 5:
        Falls Semaphorzähler kleiner als 0
        (d.h. es gibt eine Warteschlange)
                //Schritt 6:
                Entfernen der nächsten Task aus der
                Semaphorwarteschlange
                //Schritt 7:
                Versetzen der freigegebenen Task in
                den aktiven Zustand
        //Schritt 8:
        Erhöhen des Semaphorzählers um 1
```

Fairness bei Semaphoroperationen

Man kann Semaphore nach verschiedenen Kriterien klassifizieren, z.B. danach, wie das Zeitverhalten von Semaphoroperationen im Konfliktfall realisiert wird. Dabei unterscheidet man [130] zwischen streng fairen und schwach fairen Semaphoren. Die Anforderung an einen Semaphor nach strenger Fairness ist folgendermaßen definiert: Eine P-Operation wird nicht verzögert, falls beliebig viele V-Operationen auf demselben Semaphor durchgeführt werden. Im Gegensatz dazu stehen schwach faire Semaphoren: Eine P-Operation wird nicht beliebig lange verzögert, sofern sie grundsätzlich durchgeführt werden darf (der Semaphorzähler ist positiv).

Semaphorzählerwerte

Man spricht von einem „gewöhnlichen" Semaphor, falls der Wert des Semaphorzählers nicht negativ werden kann, also die Länge der Warteschlange dort nicht mit gekoppelt wird. Semaphore, deren Werte lediglich 0 oder 1 werden können, werden „binäre" Semaphore [130] genannt.

3.2.3 Beispiele

Gegenseitiger Ausschluss

Zunächst soll ein Beispiel demonstrieren, wie Semaphore für den gegenseitigen Ausschluss genutzt werden können (Tabelle 3.2). Die Aufgabe ist dabei, dass zwei Tasks nicht gleichzeitig auf einen Bildspeicher zugreifen sollen. Es entsteht also ein Problem des gegenseitigen Ausschlusses zwischen der Task Bildspeicherschreiben und der Task Bildspeicherauswerten. In der Tabelle werden die Aktivitäten der beiden Tasks exemplarisch dargestellt und das Ganze wird ergänzt um die Zwischenstände der Semaphorwarteschlange und des Semaphorzählers. In der ersten Zeile steht der Initialisierungszustand.

Tabelle 3.2. Beispiel für die Nutzung eines Semaphors zur korrekten Durchführung gegenseitigen Ausschlusses (Schrittnummern beziehen sich auf die P- und V-Operationen)

Bildspeicher-schreiben	Semaphor-zähler	Semaphor-warteschlange	Bildspeicher-auswerten
	1	leer	
Schritt 1	1	leer	
Schritt 4	0	leer	
	0	leer	Schritt 1
	0	Bildspeicherauswerten	Schritt 2
	0	Bildspeicherauswerten (passiv)	Schritt 3
	-1	Bildspeicherauswerten	Schritt 4
Schritt 5	-1	Bildspeicherauswerten	
Schritt 6	-1	leer	
Schritt 7	-1	leer	(aktiv)
Schritt 8	0	leer	
	0	leer	Schritt 5
	1	leer	Schritt 8

Kooperation

Bei der Nutzung eines Semaphors zur Behandlung der Kooperationsproblematik gibt es zwei mögliche Situationen. Ist die Reihenfolge der Aktivitäten ohnehin schon korrekt, so darf die Verwendung des Semaphors nicht behindernd wirken. Im zweiten Fall ist die Reihenfolge zu erzwingen, d.h. die Synchronisationswirkung des Semaphors kommt zum Tragen. Beide Situationen sind in den Tabellen 3.3 und 3.4 zu sehen. Die darin beteiligten Tasks sollen Bildspeicherschreiben und -auswerten heißen. Die erste Task umfasst Aktivität A, die Bilddaten in den Speicher einträgt, und Task Bildspeicherauswerten enthält Aktivität B, die Daten aus dem Bildspeicher herausholt. Es soll sichergestellt sein, dass A immer B vorausgeht.

Tabelle 3.3. Beispiel für die Nutzung eines Semaphors zur Behandlung des Kooperationsproblems bei ohnehin korrekter Reihenfolge

Bildspeicherschreiben	Sema.-Zähler	Bildspeicherauswerten
arbeitet (nicht Aktivität A)	0	
	0	arbeitet (nicht Aktivität B)
arbeitet (nicht Aktivität A)	0	
Aktivität A durchgeführt (einmal)	0	
V-Operation	1	
	1	arbeitet (nicht Aktivität B)
	1	P-Operation vor Durchführung von Aktivität B
	0	Durchführen Aktivität B

Tabelle 3.4. Beispiel für die Nutzung eines Semaphors zur Behandlung des Kooperationsproblems bei zu erzwingender Reihenfolge

Bildspeicherschreiben	Semaphorzähler	Bildspeicherauswerten
arbeitet (nicht Aktivität A)	0	
	0	arbeitet (nicht Aktivität B)
	1	P-Operation, da B beginnen soll
	-1	im Wartezustand
arbeitet (nicht Aktivität A)	-1	
Aktivität A durchgeführt	-1	
V-Operation	0	
	0	Durchführen Aktivität B

Erzeuger-Verbraucher-Problem (Produzenten-Konsumenten-Problem)

Ein weiteres Beispiel zeigt die Verwendung von Semaphoren in einer in der Literatur [68] wie in der Praxis häufig vorkommenden Situation, bei der einerseits auf Kooperation, andererseits auf gegenseitigen Ausschluss geachtet wird. Es geht dabei um verschiedene Tasks, die einen gemeinsamen Puffer nutzen. Einerseits befüllen Erzeuger-Tasks den Puffer mit Daten und andererseits entfernen Verbraucher-Tasks diese Daten wieder aus dem Puffer. Das Problem der Endlichkeit des Puffers soll hier ausgeblendet und statt dessen darauf abgezielt werden, dass ein Verbraucher erst dann sinnvoll auf den Puffer zugreifen kann, wenn auch etwas im Puffer zum Verbrauch ansteht. Zur Lösung der Aufgabe werden folgende Variablen benutzt:

puffer für die Aufnahme der Daten,
pschutz ein mit 1 initialisierter Semaphor, der den Puffer vor gleichzeitigem Beschreiben und Lesen zu schützen hat,
pzähler mit 0 initialisierter Zähler des Pufferinhaltes und
nichtleer ein mit 0 intialisierter Semaphor, der den Verbraucher davon abzuhalten hat, auf einen leeren Puffer zuzugreifen.

Listing 3.2. Lösung des Erzeuger-Verbraucher-Problems in Pseudocode

```
Erzeuger-Task:
        while (ohne Bedingung)
                Erzeugen eines Pufferelements
                P-Operation auf pschutz
                Ablegen in puffer
                V-Operation auf nichtleer
                V-Operation auf pschutz
        endwhile

Verbraucher-Task:
        while (ohne Bedingung)
                P-Operation nichtleer
                P-Operation pschutz
                Auslesen eines Pufferelements
                P-Operation pschutz
                Konsumieren des Pufferelements
        endwhile
```

Schon anhand ihrer Initialisierung sieht man, dass die Semaphore für verschiedene Zwecke genutzt werden sollen: `nichtleer` für Kooperation und `pschutz` für gegenseitigen Ausschluss. Eine mögliche Lösung des Problems ist in Listing 3.2 dargestellt. Das Vorhandensein eines zu verbrauchenden Pufferelements durch eine V-Operation auf `nichtleer` in der Erzeuger-Task signalisiert. Die Verbraucher-Task ihrerseits überprüft das Vorhandensein eines zu verbrauchenden Pufferelements durch Anwendung der P-Operation auf `nichtleer`.

3.2.4 Verklemmungen

Bei der Verwendung von Semaphoren – insbesondere wenn sie kombiniert verwendet werden – können leicht Seiteneffekte übersehen werden und so Programmfehler entstehen. Während der Semaphormechanismus die beiden Qualitätskriterien (siehe Abschnitt 3.1.4) Sicherheit und Aushungerungsfreiheit erfüllt [130], ist das Kriterium Verklemmungsfreiheit nicht unbedingt geben, wie die nun folgenden Ausführungen zeigen werden.

Besonders konfliktreich wird ein Einsatz von Semaphoren, wenn es zu Verklemmungen [131] kommt. Eine solche Situation kann leicht entstehen, wenn verschiedene Tasks Betriebsmittel exklusiv zu nutzen versuchen und zur Sicherstellung exklusiven Zugriffs Semaphore einzusetzen, so dass mit der Reservierung eines Betriebsmittels immer die erfolgreiche Ausführung einer P-Operation einhergeht. Wird die P-Operation nicht erfolgreich durchgeführt, so wird die Task in den Wartezustand versetzt. Aus diesem wird sie erst durch

Ausführung einer V-Operation auf demselben Semaphor durch eine andere Task befreit, die das Betriebsmittel freigibt.

Tabelle 3.5 zeigt ein Beispiel, in dem Task 1 an einem bestimmten Punkt erst dann sinnvoll weiterarbeiten kann, wenn die Betriebsmittel A, B und C zur Verfügung stehen. Task 2 braucht an einem bestimmten Punkt die Betriebsmittel B und C.

Tabelle 3.5. Beispiel für die Entstehung einer Verklemmung

Task 1	Task2
Reserviert Betriebsmittel A	
Reserviert Betriebsmittel B	
	Reserviert Betriebsmittel C
Wartet auf Betriebsmittel C	
	Wartet auf Betriebsmittel B

Das hier bei korrekter Nutzung des Semaphors auftretende Problem wäre relativ leicht durch die Festlegung einer Reservierungsreihenfolge für die Betriebsmittel zu lösen. Zum Beispiel könnte man festlegen, dass Betriebsmittel nur in alphabetischer Reihenfolge reserviert werden dürfen [23]. Dabei ist es lediglich notwendig, die von einer Task im Zuge ihrer Ausführung benötigten Betriebsmittel in der vorgegebenen Reihenfolge zu reservieren (z.B. Betriebsmittel A, D, F). Dann ist es nämlich unmöglich, dass eine andere Task ein benötigtes Betriebsmittel bereits reserviert hat (z.B. F) und zusätzlich ein weiteres anfordert, das man selbst reserviert hat (z.B. D), da es vor F in der alphabetischen Reihenfolge liegt.

3.3 Monitore

3.3.1 Idee

Bei der Verwendung von Semaphoren für Synchronisationszwecke entstehen immer wieder Verklemmungen durch Flüchtigkeitsfehler beim Programmieren. So kann das Vergessen einer V-Operation andere Tasks dauerhaft blockieren. Daher ist es sinnvoll, strukturierte Konstrukte zur Synchronisierung zu verwenden, wie es das Monitorkonzept von Brinch Hansen [21] und Hoare [69] darstellt. Monitore verhindern die genannten Flüchtigkeitsfehler, indem sie die benötigten P- und V-Operationen syntaktisch kapseln und so den Programmierer zu einem vorgegebenen Procedere hinsichtlich ihrer Benutzung zwingen. Das Beispiel in Listing 3.3 gibt eine Vorstellung von dieser Idee. Dabei ist ein Speicherzugriff so realisiert, dass die Operationen zum Ablegen im und zum Entnehmen aus dem Speicher bereits die gesamte Synchronisierung mittels P- und V-Operationen enthalten. So ist es nicht mehr leicht möglich,

Listing 3.3. Kapselung eines Speicherzugriffs in Pseudocode

```
Speicherobjekt :
        // Semaphor definieren
        Semaphor Sema;
        // Zugriffsoperation zum Ablegen definieren
        ablegen (Objekt)
                P-Operation Sema;
                // Code zum Ablegen des Objektes
                V-Operation Sema;

        // Zugriffsoperation zum Entnehmen definieren
        entnehmen (Objekt)
                P-Operation Sema;
                // Code zum Entnehmen eines Datenelements
                V-Operation Sema;
```

z.B. am Ende einer Ablage im Speicher die V-Operation auf dem Semaphor zu vergessen.

Ein wichtiger Grundsatz der Objektorientierung ist, Daten mit ihren zugehörigen Operationen zu einer Einheit, Klasse oder abstrakter Datentyp, zusammenzufassen. Das Monitorkonzept folgt diesem Prinzip. Der Zugriff auf die von einem Monitor zu schützenden Daten ist nur über die von ihm angebotenen Zugriffsprozeduren, genannt Methoden, möglich. Diese Methoden realisieren zudem auch noch automatisch den gegenseitigen Ausschluss, falls sie von verschiedenen Tasks aus aufgerufen werden. Gegenüber Semaphoren haben Monitore eine Reihe von Vorteilen:

- Versehentliche Zugriffe auf kritische Daten ohne Sicherstellung gegenseitigen Ausschlusses sind mit Monitoren nicht möglich.
- Eine der jeweils paarweise vorzusehenden Operationen (P und V) kann nicht vergessen werden.
- Alle Vorteile des Konzepts abstrakter Datentypen, wie sie zunächst nur in der sequentiellen Programmierung gegeben waren, kommen mit Monitoren auch in der Programmierung paralleler Abläufe zum Tragen.

3.3.2 Umsetzung

Zwar stellen Monitore ein im Vergleich zu Semaphoren höheres Synchronisationskonstrukt dar, können aber mittels Semaphoren implementiert werden (vgl. [68]). Im einfachsten Fall, d.h. nur für gegenseitigen Ausschluss, ist lediglich eine P-Operation am Anfang und eine V-Operation am Ende einer Zugriffsmethode vorzusehen. Damit ergibt sich die in Listing 3.3 dargestellte Situation, allein mit dem Unterschied, dass die Semaphoroperationen ohne Zutun eines Programmierers automatisch erzeugt werden.

Gegenseitiger Ausschluss

Entsprechend gekennzeichnete Methoden einer Monitorklasse realisieren wie gezeigt automatisch gegenseitigen Ausschluss, falls verschiedene Tasks derartige Methoden aufrufen. Zusätzlich können auch noch Methoden ohne kritische Abschnitte und ohne gegenseitigen Ausschluss zugelassen werden.

Ereignisvariablen

In einem Monitor können Ereignisse[5] zur Synchronisation der Methoden untereinander definiert werden. Mit den nachfolgend beschriebenen Operationen `wait` und `signal` auf derartigen Ereignisvariablen können sich die Monitormethoden gegenseitig beeinflussen.

Operation wait

In einer Monitormethode bewirkt die Operation `wait(Ereignisvariable)`, dass die diese Monitormethode aufrufende Task blockiert wird. Zudem wird das Monitorobjekt freigegeben, so dass andere Tasks wieder Monitormethoden aufrufen (oder unterbrochene Methoden fortsetzen) können. Eine Task kann jeweils nur auf ein Ereignis warten.

Operation signal

Die Operation `signal(Ereignisvariable)` beendet den Wartezustand einer Task, die darauf mit `wait(Ereignisvariable)` gewartet hat. Die wartende Task wird dann unmittelbar fortgesetzt. Die `signal` ausführende Task wird blockiert und kann erst später ihre somit unterbrochene Methode fortsetzen. Wenn keine Task auf die Ereignisvariable wartet, hat die Operation `signal` keine Wirkung.

Ablaufsteuerung

Mit Ereignisvariablen und den Operationen `wait` und `signal` können sich also Monitormethoden (und damit die die Methoden aufrufenden Tasks) gegenseitig „den Ball zuspielen". Der Mechanismus eignet sich damit gut zur Ablaufsteuerung.

3.3.3 Beispiele

Als Beispiel betrachten wir eine Erzeuger-Verbraucher-Situation, in der zwei Tasks über ein dazwischengeschaltetes Monitorobjekt `Puffer` kommunizieren. Offensichtlich ist ein Ablegen im Puffer nur möglich, falls dieser noch nicht voll ist, und umgekehrt kann aus dem Puffer nur etwas entnommen werden, sofern dieser nicht leer ist.

---

[5] oft weniger zutreffend als Bedingungen bezeichnet

Listing 3.4. Monitoroperationen signal und wait am Beispiel der Puffermethoden ablegen und entnehmen

```
ereignisVariable nichtVoll , nichtLeer ;

void ablegen (Objekt o){
  if (anzahl == MAX) wait(nichtVoll);
  // eine aufrufende Task wartet und gibt das Monitorobjekt
  // frei, bis der Puffer nicht mehr voll ist

  // Code zum Ablegen des Objekts in den Puffer

  signal (nichtLeer);  // Puffer ist jetzt nicht
  // mehr leer, denn es wurde ein Objekt abgelegt
}

Objekt entnehmen () {
  if (anzahl == 0) wait (nichtLeer);
  // eine aufrufende Task wartet und gibt das Monitorobjekt
  // frei, bis der Puffer nicht mehr leer ist

  // Code zum Entnehmen des Objekts aus dem Puffer

  signal (nichtVoll);  // Puffer ist jetzt nicht
  // mehr voll, denn es wurde ein Objekt entnommen
}
```

Monitor (Originalkonzept)

Die Methoden `ablegen` und `entnehmen` können dann in einem Monitorobjekt entsprechend Listing 3.4 realisiert werden.

Vergleicht man die Monitor- mit der Semaphorlösung nach Listing 3.2, so erkennt man folgende Ähnlichkeiten und Unterschiede:

- Der Programmcode zum Ablegen und Auslesen von Daten aus dem Puffer ist nicht mehr über die Tasks verstreut, sondern im Monitorobjekt gekapselt. Anstelle eines direkten Datenzugriffs müssen die Tasks die Monitormethoden aufrufen, z.B. in der Form `puffer.ablegen(obj);`
- Die Semaphoroperationen zum Schutz der Pufferdatenstruktur sind für den Programmierer – nicht aber für die Implementierung – weggefallen.
- Die Ablaufsteuerung bezüglich des Zustands `nichtleer` (und entsprechend für den zusätzlich eingeführten Zustand `nichtvoll`) muss weiterhin ausprogrammiert werden. Sie bleibt als direkter Querbezug im Code der beiden Methoden in nur leicht abgewandelter Form erhalten (`wait`- und `signal`-Aufrufe anstelle der P- und V-Operationen).

Der letzte – nachteilige – Aspekt wird erst durch die unten beschriebene bedingungsgesteuerte Synchronisation vermieden.

Monitore in Java

In der Programmiersprache Java werden Monitore durch Klassen realisiert. Jede Klasse kann Methoden haben, die mit dem Schlüsselwort `synchronized` gekennzeichnet sind. Eine Klasse erhält damit eine ähnliche Semantik wie ein Monitor. Für derartige `synchronized`-Methoden wird gegenseitiger Ausschluss automatisch sichergestellt. Weil Ereignisvariablen aber nicht existieren, besteht nur die Möglichkeit, auf einen Monitor insgesamt zu warten (mit `wait()`[6]) oder irgendeine bzw. alle wartenden Tasks aus ihrem Wartezustand zu befreien (mit `notify()` bzw. `notifyAll()`).

Im Detail ergeben sich weitere Abweichungen vom klassischen Monitorkonzept. Ein `Notify`-Aufruf bewirkt nicht sicher, dass eine wartende Task sofort fortgesetzt wird. Die `notify` ausführende Task kann also noch weiterlaufen und auch andere Tasks könnten sich vor die fortzusetzende Task „drängen“. Damit können im Monitor noch Änderungen stattfinden. Insgesamt muss deshalb in Java eine zur Einnahme des Wartezustandes führende Bedingung nach dem Fortsetzen erneut überprüft werden. Man verwendet also eine `while`-Schleife anstelle einer einfachen `if`-Abfrage.

Eine Monitorklasse für den oben erwähnten Puffer ist in Listing 3.5 gezeigt.

Falls eine `synchronized`-Methode eine andere gleichartige Methode aufruft, so führt dies nicht zu einer Blockade, da ja dieselbe Task – die aufrufende – weiterläuft. Gegenseitiger Ausschluss mit sich selbst wäre für die aufrufende Task offenbar nicht sinnvoll. Oft wird angesichts dieser Eigenschaft behauptet, Java-Monitore seien wiedereintrittsfähig. Das ist jedoch irreführend, da wiedereintrittsfähig bedeutet, dass ein Methodenaufruf unbeeinflusst davon dasselbe Ergebnis liefert, ob er durch *mehrere* Task parallel ausgeführt wird. `Synchronized`-Methoden können aber prinzipiell nicht durch mehrere Tasks gleichzeitig ausgeführt werden, sind also im ursprünglichen Wortsinn nicht wiedereintrittsfähig.

Weitergehende Möglichkeiten bietet Java ab Version 5 an. Zu sogenannten Locks können verschiedene Ereignisse (conditions) definiert werden. Das rückt diese Locks einerseits in die Nähe des originalen Monitorkonzepts. Andererseits sind die Locks eben doch nur semaphorähnliche Sperren, die paarweise zu setzen und explizit freizugeben sind – aus Programmiersicht ein deutlicher Rückschritt und im Grunde genauso unsicher und gefährlich wie Semaphore. Weitere Kritik am Synchronisationsmodell von Java findet sich z.B. in [35]. Die Vorteile dieser Locks, wie besseres Ausführungszeitverhaltzen oder zeitlich beschränktes Warten, stehen also der erhöhten Unsicherheit gegenüber, so dass die Programmierung mit Java-Locks nur erfahrenen Anwendern empfohlen werden kann.

---

[6] Die Behandlung von Ausnahmen im Zusammenhang mit wait() wurde zur Vereinfachung weggelassen.

Listing 3.5. Eine Monitorklasse in der Programmiersprache Java

```
class Puffer {
  Puffer (int MAX){  ...                     // Konstruktor
  }
  private int max;                           // geeignet initialisiert
  private Objekt [] pufferSpeicher;          // für MAX Objekte
  private int einIndex = 0;
  private int ausIndex = 0;
  private int anzahl = 0;

  public synchronized void ablegen (Objekt o) {
    while(anzahl == max) wait ();
    // warten falls Puffer voll
    pufferSpeicher[einIndex] = o;
    einIndex = (einIndex + 1) % max;
    anzahl = anzahl + 1;
    notifyAll ();
  }
  public synchronized Objekt entnehmen () {
    while(anzahl == 0) wait ();
    // warten falls Puffer leer
    Object o = pufferSpeicher[ausIndex];
    pufferSpeicher[ausIndex] = null;
    ausIndex = (ausIndex + 1) % max;
    anzahl = anzahl - 1;
    notifyAll ();
    return(o);
  }
} // Ende class Puffer
```

3.3.4 Mögliche Problemsituationen

Das Monitorkonzept hat – ungeachtet aller Vorteile gegenüber Semaphoren –
dennoch eine Schwäche. Die Monitormethoden sind nämlich über die Ereignisvariablen und über die wait- und signal-Aufrufe miteinander verwoben. Dies
wurde oben als „sich gegenseitig den Ball zuspielen" bezeichnet. Deshalb muss
man *alle* Methoden des Monitors gleichzeitig überblicken und verstehen, um
eine Methode zu verstehen oder neu hinzuzufügen. Diese Verflechtung führt
sehr schnell zu Unübersichtlichkeit und ist damit fehlerträchtig und irgend-
wann auch nicht mehr wartbar.

In späteren Arbeiten zur Synchronisation paralleler Tasks wurden von den
Monitorentwicklern [22, 70]) und anderen [34] wohl auch auf Grund der auf-
gezeigten Problematik andere Wege beschritten. Neben vielen Unterschieden
in diesen Ansätzen ergibt sich als Gemeinsamkeit die Möglichkeit, Methoden
mit Aufrufbedingungen zu versehen.

Listing 3.6. Puffer als protected type in der Programmiersprache Ada

```
protected type Puffer is        — Schnittstelle
    entry ablegen   (o :  in  Objekt);
    — blockiert Aufrufer, falls Puffer voll
    entry entnehmen (o :  out Objekt);
    — blockiert Aufrufer, falls Puffer leer
  private
    — Die Konstante max und die Typen ObjektArray und
    — Objekt seien als generische Parameter definiert.
    pufferspeicher : ObjektArray;
    ein_index ,
    aus_index : integer range 0..max−1 := 0;
    anzahl    : integer range 0..max    := 0;
end Puffer;


protected body Puffer is        — Implementierung

  entry ablegen (o :  in  Objekt)  when anzahl < max is
            — Entry offen, falls Puffer nicht voll
    begin
      pufferspeicher(ein_index) := o;
      ein_index := (ein_index + 1) mod max;
      anzahl := anzahl + 1;
    end ablegen;

  entry entnehmen (o :  out Objekt)  when anzahl >= 1 is
            — Entry offen, falls Puffer nicht leer
    begin
      o := pufferspeicher(aus_index);
      aus_index := (aus_index + 1) mod max;
      anzahl := anzahl − 1;
    end entnehmen;

end Puffer;
```

3.4 Bedingungsgesteuerte Synchronisation

Bei der bedingungsgesteuerten Synchronisation kann jede Methode mit einer
logischen Bedingung („Guard", „Wächter", „Barriere") versehen werden, die
angibt, ob diese Methode aufgerufen werden kann. Sind mehrere Bedingungen erfüllt, so kann eine beliebige der „offenen" Methoden aufgerufen werden.
Ein Aufruf einer nicht offenen Methode wird solange blockiert, bis die entsprechende Bedingung erfüllt ist. Im Gegensatz zur *implizit* über den signal-/wait-
Mechanismus realisierten *Bedingungssynchronisation mit Monitoren* wird also

bei der bedingungsgesteuerten Synchronisation durch Angabe der Wächter die *Aufrufbedingung explizit* angegeben. Diese Vorgehensweise skaliert für komplexe Situationen besser als das Monitorkonzept. Man kann jede Methode für sich alleine betrachten, und die Methoden sind nicht mehr miteinander über wait- und signal-Aufrufe verwoben. Vielmehr wird nur durch die vorangestellte logische Bedingung festgelegt, wann eine Methode aufgerufen werden kann.

Listing 3.7. Zusätzliche Methode entnehmen2

```
protected type Puffer is        -- Schnittstelle
      ...

      entry entnehmen2 (o,p : out Objekt);
      -- entnimmt zwei Objekte;
      -- blockiert Aufrufer, falls Puffer
      -- weniger als zwei Objekte enthält
   private

      ...
end Puffer;


protected body Puffer is        -- Implementierung
   ...
   entry entnehmen2 (o,p : out Objekt) when anzahl >= 2 is
                    -- Entry offen, falls Puffer noch
                    -- mindestens 2 Elemente enthält
      begin
        o := pufferspeicher(aus_index);
        aus_index := (aus_index + 1) mod max;
        p := pufferspeicher(aus_index);
        aus_index := (aus_index + 1) mod max;
        anzahl := anzahl - 2;
      end entnehmen2;
end Puffer;
```

Die bedingungsgesteuerte Synchronisation wurde unter anderem in der Programmiersprache Ada[7] umgesetzt. In Ada formuliert ist das Beispiel eines Pufferspeichers in Listing 3.6 angegeben. Die dabei zur Synchronisation eingesetzten Sprachmittel sind sogenannte protected types[8], die abstrakten Datentypen mit Synchronisationsbedingungen – aber ohne Vererbung – entsprechen. In der Schnittstelle werden zwei sogenannte Entries, d.h. Methoden mit Synchronisationsbedingungen, sowie interne private Komponenten definiert. Im Rumpf des protected types wird die Implementierung festgelegt. Man beachte insbesondere die Barrieren `when anzahl < max` und `when anzahl >= 1`, die den jeweiligen Entry nur freigeben, wenn der Puffer nicht voll bzw. nicht leer ist.

---

[7] Für Literatur zu Ada sei auf Kapitel 6 verwiesen.

[8] Für andere Realisierungen, z.B. in Form einer Puffer-Task, sowie für eine ausführliche Behandlung aller Aspekte von Multitasking und Task-Synchronisation in Ada siehe [26].

Wenn man nun beispielsweise eine weitere Methode `entnehmen2` hinzufügen möchte, die zwei Elemente aus dem Puffer entnehmen soll[9], so kann man dies ohne Kenntnis der anderen Methoden – nur durch Spezifikation einer geeigneten logischen Bedingung – erreichen, wie Listing 3.7 zeigt. Im Vergleich zum Monitorkonzept braucht sich diese neue Methode nicht darum zu kümmern, dass sie mit `signal(nichtVoll)` eventuell wartende Tasks fortsetzt. Umgekehrt braucht sich niemand darum zu kümmern, mit `signal(nichtLeer2)` eine eventuell in der Methode `entnehmen2` wartende Task fortzusetzen.

Gegenüber der Java-Version fällt der Vorteil bedingungsgesteuerter Synchronisation beim ersten Hinsehen weniger deutlich aus, weil in Java meistens mit der brachialen Vorgehensweise `notifyAll` ohnehin alle Tasks angestoßen werden. Dies hat aber andere Nachteile, z.B. in Hinblick auf das Laufzeitverhalten. Generell dürfte bedingungsgesteuerte Synchronisation dem Monitorkonzept allgemein, und auch dem Java-Konzept im speziellen, überlegen sein. Das Konzept bedingungsgesteuerter Synchronisation aus „Communicating Sequential Processes" (CSP) [70] ist im Übrigen aber auch in Java verfügbar [126], wenngleich nur über Zusatzpakete ohne direkte Integration in die Sprache.

---

[9] Das allgemeine Problem, eine variable Anzahl von Elementen zu entnehmen, lässt sich nicht so einfach implementieren. Vgl. [26] für eine Lösung.

4

Echtzeitbetriebssysteme

4.1 Einführung

Rechnergerätesysteme sind ohne dazugehörige Programme nicht in der Lage, ihre Aufgaben wahrzunehmen. Eine Trennung in ausführende Programme (Anwenderprogramme) und organisierende und verwaltende Programme (Betriebssystem) ist erforderlich, um Anwendern ohne genaue Kenntnis von Hardware-Eigenschaften flexible Mechanismen zur Erfüllung spezieller Anforderungen mittels Anwenderprogrammen zur Verfügung zu stellen. Laut DIN 44300 versteht man unter einem

> *Betriebssystem* die Programme eines digitalen Rechnersystems, die zusammen mit den Eigenschaften der Rechenanlage die Grundlage der möglichen Betriebsarten des digitalen Rechnersystems bilden und insbesondere die Abwicklung von Programmen steuern und überwachen.

Betriebssysteme sollen die Kodierung von Anwenderprogrammen und anderen Software-Paketen vereinfachen und eine optimale Ausnutzung des Prozessors fördern. Die von einem Betriebssystem angebotenen Dienste werden durch einen besonderen Aufrufmechanismus erschlossen, der unverändert bleibt, auch wenn das System weiterentwickelt wird. Typischerweise wird durch den Aufruf der Prozessor geräteseitig in einen besonderen Betriebsmodus („Überwachermodus", Supervisor-Mode) gebracht.

Im Folgenden wird weniger auf Betriebssysteme im Allgemeinen eingegangen (vgl. dazu z.B. [145]), sondern vielmehr auf Besonderheiten, die Betriebssysteme im Echtzeitumfeld aufweisen müssen. Da Echtzeitsysteme vielfach in mechatronischen Anwendungen eingesetzt werden, sei hier besonders auf das Buch [61] hingewiesen, das Aspekte dieses Kapitel noch ausführlicher verdeutlicht.

4.2 Echtzeittypische Merkmale von Echtzeitbetriebssystemen

Spezielle Echtzeitbetriebssysteme haben durchaus Gemeinsamkeiten mit Betriebssystemen, die für allgemeine Anwendungen geschrieben wurden. Über diese allgemeinen Konzepte, wie z.B. Mehrprogrammbetrieb, hinaus weisen Echtzeitbetriebssysteme besondere Eigenschaften auf. Dies betrifft etwa die genaue Kenntnis des Eigenzeitverhaltens. So kann man bei einen Echtzeitsystem genau angeben, wie lange die Umschaltung auf einen anderen Prozess dauert.

In diesem Abschnitt wird auf die besonderen Anforderungen an Echtzeitbetriebssysteme eingegangen. Danach folgt eine Auseinandersetzung mit ihren charakteristischen Konzepten: der Gestaltung der Unterbrechungsbehandlung sowie der Umsetzung des Prozesskonzepts und der Prozessorzuteilung.

Anhand der Merkmale bestimmter Betriebsmittel und ihrer Verwaltung wollen wir einen kurzen Überblick über Gemeinsamkeiten von und Unterschiede zwischen echtzeitfähigen und nicht echtzeitfähigen Betriebssystemen geben. Insgesamt lässt sich der Aufgabenbereich von Echtzeitbetriebssystemen in folgende Systemdienste aufgliedern:

1. Unterbrechnungsbearbeitung,
2. Rechenprozessverwaltung,
3. Rechenprozesskommunikation,
4. Rechenprozesssynchronisation,
5. Zeitverwaltung,
6. Durchführung von Ein- und Ausgaben,
7. Mensch-Maschine-Kommunikation,
8. Datei- und Datenbankverwaltung,
9. Speicherplatzverwaltung,
10. Fehlerbehandlung und
11. Bearbeitung von Ausnahmezuständen.

Neben diesen im Betrieb von Prozessautomatisierungen bereitzustellenden Funktionen sollen Echtzeitbetriebssysteme auch Programmierung und Test, d.h. die Vorbereitung des Ablaufs von Anwenderprogrammen, unterstützen.

4.2.1 Prozessorverwaltung

In Mehrprozessumgebungen konkurrieren Rechenprozesse miteinander um Betriebsmittel, kooperieren andererseits aber auch, um gemeinsame Ziele in verteilten Anwendungen zu erreichen. Außer von Anwendern definierten Rechenprozessen (Anwenderprozesse) muss auch eine Vielzahl anderer, so genannter Systemprozesse verwaltet werden. Die Hauptprobleme der Konstruktion von Betriebssystemen für allgemeine Zwecke werden durch die gemeinsame Nutzung von Betriebsmitteln durch die von mehreren Anwendern erzeugten Tasks hervorgerufen. Zuteilungsstrategien sollten fair sein und einzelne Anwender sollten sorgfältig gegen versehentliche oder bösartige Einwirkungen von Seiten anderer Anwender geschützt werden. Die gesamte Verarbeitungsleistung sollte – im Durchschnitt – hoch sein, gelegentliche Verzögerungen sind jedoch von geringer Bedeutung. Um diese Ziele zu erreichen, optimieren Betriebssysteme die Reihenfolge von Task-Ausführungen, wodurch die Ausführungszeiten einzelner Tasks für den Entwickler unvorhersehbar werden. Die Erfordernisse an Daten- und Programmschutz werden durch Unterhaltung großer Mengen zusätzlicher Daten implementiert, welche die den einzelnen Rechenprozessen zugeordneten Betriebsmittel beschreiben. Die Verarbeitung dieser sicherheitsbezogenen Daten vergrößert den Aufwand und verlangsamt Betriebssystemreaktionen.

Die Forderungen an Echtzeitbetriebssysteme sind ganz andere. Die Aufgabe der Rechenprozessverwaltung ist es, den Parallelbetrieb möglichst vieler Betriebsmittel zu erreichen, z.B. einem Zentralrechner andere Aufgaben zuzuweisen, während ein Ein-/Ausgabeprozessor eine Ausgabe an ein langsames Peripheriegerät durchführt. Bei gleichzeitigen Anforderungen derselben Betriebsmittel – im Beispielfall etwa bei einer zweiten Anforderung zur Ausgabe an ein Peripheriegerät – werden Warteschlangen für die Betriebsmittel eingerichtet. Diese Warteschlangen müssen dann nach geeigneten Zuteilungsstrategien abgearbeitet werden. Zuteilungsstrategien für Betriebsmittel und insbesondere für Prozessoren müssen die Rechenprozesse höchster Dringlichkeit bevorzugen, um rechtzeitige Task-Abarbeitung zu gewährleisten. Durchschnittlicher Durchsatz muss als Optimierungskriterium durch Termintreue ersetzt werden. Der gegenseitige Schutz von Tasks ist von zweitrangiger Bedeutung, da in den meisten Fällen Prozessrechner nur einer Anwendung gewidmet sind und keine anderen Anwender existieren. In der Hauptsache sind Mechanismen zur Task-Synchronisation und -Kommunikation gefordert, die Entwicklern vollständige Kontrolle über die Reihenfolge von Task-Ausführungen geben.

4.2.2 Speicherverwaltung

Die bevorzugte Strategie zur Speicherzuteilung in Echtzeitsystemen ist statische Zuteilung von Speicherplatz zu Tasks, verbunden mit der Möglichkeit von Überlagerungen, die durch explizite Anforderungen von Seiten der Tasks gesteuert werden. Es gibt eine große Anzahl eingebetteter Prozessautomatisierungssysteme, die auf plattenlosen Mikrorechnern mit festen Mengen in Nur-lesespeichern abgelegter Programme beruhen, deren Datenbereiche in Schreib-/Lesespeichern statisch angelegt werden. In solchen Anwendungen wird keine Speicherverwaltung benötigt. Auf jeden Fall ist das Problem der Speicherverwaltung verhältnismäßig einfach zu analysieren und behandeln und nur von zweitrangiger Bedeutung.

4.2.3 Geräteverwaltung

Die wichtigsten Peripheriegeräte in einem Automatisierungssystem sind die Prozessanschaltungen. Solche Geräte sind gewöhnlich einzelnen Anwenderprozessen zugeordnet und werden von diesen direkt bedient. Standardperipherie, wie Sichtgeräte und Platten, werden von Betriebssystemen nach vorgegebenen Strategien bedient. Spezielle Mechanismen zur Gerätereservierung und Zuordnung zu Tasks werden kaum je benötigt. Viele eingebettete Systeme wie Avioniksysteme an Bord von Flugzeugen oder numerisch gesteuerte Werkzeugmaschinen benutzen überhaupt keine Standardperipherie.

4.2.4 Schichtenaufbau

Viele Betriebssysteme werden in Schichten organisiert. Die Idee dabei ist es, dass eine Schicht der darüberliegenden Schicht eine Dienstleistung zur Verfügung stellt. Dies hat den Vorteil, dass so strukturierte Betriebssysteme besser zu testen sind, da die einzelnen Schnittstellen zwischen den Schichten eine genau definierte Menge möglicher Aufrufe festlegt, die systematisch überprüft werden können.

Auch Echtzeitbetriebssysteme sind i.A. aus verschiedenen Schichten aufgebaut. Diese reichen von sehr gerätenahen Schichten, die relativ einfache Grundfunktionen erfüllen, bis hin zu sehr komfortablen, weitreichende Funktionen zur Verfügung stellenden Benutzeroberflächen. Das streng einzuhaltende Abstraktionsprinzip, das besagt, dass eine weiter außen liegende Schicht nur die Funktionen der weiter innen liegenden Schicht benutzen kann, ohne die genauen Implementierungs- und Speicherungsmechanismen zu kennen, ermöglicht den stufenweisen Test der verschiedenen Schichten (von innen nach außen) und lässt Wartung und Pflege (einschließlich Erweiterungen) von Betriebssystemen mit vertretbarem Aufwand zu.

4.2.5 Beispiel: Das Betriebssystem RTOS-UH

Ein Beispiel, auf das in diesem Kapitel häufiger Bezug genommen wird, ist das Echtzeitbetriebssystem RTOS-UH. Es ist speziell für die Bedürfnisse der Echtzeitdatenverarbeitung geschaffen worden und erfüllt seine Aufgaben seit mittlerweile fast zwei Jahrzehnten in Forschung und Industrie. RTOS-UH besteht aus dreierlei Komponenten [56]:

Betriebssystemkern, dem so genannten Nukleus, der über Systemaufrufe (Traps) die Manipulation von Tasks kontrolliert und den Systemspeicher verwaltet,

Unterbrechungsroutinen, die grundlegende E/A-Operationen abwickeln und

System-Tasks, die komplexere Verwaltungsaufgaben erledigen.

Wie bei allen anderen Echtzeitbetriebssystemen wurden bei der Entwicklung von RTOS-UH folgende Zielsetzungen verfolgt [52]:

Kompaktheit: RTOS-UH-Anwendungen passen auch auf kleine Speichermedien, wie z.B. EPROMS, wie sie für eingebettete Anwendungen häufig genutzt werden.

Skalierbarkeit: Man kann RTOS-UH auf höchst unterschiedliche Anwendungen zuschneiden, von Systemen ohne externe Speicher bis hin zu solchen mit hunderten von Tasks auf einem Prozessor.

Nachvollziehbare Arbeitsweise: Die Verbindung von RTOS-UH mit der Programmiersprache PEARL ermöglicht eine klare, präzise beschreibbare Architektur, wie sie insbesondere für die Automatisierungtechnik optimal ist.

Echtzeiteigenschaften: Alle die Echtzeitfähigkeit des Betriebssystems unterstützenden Eigenschaften, wie z.B. die Verlagerung der Ein-/Ausgabe auf prioritätsgerechte Dämonprozesse werden in RTOS-UH ständig weiterentwickelt und optimiert.

Qualitätssicherung: Veränderung am System werden genauestens dokumentiert und vor der Freigabe einer neuen Version steht eine umfangreiche Testphase. Hierbei werden sowohl die Normen ISO 9000 als auch DIN VDE 801/A1 berücksichtigt.

Anwenderkontakt: Es gibt einen regen Austausch mit den Anwendern, der zu einer ständigen Verbesserung von RTOS-UH führt.

4.3 Prozesse

Die Gestaltung eines Betriebssystems richtet sich insbesondere auch nach der Anzahl der Nutzer und Tasks, die auf dem System zum Ablauf kommen können. Die folgenden Abschnitte behandeln die hier möglichen verschiedenen Ansätze.

Systeme für einen Benutzer und eine Task

Das Zeitdiagramm in Abb. 4.1 zeigt ein Beispiel für die streng sequentielle Abfolge kompletter Programme. Wenn Programm B auf ein Zeichen von der Tastatur wartet, kann der Prozessor die Wartezeit nicht sinnvoll nutzen und vergeudet seine Verarbeitungskapazität.

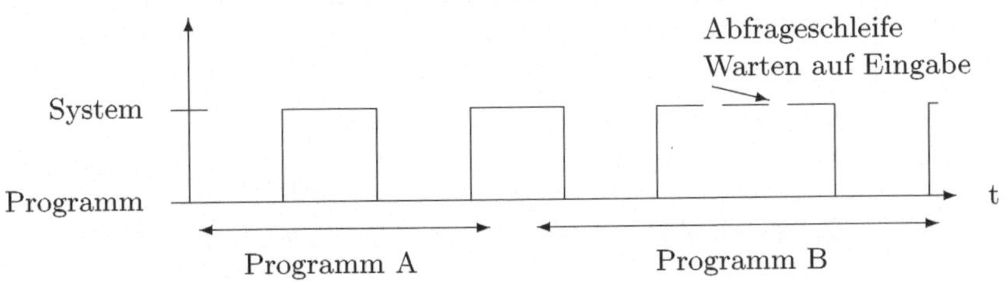

Abb. 4.1. Streng sequentielle Programmabfolge

Systeme für einen Benutzer und mehrere Tasks (Multitasking)

Hier betrachten wir als Beispiel folgende Situation. Bei der Bearbeitung eines Quellprogrammtextes mit einem Editor ist der Rechner zu mehr als 99% der Zeit untätig. Selbst sehr schnelle Texteingabe mit 5 Zeichen/sec und einem Rechenzeitaufwand zum Einarbeiten jedes Zeichens von 2 msec führt nur zu einprozentiger Auslastung. Es liegt daher nahe, diese Restkapazität zu nutzen (z.B. um ein anderes zu übersetzen). Der Rechner bearbeitet dann nicht mehr nur ein Programm, sondern kümmert sich quasi gleichzeitig um zwei Prozesse, den Editorprozess und den Übersetzerprozess.

Im vorliegenden Beispiel muss der Prozessor sich bei Anschlag eines Zeichens sofort wieder um den Editorprozess kümmern und den Übersetzerprozess für eine Zeit ruhen lassen. Diesen Vorgang nennt man Kontext- oder auch Prozessumschaltung. Dabei hat man sich unter dem Kontext eines Prozesses die Inhalte der Prozessorregister vorzustellen, denn neben Programmzähler und Statusregister enthalten ja auch alle Daten- und Adressregister Informationen, die dem Prozess zugeordnet sind.

Ein *Mehrprozessbetriebssystem (Multitasking-Betriebssystem)* besteht aus einem Systemkern, der für die Verwaltung von Tasks und Ereignissen verantwortlich ist, und einer Schale genannten Anzahl von Systemprozessen, die eine Vielfalt von Betriebssystemdiensten bereitstellt. Systemprozesse laufen unter Kontrolle des Kerns in gleicher Weise wie Anwendungsprozesse ab. Die Funktionsaufteilung zwischen Systemprozessen und Kern kann sich gegebenenfalls von System zu System deutlich unterscheiden, die Grundoperationen der Task-Zustandsübergänge werden jedoch stets vom Kern wahrgenommen. Einen typischen Aufbau eines Mehrprozessbetriebssystems zeigt Abb. 4.2 [61].

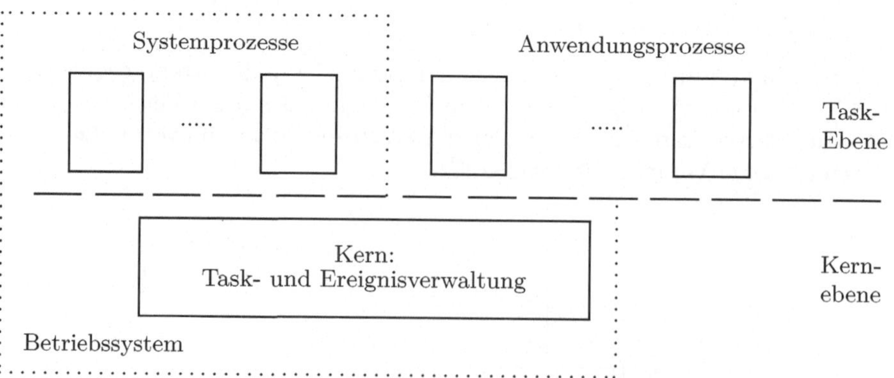

Abb. 4.2. Modell eines echtzeitfähigen Mehrprozessbetriebssystems

Mehrprozessorsysteme

Bei aus mehreren Prozessoren aufgebauten Rechnern unterscheidet man zwischen eng gekoppelten Systemen, die einen gemeinsamen Speicher zwischen den verschiedenen Prozessoren besitzen, und lose gekoppelten Systemen, die nur über Nachrichten kommunizieren.

Eng gekoppelte Systeme. Ein Prozessumschalter teilt die n vorhandenen Prozessoren den n höchstpriorisierten lauffähigen Tasks zu. Bei einem symmetrischen System mit anonymen Prozessoren kann eine Task auf unvorhersehbare Weise nacheinander von verschiedenen Prozessoren bearbeitet werden. Ein zentrales Problem besteht darin, wo in solchen Systemen der Prozessumschalter angesiedelt ist. Nach dem so genannten „Flying master"-Prinzip übernimmt jeweils der Prozessor, der gerade den Prozess niedrigster Priorität bearbeitet, die Aufgaben der Prozess- und Prozessumschaltung. Strukturell einfacher ist es, unter Aufgabe der strengen Symmetrie einen der Prozessoren dauerhaft mit den Aufgaben der Prozessumschaltung zu beauftragen.

Lose gekoppelte Systeme. Die Prozessoren sind mit eigenem Speicher mit jeweils unterschiedlichem Programmcode versehen und kommunizieren entweder über einen Bus oder über eine Vernetzung. Migration von Prozessen ist mit dem Transport ihres Codes verbunden und damit zeitaufwendig.

Mehrbenutzerbetriebssysteme

Mehrbenutzerbetrieb stellt eine Erweiterung des Mehrprozessbetriebs dar, bei der die meisten Prozesse jeweils einer an einem Terminal arbeitenden Person zugeordnet sind und eine Abstammungsgeschichte haben.

Problematik von Rechtzeitigkeit und Gleichzeitigkeit

Die beiden Hauptanforderungen an Echtzeitsysteme, nämlich Rechtzeitigkeit und Gleichzeitigkeit, gelten natürlich auch insbesondere für Programmabläufe. Deshalb sind bei der Programmerstellung die folgenden Anforderungen zu beachten:

1. Zur Gewährleistung der Rechtzeitigkeit müssen die mit einem externen technischen Prozess in Beziehung stehenden Programme zu durch den Prozessablauf bestimmten Zeitpunkten ausgeführt werden. Diese Zeitpunkte können entweder vorherbestimmt oder auch nicht vorhersehbar sein.

2. Sind mehrere parallel ablaufende Prozesse zu bearbeiten, so müssten zur Erfüllung der Gleichzeitigkeitsforderung die zugeordneten Programme eigentlich von entsprechend vielen Prozessoren bearbeitet werden. In der Praxis eingesetzte Prozessrechner haben jedoch nur einen oder wenige Prozessoren und deshalb muss man sich mit „quasisimultaner" statt simultaner Programmausführung begnügen. Diese Zuweisung vorhandener Prozessoren zu verschiedenen Programmfunktionen im in Abb. 4.3 [61]

dargestellten zeitlichen Multiplexbetrieb ist unter der Voraussetzung praktikabel, dass für alle Prozesse die Zeitabstände, in denen ihnen zugeordnete Programme bearbeitet werden, hinreichend klein gegenüber ihren jeweiligen Zeitkonstanten sind.

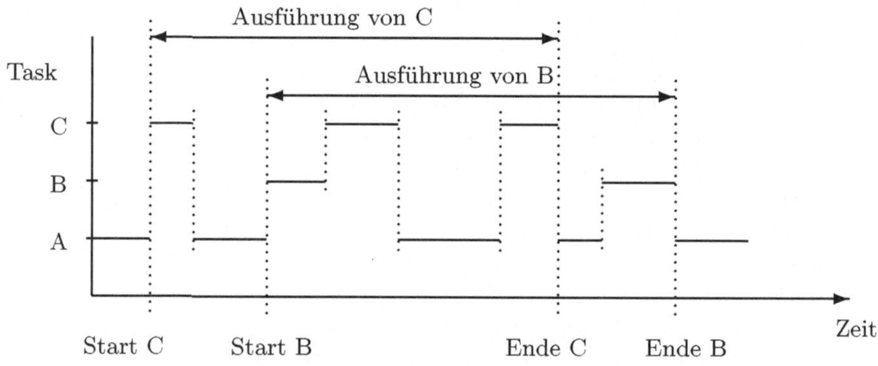

Abb. 4.3. Quasigleichzeitige Rechenprozessausführung

4.3.1 Umsetzung des Mehrprozessbetriebs

Task-Zustände

Der Lebenszyklus von Tasks lässt sich durch Einführung von *Task-Zuständen* am besten charakterisieren. Obwohl in echtzeitfähigen Programmiersprachen und Betriebssystemen oft recht umfangreiche und komplizierte Zustandsmodelle verwendet werden, wurde bewiesen, dass vier Zustände ausreichen, um zu jedem Zeitpunkt den Stand der Durchführung einer Task zu kennzeichnen. Jede Task befindet sich jeweils in genau einem der Zustände:

Bekannt (Ruhend) Die Task ist in der vom Betriebssystem verwalteten Liste der Tasks eingetragen. Eine Einplanungsbedingung der Task ist derzeit jedoch nicht erfüllt. Deshalb können Betriebsmittel von ihr weder angefordert noch ihr zugewiesen werden. In diesem Zustand befindet sich eine Task vor dem Beginn und nach der Beendigung ihrer Ausführung.

Ablaufbereit (Bereit, Lauffähig) Eine Einplanungsbedingung der Task ist erfüllt und alle von ihr benötigten Betriebsmittel außer dem Prozessor wurden ihr zugeteilt. Zur Ausführung wartet sie nur noch auf die Zuteilung des derzeit noch mit einer anderen Task beschäftigten Prozessors.

Ablaufend (Laufend) Der Prozessor ist zugewiesen worden und die Task wird ausgeführt. Dies bedeutet, dass der Prozessor gerade den Programmcode dieser einzelnen Task ausführt.

Zurückgestellt (Suspendiert, Blockiert) Die weitere Bearbeitung der Task ist solange zurückgestellt, bis eine Bedingung wie der Ablauf eines spezifizierten Zeitintervalls erfüllt sein wird, ein Ereignis eintritt oder ihr ein Betriebsmittel zugewiesen wird.

Es ist wichtig, sich die fundamentalen Unterschiede zwischen den Zuständen *Bekannt, Suspendiert* und *Bereit* einerseits und dem Zustand *Laufend* andererseits zu vergegenwärtigen. Die drei erstgenannten Zustände reflektieren das Verhältnis zwischen einer Task und ihrer Umgebung sowie den Grad der Bereitschaft der Task zur Ausführung. Eine ruhende Task will nicht ablaufen, eine zurückgestellte Task muss auf etwas warten und nur eine bereite Task kann ausgeführt werden. Die Unterscheidung zwischen den Zuständen *Bereit* und *Laufend* reflektiert eher eine Implementierungsbeschränkung eines Rechensystems, nämlich Mangel an Prozessoren, als den Zustand einer Task selbst. Im Gegensatz zu den anderen Zustandsübergängen, die durch Änderungen in den Umgebungen von Tasks verursacht werden, d.h. in anderen Tasks oder in korrespondierenden Peripheriegeräten, kann der Übergang zwischen diesen beiden Zuständen nicht von Umgebungen erzwungen werden, sondern ergibt sich aus internen Entscheidungen eines Betriebssystems.

Überwacher- und Nutzerprozesse

Als Modell zum Verständnis eines Mehrprozessbetriebssystemes teilen wir zunächst die in ihm ablaufenden Prozesse in zwei Kategorien ein [61].

1. Prozesse 1. Art oder *Überwacherprozesse (Supervisorprozesse)*:
   * (durch Unterbrechungssperren) unteilbare Sequenzen,
   * Unterbrechungsantwortroutinen und
   * Systemdienste im Überwachermodus aufgerufen durch Überwacheraufrufe (Software-Unterbrechungen, Supervisor Calls (SVC)) mit entsprechenden Maschinenbefehlen.

   Die Aufgabe von Überwacherprozessen besteht im Wesentlichen in der Manipulation der Laufzustände der Nutzerprozesse. Gegebenenfalls ist anschließend der Prozessumschalter (PU) aufzurufen. Diese Prozesse dürfen keine Wartezustände annehmen. Ein Betriebssystem wird insgesamt effizienter, wenn sein zeitlich kürzester Prozess der langsamste Überwacherprozess ist. Nach Abb. 4.4 kennen Überwacherprozesse drei Zustände:

   Bekannt (ruhend) Der Prozess ist inaktiv.

   Ablaufend Der Programmzähler des Prozessors zeigt auf den Code des Prozesses.

   Zurückgestellt (unterbrochen) Der Prozessor befasst sich vorübergehend mit einer höher priorisierten Unterbrechung.

2. Prozesse 2. Art oder *Nutzerprozesse (Tasks)* laufen auf der Grundebene (kein Überwacherstatus im Statusregister) eines Prozessors ab und nehmen die oben genannten vier Zustände (vgl. Abb. 4.5) an:

   Bekannt Der Prozess ist inaktiv, aber der Verwaltung bekannt.

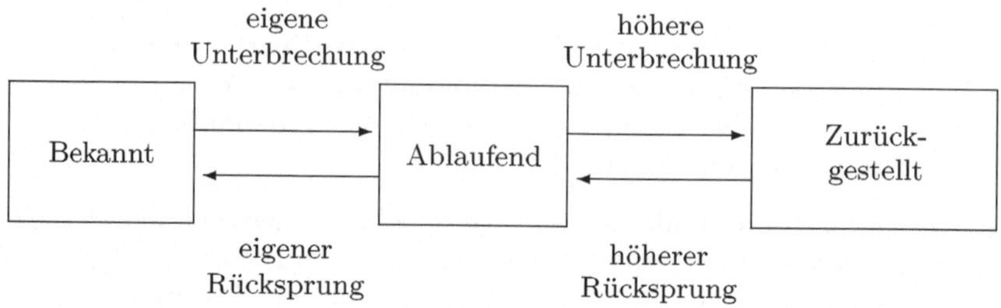

Abb. 4.4. Prozesszustandsgraph der Überwacherprozesse

Ablaufbereit Der Prozess ist fertig, aber der (die) Prozessor(en) werden für andere Nutzerprozesse gebraucht.

Ablaufend Ein Prozessor bearbeitet den Prozess.

Zurückgestellt Der Prozess wartet auf ein Ereignis im System oder in der Umwelt, z.B. eine Unterbrechung oder das Freiwerden eines Betriebsmittels.

Nur im Zustand ablaufend ist der Kontext des Prozesses in den Registern des Prozessors gespeichert.

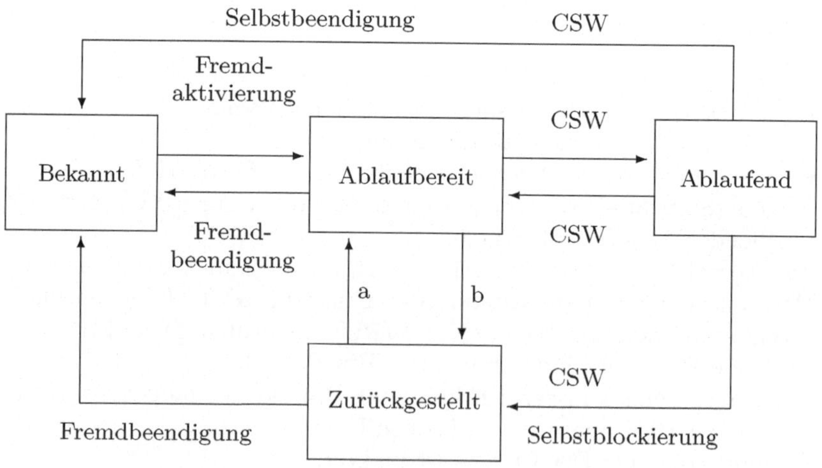

Abb. 4.5. Prozesszustandsgraph der Nutzerprozesse, wobei a: Freigabe durch Überwacher- oder anderen Nutzerprozess, b: Blockierung durch Überwacher- oder anderen Nutzerprozess und CSW: Kontextumschaltung erfolgt bei diesem Übergang

Verschränkte Abarbeitung von Tasks

Häufig kommunizieren verschiedene Tasks miteinander, z.B. über gemeinsame Speicherzellen oder (Daten-) Kanäle. Außerdem kann es vorkommen, dass sie unter Zuhilfenahme angestoßener Überwacherprozesse (Systemaufrufe) andere Tasks aktivieren, beenden oder blockieren. Anders als beim Aufruf von Unterprogrammen ist der Ablauf bei der Aktivierung eines fremden Nutzerprozesses nun nicht mehr sequentiell, wie das Beispiel in Abb. 4.6 zeigt.

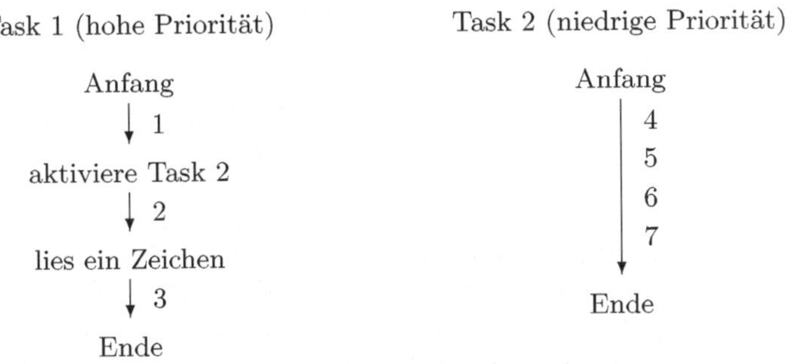

Abb. 4.6. Verschränkte Abarbeitung zweier Tasks

Würde man die Aktivierung der Task 2 als Unterprogrammaufruf missdeuten, so wäre 1-4-5-6-7-2-3 die Reihenfolge der Aktivitäten. In Wahrheit ist der zeitliche Ablauf aber gar nicht mehr vorab bestimmbar, denn er hängt von der Zeit der Blockierung von Task 1 beim Zeicheneinlesen ab. Der genaue Ablauf ist in Abb. 4.7 in Form eines Prozesszeitdiagrammes unter der Annahme dargestellt, dass Task 2 zufällig gerade mitten in der Anweisungssequenz 5 durch die Tastaturunterbrechung verdrängt wurde.

Task-Zustandstabelle

Der unterste Teil eines Kerns besteht aus einer Menge von Systemtabellen, die die einzelnen im System unterhaltenen Tasks beschreiben, und einer Menge von Routinen zur Durchführung von Zustandsübergängen. Innerhalb eines Kerns wird jede Task durch eine **Task-Zustandstabelle** (TZT) dargestellt, die Angaben über Zustand, Priorität und der Task zugewiesene Betriebsmittel enthält. Andere Einträge, die in der TZT abgelegt werden können, werden unten eingeführt. Solche Zustandstabellen werden auch Task-Kontrollblöcke genannt.

Tasks in RTOS-UH

Auch RTOS-UH kennt die Unterscheidung zwischen Überwacherprozessen, die immer im Überwachermodus laufen, und Tasks genannten Nutzerprozessen [52]. RTOS-UH versteht unter einer Task ein eigenständig arbeitendes

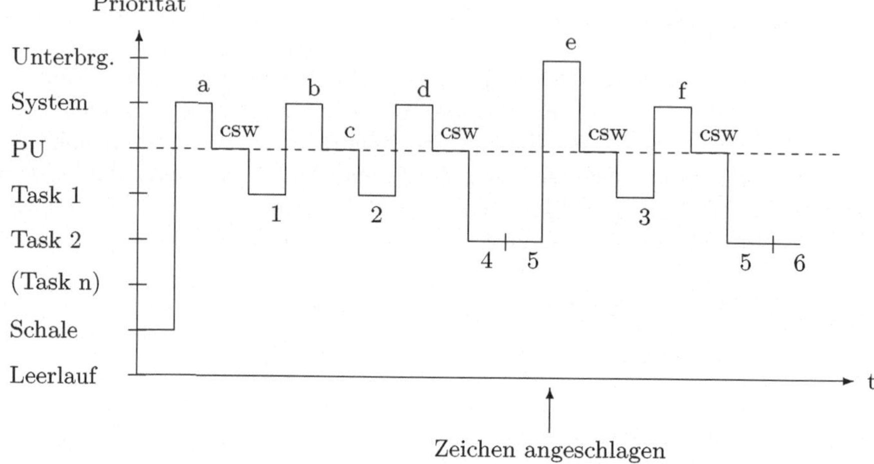

Abb. 4.7. Prozesszeitdiagramm der verschränkten Abarbeitung zweier Tasks nach Abb. 4.6 mit a: von Schale aufgerufener Überwacherprozess macht Task 1 lauffähig, b: von Task 1 aufgerufener Überwacherprozess macht Task 2 lauffähig, c: PU wird aktiv, der Kontext wird aber nicht umgeschaltet, d: Task 1 wird durch Systemaufruf zum Lesen blockiert, e: Unterbrechungsprozess macht Task 1 wieder lauffähig, da ein Zeichen eingelesen wurde, und f: Task 1 beendet sich selbst durch Systemaufruf

Programm [56]. Um unter RTOS-UH als Task anerkannt zu werden, muss das zugehörige Programm einen Task-Kopf mit folgenden Einträgen anlegen, die dem Betriebssystem die Eigenschaften der Task erklären: Name, Zustandsinformation, Priorität und Speicherbedarf. Neben dem eigentlichen Code werden außerdem noch Daten zur Verwaltung der Task festgelegt. Um ein Gerät und dessen Ein- und Ausgabe zu betreuen, werden in RTOS-UH besondere System-Tasks eingerichtet [56].

4.3.2 Problemsituationen

Speicherschutz

Ein mit der Implementierung eines Systemkerns verbundenes Problem ist, das Betriebssystem und insbesondere den Kern vor zufällig oder böswillig verursachten Schäden zu schützen. Radikal kann dieses Problem gelöst werden, indem jede Task auf den ihr zugewiesenen Speicherbereich beschränkt und sie daran gehindert wird, auf Speichersegmente außerhalb dieses Bereiches zuzugreifen. Dies kann auf der Hardware-Ebene durch eine *Speicherverwaltungseinheit* implementiert werden, die Prozessorzugriffe auf den Hauptspeicher kontrolliert und Zugriffe nur auf spezifizierte Speicherbereiche zulässt. Ein Versuch, die Regeln zu verletzen, verursacht eine Speicherschutzunterbrechung, wodurch die Task-Ausführung abgebrochen und der Systemkern aufgerufen werden. Der Prozessor kann in einem von zwei Zuständen arbeiten:

Anwender- oder *Überwachermodus.* Die sich auf die Speicherverwaltungseinheit beziehenden Anweisungen sind *privilegiert,* d.h. sie können nur im Überwachermodus ausgeführt werden. Der Wechsel vom Anwender- zum Überwachermodus wird in der Regel durch Unterbrechungssignale ausgelöst. In den Anwendermodus kann dagegen oft per Programm zurückgekehrt werden. Andere privilegierte Anweisungen dienen zur Steuerung von Peripheriegeräten und des Unterbrechungssystems. Ein Speicherschutzmechanismus hindert Tasks daran, auf Systemdatenstrukturen zuzugreifen, löst aber nicht gänzlich das Problem des exklusiven Zugriffs auf Systemdaten.

Verdoppelter Kern

Betrachten wir ein Unterbrechungssignal, das zu einer Zeit eintrifft, wenn der Kern läuft. Falls Unterbrechungen zugelassen wären, könnte die laufende Ausführung des Kerns unterbrochen und eine neue Ausführung von seinem Anfangspunkt an gestartet werden. Dies würde das Phänomen des „verdoppelten Kerns", der gleichzeitig auf denselben Datenstrukturen arbeitet, hervorrufen. In einem Einprozessorsystem lässt sich dieses Problem einfach dadurch lösen, dass die Durchschaltung von Unterbrechungssignalen gesperrt wird, wenn der Kern läuft. (In der Praxis müssen nicht notwendigerweise alle Unterbrechungen gesperrt werden, was hier jedoch nicht behandelt wird.)

In einem Mehrprozessorsystem ist die Situation komplizierter, da zwei oder mehr Prozessoren zur gleichen Zeit den gleichen Kernprogrammcode benutzen können. Um dieses Problem zu lösen, sind Mechanismen zur Reservierung exklusiven Zugriffs eines individuellen Prozessors auf einen gemeinsamen Speicher notwendig. Im einfachsten Fall kann exklusiver Zugriff auf gemeinsame Datenstrukturen mittels eines Hardware-Mechanismus zur Belegung und Freigabe des Systembusses realisiert werden. Allerdings ist dieser Ansatz extrem ineffizient, da die anderen Prozessoren daran gehindert werden, auf alle gemeinsamen Betriebsmittel zuzugreifen, und nicht nur auf jene Datenstrukturen, die tatsächlich reserviert werden müssen. Ein viel besserer Ansatz basiert auf dem Konzept des binären Semaphors, der ein benötigtes Gerät oder eine benötigte Datenstruktur selektiv schützen kann (vgl. dazu das Kapitel zu Synchronisation und Konsistenz).

4.4 Unterbrechungsbehandlung

Die wichtigste Anforderung, die ein Echtzeitbetriebssystem erfüllen muss, ist, auf externe und interne Ereignisse innerhalb vorgegebener Zeitschranken zu reagieren. Typischerweise ist ein Echtzeitsystem mit einer umfangreichen Prozessperipherie ausgestattet und über ein Bündel von Signalleitungen mit dem zu automatisierenden technischen Prozess verbunden. Ein *Ereignis* im obigen Sinn ist als eine in einem Rechnersystem oder seiner Umgebung entstehende Bedingung definiert, die einer spezifischen Behandlung durch ein geeignetes Programm bedarf. Inder Praxis ist es günstig, Echtzeit-Software um zusammenhängende Ereignisse herum in Gruppen paralleler Rechenprozesse zu strukturieren. Eine Task implementiert die Behandlung, die von einem Ereignis oder einer Gruppe zusammenhängender Ereignisse gefordert wird.

Es gibt unterschiedliche Arten der Behandlung der Abfrage und Reaktion auf Signale, die über Signalleitungen an ein System geführt werden:

- programmgesteuerte Abfrage (Polling),
- zeitunterbrechungsgesteuerte Abfrage,
- sammelunterbrechungsgesteuerte Abfrage oder mittels
- Prioritätsunterbrechungsystem.

Programmgesteuerte Abfrage

Der Prozessor fragt per Programm den Zustand der Alarmleitungen ständig ab, um die eventuell benötigte Reaktion einzuleiten [61]:

```
repeat forever
    if Alarm1      then call Reaktion1 endif
    if Alarm2      then call Reaktion2 endif
    if Alarm3      then call Reaktion3 endif
    if ...         then call ...        endif
end repeatloop
```

Für einfache Anwendungen, z.B. in Waschmaschinensteuerungen, genügt oft diese triviale Lösung trotz ihrer Nachteile:

+ Sehr einfache Hardware.
- Wenn eines der Reaktionsprogramme festläuft oder zu umfangreich ist, werden die anderen Leitungen nicht oder nur in undefinierter Weise abgefragt, Echtzeitbetrieb ist also unmöglich.
- Die Restkapazität des Prozessors ist nicht nutzbar.

Zeitunterbrechungsgesteuerte Abfrage

Viele Prozessoren und fast alle Mikrocontroller besitzen integrierte programmierbare Takt- oder Zeitgeber (Abb. 4.8), die in zyklischen Abständen eine Unterbrechung auslösen können. Eine Unterbrechung bedeutet, dass der Prozessor von außen zu einem Sprung in einen anderen Programmteil gezwungen wird. Diesen Mechanismus kann man benutzen, um den Prozessor z.B. alle 10 msec eine Abfrageschleife durchlaufen zu lassen. Durch die Unterbrechung wird der Prozessor folgendem Code zum Ablauf zu bringen [61]:

```
When Interrupt:
    if Alarm1      then Rette PZ, verlasse IR-level, GOTO Reaktion1
    if Alarm2      then Rette PZ, verlasse IR-level, GOTO Reaktion2
    if Alarm3      then Rette PZ, verlasse IR-level, GOTO Reaktion3
    if ...         then Rette PZ, verlasse IR-level, GOTO ...
Interrupt-Return
```

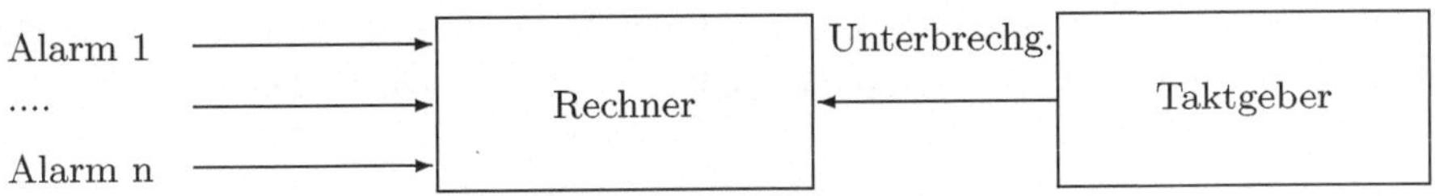

Abb. 4.8. Unterbrechung von einem Zeitgeber

Die Unterbrechungsroutine kann nach Feststellung einer aktiven Alarmleitung nach einem dieser Leitung zugeordneten Nutzerprozess suchen und diesen dann „ablaufbereit" machen oder seine Blockierung aufheben. Anschließend wird der Prozessumschalter PU angelaufen, der ggf. eine Kontextumschaltung ausführt usw. Interessant ist dieser Weg als Notlösung, wenn man zwar Signalleitungen, die äußere Ereignisse erfassen, vom Prozessor aus lesen kann, diese aber keine Unterbrechungen auslösen können. Die Methode der zeitunterbrechungsgesteuerten Abfrage hat folgende Vor- und Nachteile:

+ Relativ einfache Hardware.
+ Selbst Endlosschleifen können aufgebrochen werden.
+ Die Restkapazität des Prozessors ist in Grenzen nutzbar.
- Die Reaktionszeit schwankt je nach zufälliger relativer Lage zum Unterbrechungstakt.
- Gegebenenfalls sind weitere komplizierte Sondermaßnahmen nötig, z.B. zum Schutz gegen Neuauslösung eines bereits laufenden Reaktionsprozesses vor dessen Abschluss.

Sammelunterbrechunggesteuerte Abfrage

Zur Vermeidung einiger Nachteile der zeitunterbrechungsgesteuerten Abfrage bietet sich die Struktur mit einer Sammelunterbrechung nach Abb. 4.9 an. Da die Programmstruktur vollständig derjenigen der zeitunterbrechungsgesteuerten Abfrage entspricht, wird sie hier nicht wiederholt.

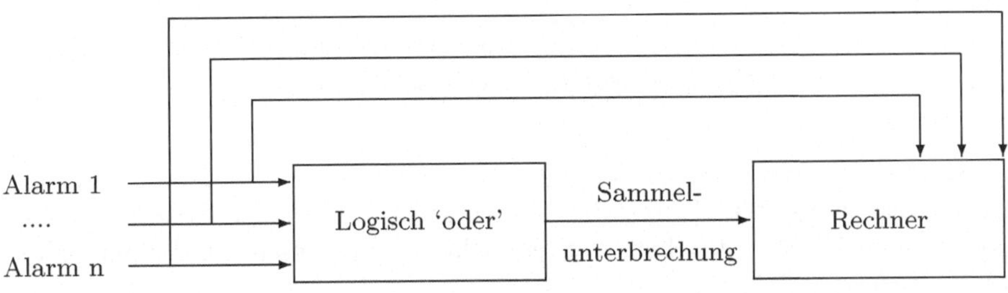

Abb. 4.9. Sammelunterbrechunggesteuerte Abfrage

Diese Lösung wird bei kleineren industriellen Rechnersystemen und auch innerhalb von Mehrprozessbetriebssystemen benutzt. Viele unterbrechungserzeugende Bausteine unterstützen eine Oder-Verknüpfung. Damit vereinfacht sich die Sammelunterbrechungserzeugung erheblich. Die Vor- und Nachteile der Methode sind [61]:

+ Gute Reaktivität bei akzeptabler Prozessorbelastung.
- Höherer Hardware-Aufwand.
- Eine zu große Zahl der zu einer Unterbrechung gebündelten Leitungen führt zu sehr langen Verweildauern in der Unterbrechungsroutine, was schlechte Echtzeiteigenschaften bedingt.

Prioritätsunterbrechungssystem

Eine Prioritätslogik gemäß Abb. 4.10 speichert, welche Unterbrechung vom Prozessor angenommen wurde, und verhindert die Unterbrechnung des Prozessors durch Ereignisse auf den Eingangsleitungen, die von gleicher oder niedrigerer Priorität sind. Der Prozessor rechnet den von der Logik angebotenen Unterbrechungsvektor (d.h. den Zeiger auf eine Speicherstelle, oft ein Bitmuster mit 8 Bits) typischerweise in eine Speicheradresse um, auf der er den Wert des Zielprogrammzählers findet. Ohne Durchlaufen weiterer Software kann also zu jedem Ereignis in der Außenwelt direkt der zugehörige Unterbrechungsanwortprozess gestartet werden. Das Prozesszeitdiagramm in Abb. 4.11 zeigt die Arbeitsweise dieses Prioritätsunterbrechungsystems oberhalb der Überwacherfunktionsebene. Die meisten Prozessor-Chips besitzen eine dem Prozessor vorgeschaltete Unterbrechungslogik dieser Struktur, die dann noch durch weitere externe Hardware erweitert werden kann. Die Vor- und Nachteile dieser Lösung sind [61]:

+ Schnellstmögliche Unterbrechungsreaktion.
- Evtl. aufwendige zusätzliche Hardware.

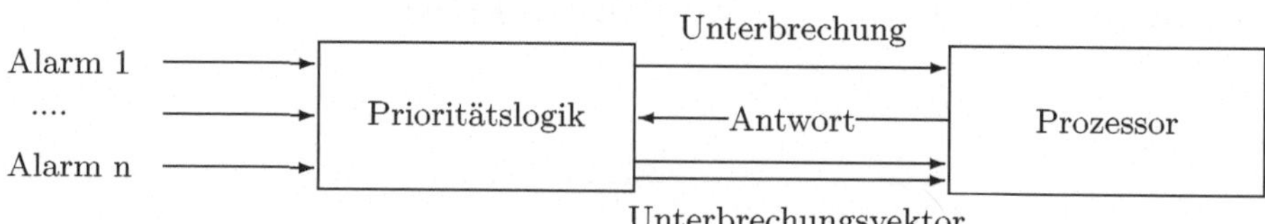

Abb. 4.10. Prioritätsunterbrechungssystem

Die Unterbrechungssperre in einem System kann nur von Überwacherprozessen gesetzt werden. Durch das Setzen startet ein neuer Prozess, der die höchstmögliche Priorität hat, weil er nicht unterbrechbar ist. Es gelten folgende Regeln:

• Eine Unterbrechung wird nicht akzeptiert, solange ein Prozess der gleichen oder einer höheren Ebene aktiv ist.
• Am Ende eines Unterbrechungsprozesses steht ein besonderer Maschinenbefehl (Unterbrechungsrücksprung).

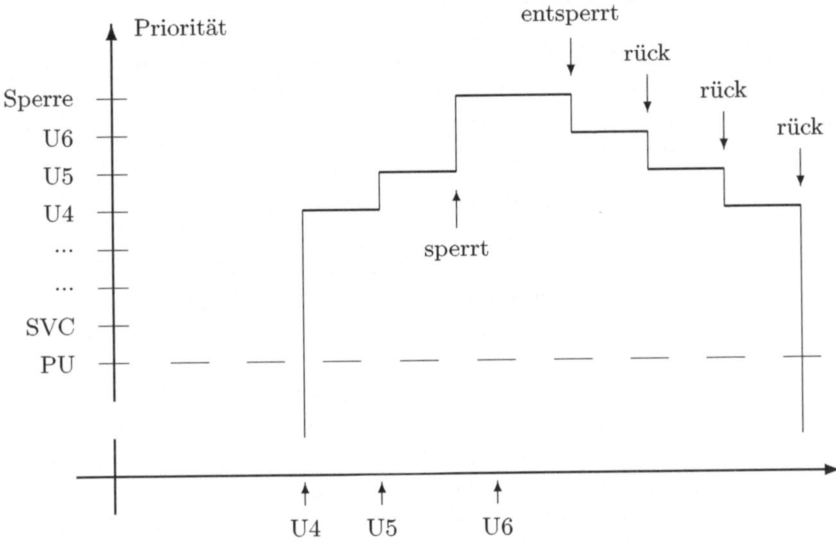

Abb. 4.11. Prioritätsunterbrechungssystem

4.4.1 Beispiele und Problemsituationen

In Echtzeitbetriebssystemen ist die Unterbrechungsbehandlung besonders effizient umgesetzt und entspricht einem standardmäßigen Verfahren. Der Programmierer kann sich darauf verlassen, dass das Betriebssystem die programmierten Reaktionen auf eine Unterbrechung schnell umsetzt.

In RTOS-UH sind die Unterbrechungsroutinen außerhalb des Task-Konzeptes angeordnet [56], da die Unterbrechungsbehandlung schon im Prozessor als Sonderfall angelegt ist. Daher ist für die Dauer einer Bearbeitung einer Unterbrechung der Task-Wechselmechanismus von RTOS-UH paralysiert. Diese Zeiten sollten naturgemäß möglichst gering gehalten werden. Deshalb arbeiten die Unterbrechungsroutinen von RTOS-UH mit Systemdiensten zusammen, die ihrerseits wieder als Tasks angelegt sind.

Für viele Anwendungen, z.B. in der Regelungstechnik, ist die Abbrechbarkeit von Systemfunktionen zwingend notwendig [56]. Hier haben viele Betriebssysteme gravierende Mängel. Ruft z.B. eine eher niedrig priorisierte Task eine eher unwichtige Systemfunktion auf, wird dadurch gegebenenfalls ein Reglerzyklus zerstört, weil die Zeitgeberunterbrechung erst am Ende der Systemfunktion zum Task-Wechsel führt. RTOS-UH hat hier ein anderes Konzept, das diese Problematik vermeidet. Es wird durch Überwacherprozesse umgesetzt, die anhand eines Merkers erkennen, ob Handlungsbedarf besteht, eine nunmehr wichtigere Task zum Zuge kommen zu lassen.

Typische Unterbrechungsquellen

Wie bereits vorher erwähnt, werden Zustandsänderungen durch Ereignisse ausgelöst, die innerhalb oder außerhalb von Rechensystemen, in den automatisierten Umgebungen, auftreten. Ereignisse können in die folgenden vier Gruppen eingeteilt werden:

Externe Ereignisse entsprechen in den Umgebungen von Rechnern auftretenden Bedingungen. Ereignisse werden üblicherweise durch von Peripheriegeräten kommende Unterbrechungssignale angezeigt (z.B. eine Unterbrechung von einem Schwellwertsensor). Sie können jedoch auch von Programmen erzeugt werden (z.B. von einem Programm, das den Zustand eines Sensors periodisch überwacht).

Zeitereignisse entsprechen dem Ablauf spezifizierter Zeitintervalle (z.B. dem Ablauf einer Verzögerungsbedingung). Diese Ereignisse werden im Allgemeinen vom Zeitverwaltungsdienst im Betriebssystem angezeigt, der periodisch von Unterbrechungssignalen eines Zeitgebers angestoßen wird.

Interne Ereignisse entsprechen Fehlern und Ausnahmen, die innerhalb von Rechensystemen als Effekte von Programmausführungen auftreten. Diese Ereignisse können durch von der Rechner-Hardware erzeugte Unterbrechungen (z.B. eine Division-durch-Null-Meldung eines numerischen Koprozessors) oder von Programmen angezeigt (z.B. ein Division-durch-Null-Fehlercode einer Gleitkommaarithmetikroutine) werden.

Programmereignisse entsprechen speziellen Bedingungen, die innerhalb einer Task während ihrer Ausführung auftreten. Solche Ereignisse werden von expliziten Anforderungen an oder Aufrufen von Diensten des Betriebssystems erzeugt.

4.5 Prozessorzuteilung

Zunächst ist es notwendig, sich eine Vorstellung davon zu machen, wie Hin- und Herschalten zwischen Prozessen stattfinden kann. Beispielhaft ist dazu in Abb. 4.12 [61] der zeitliche Ablauf beim Wechsel zwischen einem Übersetzer- und einem Editorprozess grob dargestellt. Bei jedem Prozesswechsel wird auch der Kontext umgeschaltet, was das Retten aller Register des bisher laufenden Prozesses in einen diesem zugeordneten Speicherbereich und das Laden aller Register aus einem dem anderen Prozess zugeordneten Speicherbereich impliziert.

4.5.1 Umsetzung

Zur Erfüllung der Forderungen nach rechtzeitiger und gleichzeitiger Programmausführung sind zwei grundsätzliche Zuteilungsverfahren bekannt:

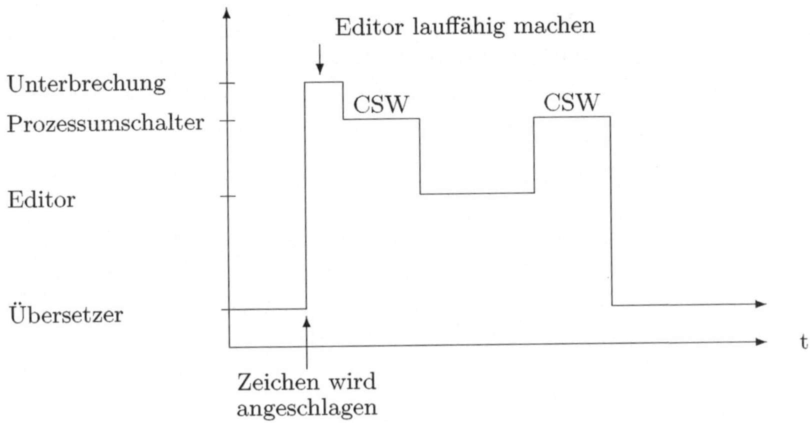

Abb. 4.12. Kontextumschaltungen (CSW) bei Prozesswechseln

1. Periodische Einplanung des zeitlichen Ablaufes von Programmen *vor* ihrer Ausführung. Diese Vorgehensweise wird als *synchrone oder serielle Programmierung* bezeichnet.
2. Organisation des zeitlichen Ablaufes *während* der Ausführung von Programmen. Diese Vorgehensweise heißt *asynchrone* oder *Parallelprogrammierung*.

Asynchrone Zuteilung

Bei Anwendung des Verfahrens der asynchronen Programmierung wird versucht, die Forderungen nach Rechtzeitigkeit und Gleichzeitigkeit der Programmabläufe zu erfüllen, ohne diese im voraus zeitlich zu planen. Tasks werden durch Prozessereignisse zu beliebigen Zeiten angestoßen, weshalb sie in nicht vorherbestimmter Weise asynchron zu Zeittakten ablaufen. Darüber hinaus ist die Aufeinanderfolge von Tasks auch nicht vorherbestimmt, sondern stellt sich, je nach dem zeitlichen Eintreffen von Unterbrechungssignalen aus den technischen Prozessen, dynamisch ein.

„Gleichzeitigkeit" der Task-Abläufe wird bei der asynchronen Programmierung u.a. dadurch erzielt, dass Tasks von Betriebssystemen verdrängt und somit ineinander verschränkt ausgeführt werden können. Zur Vermeidung fehlerhafter Operationen mit Objekten, die mehreren Tasks gemeinsam sind, ist letzteres nicht uneingeschränkt möglich. Außerdem implizieren die Abläufe technischer Prozesse gegenseitige Abhängigkeiten und somit bestimmte logische Ausführungsreihenfolgen zugeordneter Tasks. Damit Zuteilungsalgorithmen die Bearbeitung von Rechenprozessen nicht in einer Weise organisieren, die den Prozesserfordernissen zuwiderläuft, sind gegebenenfalls Synchronisierungen notwendig.

Auf Grund der oben umrissenen allgemeinen Situation wird es immer wieder Konfliktfälle geben, in denen sich mehrere Tasks gleichzeitig im Zustand ablaufbereit befinden. Welche dieser Tasks ein Betriebssystem dann dynamisch in den Zustand ablaufend überführt, ist abhängig von einer dafür festgelegten Strategie. Je nach Wahl einer solchen Strategie wird die Ausführungsreihenfolge der Tasks im Allgemeinen verschieden sein.

Prioritätsgesteuerte Zuteilung

Die am leichtesten zu implementierende und deshalb in der Praxis am häufigsten verwendete Strategie besteht darin, jeder Task eine durch eine Prioritätsnummer ausgedrückte relative Dringlichkeit zuzuordnen, um dadurch im Konfliktfalle eine Vorrangreihenfolge zu bestimmen. Dies bedeutet, dass bei jedem Zusammentreffen mehrerer Anforderungen diejenige Task zuerst zum Zuge kommt, die die jeweils höchste *Priorität* aufweist. Anschließend wird dann die Task mit der nächstfolgenden Priorität ausgeführt usw.

Fristengesteuerte Zuteilung

Ein ideales Kriterium für die Auswahl von Tasks zur Ausführung sollte auf der Analyse ihrer Bearbeitungsfristen beruhen. Der einfachste Algorithmus dieser Art besteht darin, jederzeit die ablaufbereite Task mit dem frühesten Fertigstellungstermin vor den anderen zur Ausführung auszuwählen. Dieses Verfahren ist zeitgerecht und besitzt eine Reihe vorteilhafter Eigenschaften.

Die grundsätzliche, von in harten, industriellen Echtzeitumgebungen arbeitenden Prozessrechensystemen zu erfüllende Bedingung ist, dass alle Rechenprozesse innerhalb vorher definierter Zeitschranken ausgeführt werden – natürlich unter der Voraussetzung, da dies überhaupt möglich ist. Algorithmen, die zeitgerechte Zuteilungen für alle unter Wahrung ihrer vorgegebenen Termine (Antwortzeiten) ausführbaren Mengen von Rechenprozessen erzeugen, werden als *zeitgerecht* bezeichnet. Mehrere wurden in der Literatur [62, 63, 64, 65, 66, 87, 97, 98, 103, 132] beschrieben.

Davon beschäftigen sich einige mit solchen Prozessmengen, deren Elemente sofort aktiviert werden können, während andere für Prozesse mit Präzedenzrelationen gelten. Für letztere sind häufig sehr restriktive Bedingungen vorgegeben, an denen der praktische Einsatz der entsprechenden Algorithmen meistens scheitert. Außerdem ist es i.a. unrealistisch zu erwarten, dass zwischen den Mitgliedern von Prozessmengen (teilweise) Ordnungen bestehen, da sich diese in den meisten verfügbaren höheren Echtzeitprogrammiersprachen gar nicht explizit spezifizieren lassen und da Prozesse oft durch externe Ereignisse aktiviert werden.

Mithin ist die industrielle Echtzeitverarbeitung allgemein dadurch charakterisiert, dass zu jedem beliebigen Zeitpunkt eine Anzahl ablauffähiger Rechenprozesse um die Zuteilung eines oder mehrerer Prozessoren konkurriert, unabhängig davon, ob es sich dabei um sporadische, durch externe oder einzelne zeitliche Ereignisse gesteuerte aperiodische oder um Instanzen periodisch aktivierter Prozesse handelt. In den Zustand ablaufbereit gelangen Prozesse durch explizite Aktivierung, Fortsetzung oder durch Aufhebung von Synchronisationssperren. In diesem Zusammenhang brauchen Vorgänger-Nachfolger-Beziehungen zwischen Rechenprozessen nicht berücksichtigt zu werden, da die betrachtete Menge von Prozessen jeweils nur aus ablaufbereiten besteht, deren Aktivierungsbedingungen erfüllt sind, was impliziert, dass ihre Vorgänger bereits beendet wurden. Zur Zuteilung solcher ablaufbereiter Prozessmengen kennen wir für Einprozessorsysteme den Antwortzeitalgorithmus (Zuteilung nach frühestem Fertigstellungstermin), den darauf aufbauenden Vorhaltealgorithmus für symmetrische Mehrprozessorsysteme sowie die Zuteilungsmethode nach minimalem Spielraum für beide Typen von Rechensystemen. In [63, 65, 132] wurde gezeigt, dass diese Verfahren zeitgerecht sind.

Leider ist die derzeitige Praxis dadurch gekennzeichnet, dass die beiden am häufigsten – bzw. bisher ausschließlich – eingesetzten Zuteilungsverfahren, nämlich nach der Ankunftsreihenfolge und nach statischen Prioritäten, die von allen höheren Echtzeitprogrammiersprachen unterstützt werden und in allen kommerziell verfügbaren Echtzeitbetriebssystemen implementiert sind, *nicht zeitgerecht* sind. Zwar lässt sich zeitgerechte Zuteilung jederzeit mit dynamischen Veränderungen der Prozessprioritäten durch die Benutzer erreichen. Dieses Vorgehen ist jedoch nicht angebracht, weil so die ganze Verantwortung für die Prozessorzuteilung den Anwendungsprogrammierern aufgebürdet wird. Sie könnten so ihre Software-Module nicht unabhängig von anderen schreiben und benötigten Informationen über alle in einem System befindlichen Rechenprozesse, die nicht immer verfügbar sind.

Obwohl zeitgerecht, hat der Spielraumalgorithmus keine praktische Bedeutung, da er verdrängend (präemptiv) ist und die gemeinsame Benutzung der Prozessoren durch solche Prozesse verlangt, die den gleichen, d.h. dann minimalen, Spielraum besitzen. Angenähert kann dies z.B. durch das Round-Robin-Verfahren mit sehr kurzer Zeitscheibe erreicht werden. Beide genannten Eigenschaften führen zu häufigen Kontextumschaltungen, die die Systemleistung durch unproduktiven Verwaltungsaufwand deutlich herabsetzen. Schließlich ergeben sich durch die (quasi-) parallele Prozessbearbeitung in vielen Fällen Synchronisationskonflikte in Bezug auf die durch die einzelnen Prozesse angeforderten Betriebsmittel.

Demgegenüber ist der Antwortzeitalgorithmus nicht verdrängend, wenigstens so lange, bis kein weiterer Prozess mit einem früheren Termin als ein gerade laufender in den Zustand ablaufbereit übergeht. Das Verfahren erweist sich sogar als optimal [62], wenn die Anzahl der durch eine Zuteilungsdisziplin erzwungenen Verdrängungen als Bewertungskriterium betrachtet wird. Es bewahrt seine Eigenschaften und erzeugt dann optimale präemptive Belegungen, wenn weitere Prozesse während der Bearbeitung einer ablaufbereiten Prozessmenge dieser auf Grund des Übergangs in den Zustand ablaufbereit hinzugefügt werden [97, 98]. Die Übertragung des Antwortzeitalgorithmus' auf homogene Mehrprozessorsysteme ist jedoch nicht mehr zeitgerecht. Diese Eigenschaft wird erst durch eine modifizierte Version, und zwar den Vorhaltealgorithmus [63, 65, 87], erzielt, indem auf die Nichtpräemptivität verzichtet und eine deutlich höhere Komplexität in Kauf genommen werden müssen.

Ereignisbezogene Einplanung

Ereignisbezogene Einplanung bedeutet, dass für einen Prozess (Task) eine Vereinbarung besteht, nach der er auf das Auftreten eines externen Ereignisses hin gestartet oder fortgesetzt werden soll. Mit den Mitteln des Multitaskings ist diese Aufgabe leicht zu lösen. Das Ereignis (Alarm) stößt einen Unterbrechungsprozess an. Dieser Überwacherprozess erkennt mit Hilfe einer betriebssystemeigenen Tabelle oder Liste, welche Prozesse er ablaufbereit (zum Neustart oder zur Fortsetzung) machen soll und ändert ggf. deren Zustand. Beim Verlassen der Überwacherebene wird der Prozessumschalter aufgerufen, der bei entsprechender Prioritätslage eine Kontextumschaltung ausführt.

Ereignisse werden Prozessen mit Hilfe einer Systemfunktion (die die Zuordnungstabelle bzw. -liste manipuliert) zugeordnet. Auf der Unterbrechungsebene der Alarme selbst finden nur die beiden Aktionen Suchen und Task-Zustand ändern statt, so dass die Ebene sehr schnell wieder verlassen und damit freigegeben wird. Ohne große Nachteile kommt man dadurch auch bei einer größeren Anzahl von Alarmen mit nur einer echten (Sammel-) Unterbrechung aus: Der Unterbrechungsprozess liest das Bündel aller Alarmleitungen auf ein Mal ein, vergleicht das Muster mit seiner Zuordnungstabelle usw.

Zeitliche Einplanung

Wenn vereinbart ist, dass ein Prozess zu einem bestimmten Zeitpunkt (das kann auch nach Ablauf einer Differenzzeit sein) gestartet oder fortgesetzt werden soll, so spricht man von zeitlicher Einplanung. Der Mechanismus ist völlig analog zur Ereigniseinplanung, an die Stelle von Alarmunterbrechungen treten hier nur Zeitgeberunterbrechung.

Synchrone Zuteilung

Ein Sonderfall der zeitlichen ist die zyklische oder periodische Einplanung, bei der Tasks wiederkehrend nach jeweils gleichen Zeitintervallen aktiviert werden. Sie wurde historisch betrachtet früher entwickelt und eingesetzt. Soweit darüber Angaben vorhanden sind, kann man annehmen, dass sie auch heute noch für sehr zeitkritische Aufgaben im militärischen Bereich (z.B. Radar-Verfolgung von Flugobjekten) und in der Avionik eingesetzt wird. Dem Verfahren liegt die Erkenntnis zu Grunde, dass typische Anwendungs-Tasks in Prozessautomatisierungssystemen relativ unabhängig voneinander sind. Die meisten Rechenprozesse sind periodischer Natur, während andere von Ereignissen ausgelöst werden. Wenn in solchen Anwendungen obere Schranken für die Ausführungszeiten der Tasks bekannt sind, ist es möglich, durch explizite Zuteilung von Rechenzeit die Ausführungsreihenfolgen von Rechenprozessen statisch zu planen.

Das Prinzip der synchronen Programmierung ist, die Ausführung einzelner Programme mit einem geeignet gewählten, von einem Uhrimpulsgeber erzeugten, Zeittakt zu synchronisieren, woher der Name der Methode rührt. Der Zeittakt wird als Unterbrechungssignal zur Markierung der Bearbeitungsperioden verwendet, die auch *Rahmen* genannt werden. Im einfachsten Fall, wenn alle (periodischen) Tasks mit gleicher Frequenz bearbeitet werden sollen, wird jeder Task in jedem Rahmen ein Bearbeitungsintervall zugewiesen. Innerhalb ihres Intervalls läuft eine Task bis zur Beendigung und hat exklusiven Zugriff zu allen globalen Daten. Die Ausführungsreihenfolge der Tasks wird dazu benutzt, Datenübertragungen zwischen ihnen zu synchronisieren. Durch Ereignisse angestoßene Rechenprozesse können nach dem Ende des letzten Bearbeitungsintervalls und vor dem Anfang des nächsten Rahmens aktiviert werden. Eingetretene Ereignisse werden dabei mit Hilfe von Unterbrechungsmechanismen oder durch Abfragen (Polling) erkannt. Im letzteren Falle überprüft ein geeignetes Kontrollprogramm den Status von Peripheriegeräten auf Bedingungen hin, die als Ereignisse definiert wurden. Um tauglich zu sein, müssen von zyklischen Kontrollprogrammen erzeugte Rahmenanordnungen folgenden Regeln genügen:

- Die Länge der Teilrahmen muss größer als das Maximum der Summe der Ausführungszeiten aller Teilprozesse vermehrt um das Zeitintervall sein, das für ereignisgesteuerte Tasks reserviert ist.
- Die Länge eines Hauptrahmens muss größer als die Summe der maximalen von den Teilprozessen benötigten Zeit, den für ereignisgesteuerte Tasks reservierten Intervallen sowie dem Maximum der Summe der Ausführungszeiten der Hauptprozesse sein.
- Die Größe der für ereignisgesteuerte Tasks reservierten Bearbeitungsintervalle und die Anordnung der Tasks muss sicherstellen, dass die zur Ereignisreaktion festgesetzten Fristen eingehalten werden.

Rolle des Prozessumschalters

Der Prozessumschalter (PU) ist ein Mittler zwischen den Überwacher- und den Nutzerprozessen. Dabei ist er selbt in der Rolle eines Überwacherprozesses, wenn auch der mit der niedrigsten Priorität. Wie in Abb. 4.13 dargestellt, hat er im einfachsten Fall die Form einer Programmschleife. Es ist unschwer zu erkennen, dass die Nutzerprozesse im Beispiel automatisch unterschiedliche Bearbeitungsprioritäten erhalten. Der Nutzerprozess (Task) auf dem vordersten Platz hat die höchste Priorität und der auf dem letzten Platz die niedrigste. Eine gefundene ablaufbereite Task kann von vorne beginnen oder fortgesetzt werden, was vom Befehlszähler abhängt, der bei Kontextumschaltung in den Prozessor geladen wird. Zur Verhinderung eines endlosen Kreislaufs des PUs legt man in vielen Systemen einen immer ablaufbereiten Leerlaufprozess (Idle) an das Ende der Suchliste. Beim Start des Prozessumschalters wird zweckmäßigerweise der Kontext des bis dahin laufenden Prozesses noch nicht sofort gerettet, denn es kann sein, dass derselbe Prozess immer noch derjenige ablaufbereite ist, der am weitesten vorne im Suchring des PU gefunden wird.

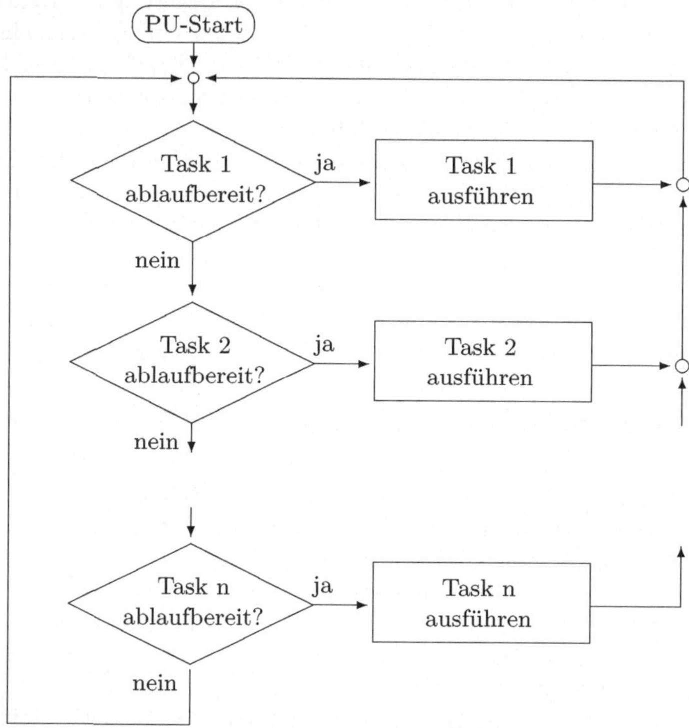

Abb. 4.13. Prozessumschalter in Form einer Programmschleife

4.5.2 Beispiele und Problemsituationen

Einige Beispiele sollen verdeutlichen, dass es sich bei der Realisierung der Prozessorzuteilung um vielschichtige Probleme handelt, die stark von den Anwendungsgebieten eingesetzter Systeme abhängen.

Synchrone Programmierung

Die synchrone Programmierung eignet sich gut für Echtzeitsysteme mit zyklischen Programmabläufen und wird deshalb häufig in verhältnismäßig einfachen, ROM-basierten spezialisierten Automatisierungsgeräten wie industriellen Reglern oder Steuerungen von Videorecordern eingesetzt. Dagegen kann sie nur schwerfällig auf zeitlich nicht vorhersehbare (asynchrone) Ereignisse reagieren. Die Nachteile der Methode sind Verschwendung von Rechenzeit durch unproduktives Abfragen und eventuell unnötig verlängerte Reaktionszeiten, da Ereignisse im ungünstigsten Falle erst um einen Taktzyklus verzögert erkannt werden. Weiterhin muss bei jeder Änderung einer Aufgabenstellung die gesamte Programmstruktur geändert werden. Das Verfahren erfüllt die Forderung nach Rechtzeitigkeit genau dann, wenn die Summe der Ausführungszeiten aller im ungünstigsten Falle zusammentreffenden Programme höchstens der Periodendauer des Takts entspricht. Wenn letztere auch klein gegenüber den Zeitkonstanten des Prozesses ist, so ist ebenfalls die Gleichzeitigkeitsforderung erfüllt.

Asynchrone Programmierung

Das Verfahren der asynchronen Programmierung hat folgende Eigenschaften:

- Die Forderung nach Rechtzeitigkeit wird nur näherungsweise erfüllt. Prioritätsgesteuert werden Zeitbedingungen umso besser erfüllt, je höher die Priorität der jeweiligen Task gewählt wird.
- Ein Ist-Zeitablauf kann sich gegenüber einem geforderten Soll-Zeitablauf so stark verschieben, dass sich Tasks gegenseitig überholen können.
- Die Aufeinanderfolge von Tasks ist nicht determiniert, sondern stellt sich dynamisch ein, d.h. je nach zeitlichem Eintreffen von Unterbrechungssignalen stellen sich unterschiedliche Aufeinanderfolgen ein. Bei der Programmerstellung lässt sich also im voraus nicht genau angeben, welche Task zu welchem Zeitpunkt ablaufen wird.

Problem der Prioritätszuteilung

Wenn die Prioritäten der Prozesse unveränderlich sind, kann ein hoch priorisierter Nutzerprozess durch Ausführung einer Dauerschleife, in der er keine Blockierzustände annimmt, alle restlichen Nutzerprozesse „verhungern" lassen.

Struktureigenschaften des Antwortzeitalgorithmus

Gemäß der Argumentation im vorhergehenden Abschnitt erscheint es vorteilhaft zu sein, Echtzeitsysteme prinzipiell in der Form von Einprozessoranlagen zu strukturieren. Dieses Konzept schließt auch aus einer Anzahl einzelner Prozessoren bestehende verteilte Systeme ein, die untereinander verbunden sind und von denen jeder einer bestimmten Teilaufgabe des zu steuernden Prozesses fest zugeordnet ist.

Trotz der besten Systemplanung besteht immer die Möglichkeit eines vorübergehenden Überlastzustandes bei einem Knoten, der sich aus einem Notfall oder einer Ausnahmesituation ergeben kann. Zur Behandlung solcher Fälle werden häufig Lastverteilungsschemata betrachtet, die Rechenprozesse auf andere Knoten auslagern. Solche Verfahren sind jedoch für industrielle Prozessautomatisierungsanwendungen i.A. ungeeignet, da sie nur für reine Rechenprozesse gelten. Im Gegensatz dazu sind Steuer- und Regelprozesse sehr ein-/ausgabeintensiv und die feste Verdrahtung der Peripherie zu bestimmten Knotenrechnern macht Lastverteilung unmöglich. Deshalb kann zum Zwecke der Prozessorzuteilung in jedem Knoten eines verteilten Systems der Antwortzeitalgorithmus unabhängig von Erwägungen der globalen Systemlast eingesetzt werden. Es ist sehr interessant festzustellen, dass industrielle Prozessleitsysteme unabhängig von obiger Betrachtung typischerweise in Form kooperierender Einprozessoranlagen aufgebaut sind, die durchaus verschiedene Architekturen und Leistungsniveaus haben können, obwohl ihre Betriebssysteme die Antwortzeitsteuerung (bisher noch) nicht einsetzen.

Im Idealfall, dass kein weiterer Rechenprozess ablauffähig wird bevor eine ablaufbereite Prozessmenge vollständig abgearbeitet ist, impliziert der Antwortzeitalgorithmus, dass die gesamte Verarbeitung völlig sequentiell erfolgt, d.h. ein Prozess nach dem anderen. So werden unproduktive Kontextumschaltungen vermieden und, was noch wesentlich wichtiger ist, Betriebsmittelzugriffskonflikte und Verklemmungen werden unmöglich gemacht. Mithin brauchen sie vom Betriebssystem auch nicht behandelt zu werden.

Antwortzeitgesteuerte Prozesszuteilung in einem Einprozessorsystem hat eine lange Reihe bedeutender Vorzüge. Mit folgender Zusammenstellung soll in Ergänzung zu bereits früher unternommenen Versuchen wie z.B. [66], eine Lanze für die Prozessorzuteilung auf der Basis von Antwortzeiten zu brechen, die Aufmerksamkeit auf diese Methode gelenkt und dazu beigetragen werden, den in der Praxis leider immer noch vorherrschenden, aber unzureichenden Zuteilungsalgorithmus nach statischen Prioritäten abzulösen.

- Das Konzept der Prozessantwortzeiten bzw. Fertigstellungstermine ist problemorientiert.
- Das Konzept der Prozessantwortzeiten erlaubt die Formulierung von Rechenprozessen sowie Erweiterung und Modifikation existierender Software ohne Kenntnis der konkurrierenden Rechenprozesse.
- Sporadische, periodische und auf Vorgänger bezogene Rechenprozesse können von einer einheitlichen Zuteilungsstrategie behandelt werden.
- Die Zuteilungsdisziplin ist zeitgerecht.
- Bei (dynamischer) Ankunft eines ablaufbereiten Rechenprozesses kann die Einhaltung seines Termins garantiert (oder eine zukünftige Überlastung entdeckt) werden.
- Da die Komplexität des Algorithmus' linear von der Anzahl ablaufbereiter Rechenprozesse abhängt, ist der Aufwand für ihn fast zu vernachlässigen.
- Der linear mit der Anzahl ablaufbereiter Rechenprozesse wachsende Aufwand für deren Zuteilbarkeitsanalyse ist fast zu vernachlässigen und die Prüfung selbst ist trivial, d.h. Betriebssysteme können die Einhaltung der fundamentalen Rechtzeitigkeitsbedingung überwachen.
- Frühestmögliche Überlasterkennung erlaubt deren Behandlung durch dynamische Lastanpassung und allmähliche Leistungsabsenkung.
- Die Anzahl der zur Erzeugung einer zeitgerechten Prozessorbelegung erforderlichen Verdrängungen wird minimiert.

- Unter Beachtung der zeitgerechten Verarbeitbarkeit einer Prozessmenge wird die Prozessorauslastung maximiert.
- Die Zuteilung ist prinzipiell nicht präemptiv, d.h. Prozessverdrängungen können nur durch Änderung der Konkurrenzsituation, also Aktivierung ruhender oder Fortsetzung suspendierter Prozesse, hervorgerufen werden.
- Die Abfolge der Rechenprozessausführungen wird zu den Zeitpunkten der Prozess-(re)-aktivierungen bestimmt und bleibt anschließend unverändert, d.h. wenn ein neuer Rechenprozess ablaufbereit wird, bleibt die Ordnung zwischen den anderen konstant.
- Rechenprozesse werden grundsätzlich sequentiell ausgeführt.
- Betriebsmittelzugriffskonflikte und Systemverklemmungen werden inhärent verhindert.
- Unproduktiver Aufwand wird inhärent minimiert.
- Das viel beachtete Prioritätsinversionsproblem tritt überhaupt nicht auf.
- Der Algorithmus ist sehr leicht implementierbar.
- Verdrängbare und (teilweise) nicht verdrängbare Rechenprozesse können auf eine gemeinsame Weise zugeteilt werden.

Besonderheiten industrieller Anwendungen

In der Prozessautomatisierung werden wegen folgender Probleme fast nur noch Mehrprozessbetriebssysteme mit besonderen Fähigkeiten benutzt und die Automobilindustrie ersetzt nun selbst zur Einspritzsteuerung betriebssystemlose Programmierung durch das – allerdings eher trivial wirkende – OSEK-Echtzeitbetriebssystem und eine Schnittstelle mit C-Aufrufkonventionen.

- Hohe Anzahl von Tasks – mit RTOS-UH wurden industrielle Anwendungen mit mehr als 600 Tasks auf wenigen (3 oder 4) Prozessoren in einer einzigen Maschine realisiert.
- Präzise zeitliche Einplanungsmöglichkeiten für Tasks.
- Synchronisationsmechanismen zur gegenseitigen Abstimmung von Task-Aktivitäten.
- Garantierte Reaktionszeiten auf von außen eingehende Alarme.

Einsatz von Dämonen

Bei nicht für den Echtzeitbereich vorgesehenen Mehrprozessbetriebssystemen tritt folgendes Problem auf:

> Erst nach Verlassen des Überwacherstatus kann der Prozessumschalter zwischen Überwacher- und Nutzerprozessen wirken.
> Ruft nun ein niedrig priorisierter Prozess eine zeitaufwendige Systemfunktion auf, z.B. eine Speichersuche oder Plattenoperation, so kann während dieser Zeit keine Kontextumschaltung stattfinden. Somit verzögert der niedrig priorisierte unwichtige Prozess auf unbestimmbare Weise den Start des höher priorisierten Prozesses.

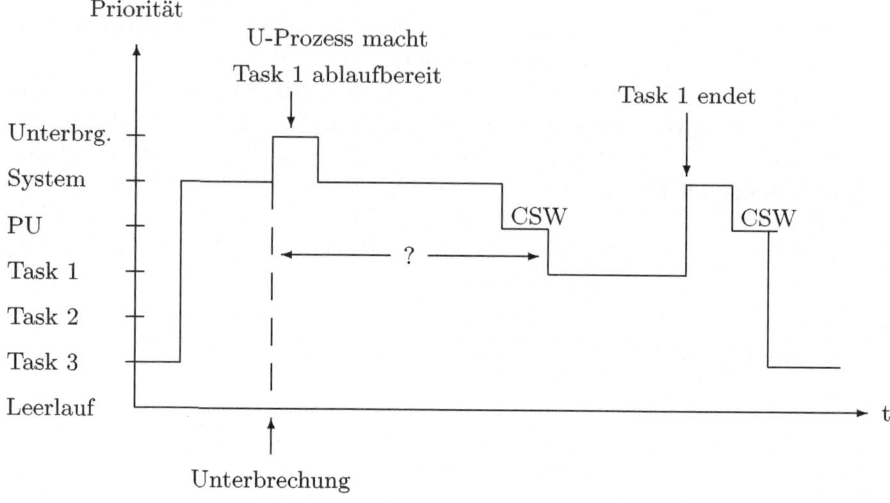

Abb. 4.14. Die niedrig priorisierte Task 3 verzögert die Unterbrechungsreaktion Task 1 durch einen Systemaufruf

Im in Abb. 4.14 dargestellten Prozesszeitdiagramm erkennt man, wie die Reaktion auf eine dringende Anforderung durch einen niedrig priorisierten Prozess verzögert wird, der eine Systemfunktion benutzt.

Um zeitaufwendige Aktionen der Überwacherprozesse wie Systemfunktionen für Nutzerprozesse aus der Überwacherebene auszugliedern, verwendet man Hilfsprozesse, so genannte Dämonen. Doch welche Prioritäten weist man ihnen am besten zu? Liegen sie oberhalb der der normalen Nutzerprozesse, so wird das obige Verzögerungsproblem nicht nur nicht gelöst, sondern die Anzahl zeitverzehrende Kontextumschaltungen erhöht sich sogar um zwei. Legt man sie zwischen die Prioritäten der Nutzerprozesse, so kann u.U. eine wichtige Systemfunktion durch normale Nutzerprozesse verdrängt werden, wenn man nicht komplizierte Gegenmaßnahmen vorsieht. RTOS-UH verwendet bei Gerätetreibern für langsame Geräte „E/A-Dämonen", die ständig ihre Prioritäten derart variieren, dass ihre aktuellen Prioritäten stets knapp oberhalb derer ihrer aktuellen Auftraggeber liegen. Doch letztlich taugen Dämonen nicht besonders gut für interne Verwaltungsaufgaben mit sehr stark variierendem Zeitverbrauch.

Verdrängende Kontextumschaltung

Eine wesentlich bessere Lösung zur Erhöhung der Reaktivität besteht in verdrängender Kontextumschaltung, die einem Betriebssystem die Möglichkeit gibt, möglichst schnell alle Aktivitäten für einen minder wichtigen Prozess zugunsten eines wichtigeren abzubrechen. Logischerweise sind damit auch die für den unwichtigeren Prozess tätigen Systemfunktionen gemeint. Die Umsetzung ist in der Praxis allerdings sehr problematisch. Beim Betriebssystem

Real-Time Unix hat man einen von den Funktionen her zu Unix kompatiblen Systemkern völlig neu konzipieren und kodieren müssen, um dem Prinzip der verdrängenden Kontextumschaltung Rechnung zu tragen.

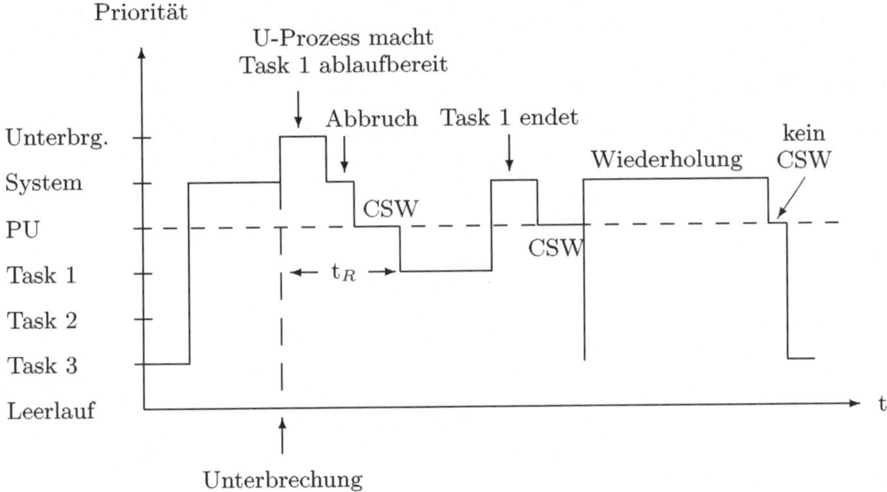

Abb. 4.15. Implementierung des Beispiels aus Abb. 4.14 mit verdrängender Kontextumschaltung

Abb. 4.15 [61] zeigt deutlich, wie die Anwendung des Verfahrens der verdrängenden Kontextumschaltung die Reaktionszeit t_R erheblich verkleinert und vor allem bei entsprechender Konzeption der Systemfunktionen nach oben hin begrenzt. Will man möglichst kurze Reaktionszeiten erzielen, müssen alle Systemfunktionen so kodiert werden, dass sie nach Abbruch später von den aufrufenden Prozessen nur komplett von vorne wiederholt zu werden brauchen. Vor einem Abbruch wird allerdings immer noch kurz in die abzubrechende Systemfunktion zurückgekehrt, um dieser eine Chance zum geordneten Abbruch zu geben. So ist auch Abb. 4.15 zu verstehen: Task 3 erhält mit ihrem Kontext den Wert des Programmzählers, der auf den Maschinenbefehl zum sofortigen (Wieder-) Aufruf der Systemfunktion zeigt. Zwar wird hierbei Prozessorleistung verworfen, jedoch geht der (kaum messbare) Leistungsverlust ausschließlich zu Lasten des weniger wichtigen Prozesses.

Möglichkeiten zur Einplanung

Bei der Konzeption von RTOS-UH wurde darauf geachtet, dass zur Einplanung von Tasks ein breites Spektrum von Möglichkeiten bereit steht [56]. Die Fähigkeit, Aktivierung und Fortsetzung von Tasks von dem Eintreten unterschiedlichster Ereignisse abhängig zu machen, erlaubt es, Programmsysteme zu erstellen, die zum einen sehr schnell und zu anderen sehr flexibel auf äußere Gegebenheiten regieren können. In der Kombination von PEARL mit RTOS-UH sind folgende Einplanungsmöglichkeiten gegeben:

- Eine Task kann in Abhängigkeit einer Unterbrechung gestart werden.
- Der Start einer Task lässt sich um eine vorgegebene Zeit verzögern.
- Eine Task kann mit angegebenen Anfangs- und Endzeitpunkten periodisch gestartet werden.
- Der Zeitpunkt eines Taskstarts lässt sich genau festlegen.

Alle diese Möglichkeiten lassen sich auch kombiniert anwenden und so maßgeschneiderte Lösungen für die verschiedensten Einsatzfälle zu.

5

Echtzeitkommunikation

Durch die zunehmende Dezentralisierung von Sensoren, Aktoren und Verarbeitungseinheiten sind Rechnernetze erforderlich, die bestimmte Reaktionszeiten einhalten müssen. Sie stellen somit eine wichtige Infrastruktur in der Systemarchitektur von Echtzeitsystemen dar.

Ausgehend von den Anforderungen an die Echtzeitkommunikation (Abschnitt 5.1), werden in diesem Kapitel Architektur (Abschnitt 5.2) und grundlegende Transaktionsmodelle (Abschnitt 5.3) von Echtzeitkommunikationssystemen beschrieben. Im Anschluss wird der Fokus auf Schicht 2 im dreischichtigen OSI-Modell gelegt, da sie die Echtzeiteigenschaften der industriellen Kommunikation wesentlich prägt. Hierzu werden die grundlegenden Medienzugriffs- (Abschnitt 5.4.1) und Fehlererkennungsverfahren (Abschnitt 5.4.2) erläutert. Abschnitt 5.5 beschäftigt sich schließlich mit Zeitsynchronisation, die für verschiedenste Zwecke in vernetzten Echtzeitsystemen von Bedeutung ist.

5.1 Echtzeitanforderungen an Kommunikationssysteme

In diesem Abschnitt werden die echtzeitspezifischen Anforderungen an Kommunikationssysteme beschrieben. Nichtfunktionale Anforderungen an Echtzeitkommunikationssysteme lassen sich durch Einhalten von Zeitschranken und Anforderungen an Synchronität umschreiben. Für die Auslegung von Echtzeitsystemen ist Vorhersagbarkeit der Einhaltung von Zeitschranken ein weiteres wichtiges Kriterium.

5.1.1 Charakteristik von Echtzeitanwendungen

Echtzeitanwendungen sind entweder nach dem zeitgesteuerten oder dem ereignisgesteuerten Prinzip [93] strukturiert. Zeitgesteuerte Anwendungen arbeiten periodisch. Sie warten auf den Beginn einer Periode, tasten die Eingänge ab und berechnen auf Grund von Algorithmen neue Ausgangswerte. Periodizität ist nicht zwingend Voraussetzung, vereinfacht aber die Algorithmen. Die digitale Regelungstechnik setzt oft ein periodisches Verhalten voraus. Weiterhin wird angenommen, dass die zeitlichen Schwankungen (Jitter) und die Latenzzeit von den Ein- zu den Ausgaben begrenzt sind.

Ereignisorientierte Anwendungen werden durch Eintritt von Ereignissen aktiviert. Ein Ereignis kann die Ankunft einer Nachricht mit einem neuen Kommando oder eine Fertigmeldung sein. Wird ein Ereignis empfangen, berechnet die Anwendung eine entsprechende Antwort. Diese wird dann als Ereignis zu einer anderen lokalen oder entfernten Anwendung geschickt. Die Zeit zwischen der Erzeugung eines Eingangsereignisses und dem Empfang der entsprechenden Antwort muss ebenfalls begrenzt sein. Dieser Wert ist Teil der Anforderungen der Anwendung und des Kommunikationssystems, wenn die Ereignisse über ein Netz transportiert werden müssen.

Weiterhin sollten Anwendungen in der Lage sein, die Reihenfolge von Ereignissen bestimmen zu können. Das ist unproblematisch, wenn ein Ereignis auf demselben Knoten empfangen und bearbeitet wird. Wenn Ereignisse jedoch auf unterschiedlichen vernetzten Rechnern bearbeitet werden, dann kann das Netz zusätzliche Verzögerungszeiten hervorrufen.

In manchen Anwendungen müssen die Aktionen der beteiligten Knoten synchronisiert werden. Eine Möglichkeit dazu besteht in der Verwendung von Broadcast-Mechanismen. Eine weitere besteht in der Synchronisation verteilter Uhren (siehe Abschnitt 5.5).

Bevor die echtzeitspezifischen Anforderungen im automatisierungstechnischen Kontext erläutert werden, soll zunächst noch ein Blick auf die Echtzeitanforderungen im Bereich der Internet-Protokolle geworfen werden.

5.1.2 Echtzeitanforderungen an die Übertragung von Multimediadaten

In den Standardisierungen von Internet-Protokollen durch die IETF oder für lokale Netze durch die IEEE stehen bei Echtzeitanwendungen vor allem kontinuierliche Multimediadatenströme, wie z.B. für Sprach- und Videoübertragungen, im Mittelpunkt des Interesses. Für Latenzzeiten sind in der Literatur unterschiedliche Werte zu finden. Für die IP-Telefonie empfiehlt die Richtlinie ITU-T G.114 eine maximale obere Grenze der Latenzzeit von 150 ms für die meisten Anwendungen [84]. Die tolerierbare Latenzzeit für Videokonferenzen liegt in einem Bereich von 200 ms bis 300 ms. Die in Tabelle 5.1 dargestellten Echtzeitanforderungen für Multimedia-Anwendungen lassen Paketverluste in einem bestimmten Umfang zu.

5.1.3 Echtzeitanforderungen in der industriellen Kommunikation

Ein wichtiges Anwendungsfeld für Echtzeitkommunikation ist die industrielle Automatisierungstechnik. Hier werden technische Prozesse von Echtzeitsyste-

Tabelle 5.1. Medienbezogene Kommunikationsanforderungen nach [138]

	Audio (Sprache)	Video unkomprimiert	Video komprimiert
Datenrate	16 ... 64 kb/s	10 ... 100 Mb/s	64 kb/s ... 100 Mb/s
Latenzzeit	250 ms	250 ms	250 ms
Tolerierbarer Jitter	10 ms	10 ms	1 ms
Paketverlustrate	10^{-2}	10^{-2}	10^{-11}

men mit Hilfe von Sensoren und Aktoren gesteuert oder geregelt. Die Echtzeitsysteme müssen auf Grund von Zustandsinformationen aus den technischen Prozessen innerhalb durch deren Dynamik bestimmter Zeitintervalle mit neuen Stellwerten reagieren. Die Echtzeitsysteme selbst können aus mehreren Verarbeitungs-, Sensor- und Aktorknoten bestehen, die über Kommunikationssysteme miteinander verbunden sind.

In industriellen Anwendungen übertragen Echtzeitkommunikationssysteme Prozess- und Konfigurationsdaten, Parameter und Programme. Daher müssen mindestens drei verschiedene Formen des Datenaustauschs bedient werden:

- periodischer Echtzeitdatenaustausch,
- sporadischer (aperiodischer) Echtzeitdatenaustausch und
- nicht zeitkritischer Datenaustausch.

Der nicht zeitkritische Datenaustausch wird beispielsweise zur Parametrierung von Netzknoten oder zur Dateiübertragung genutzt. Periodischer Datenaustausch ist typisch für zeitgesteuerte Echtzeitanwendungen.

Abb. 5.1 zeigt eine verteilte Automatisierungsstruktur, in der ein Echtzeitkommunikationssystem für die Vernetzung der beteiligten Sensoren, Aktoren und Verarbeitungseinheiten verantwortlich ist. Werden Regelkreise an einer oder mehreren Stellen über Echtzeitkommunikationssysteme geschlossen, so werden diese Automatisierungssysteme auch Networked Control Systems (NCS) genannt [102]. Da die Kommunikationssysteme in diesem Fall Teil von Regelkreisen sind, spielt die Rechtzeitigkeit des Datenaustauschs und der Jitter der Übertragung eine zentrale Rolle für die erreichbare Funktionalität der Automatisierungslösung.

Die industrielle Automatisierungstechnik lässt sich grob in drei Anwendungsbereiche einteilen. Tabelle 5.2 gibt einen qualitativen Anhaltspunkt für deren zeitliche Anforderungen.

Wirft man einen genaueren Blick in das Anwendungsgebiet Fertigungstechnik mit seinen hohen zeitlichen Anforderungen, so können die Echtzeitbedingungen gemäß Tabelle 5.3 nach den dort vorherrschenden Anwendungen klassifiziert werden. Dabei gilt die Dienstgüteklasse 1 für die Kommunikation zwischen Steuerungen oder Visualisierungssystemen, beispielsweise für die Übertragung von Statusmeldungen oder Sollwertvorgaben. In dieser Klasse werden moderate Latenzzeiten gefordert, aber keine besonderen An-

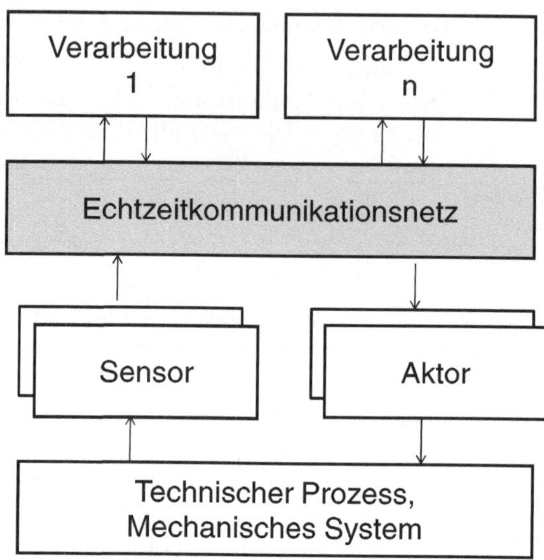

Abb. 5.1. Echtzeitkommunikationssysteme als Bestandteile von Automatisierungsstrukturen

Tabelle 5.2. Zeitliche Anforderungen in der Feldebene nach [152]

Anwendungsbereich	Anforderung an Latenzeiten in der Feldebene [ms]
Gebäudetechnik	50 − 100
Prozesstechnik	10 − 100
Fertigungstechnik	<10

forderungen an den Jitter der Übertragung gestellt. Die Anforderungen an die Echtzeitfähigkeit eines Kommunikationssystems bei der Kommunikation zwischen Steuerungen und dezentraler Digital- oder Analogperipherie bilden die Dienstgüteklasse 2. Die höchsten Anforderungen stellen durch über ein Netz synchronisierte Bewegungsabläufe, z.B. von Mehrachsensystemen. Hier sind nur Latenzzeiten im Submillisekundenbereich sowie Jitter $\leq 1\ \mu s$ zulässig.

Tabelle 5.3. Klassifizierung der Echtzeitanforderungen in der Fertigungstechnik nach [86]

Dienstgüteklasse	Anwendung	Echtzeitbedingungen	
		Latenzzeit [ms]	Jitter [ms]
1	Steuerung zu Steuerung, Visualisierung	10 − 100	./.
2	Steuerung zu dezentrale Peripherie	1 − 10	≈ 1
3	Synchronisierte Bewegungsabläufe	≤ 1	$\leq 10^{-3}$

5.2 Architektur von Echtzeitkommunikationssystemen

Kommunikation ist der zeitlich und logisch ablaufende Vorgang eines Nachrichtenaustauschs zwischen mindestens zwei Automaten [51]. Kommunikationssysteme folgen dabei häufig dem Architekturstil der geschichteten Kommunikation. Für die Systematisierung und den strukturierten Aufbau von Kommunikationssystemen hat sich das OSI-Referenzmodell (OSI: Open Systems Interconnection) der ISO durchgesetzt [83]. Es hat sich gegenüber den bisherigen Weiterentwicklungen der Rechnernetze als robust erwiesen, auch wenn es in seiner internen Struktur durch Integrationsbemühungen zunehmend komplexer geworden ist [30].

In Tabelle 5.4 sind die sieben Schichten des Modells mit ihren Kernaufgaben dargestellt. Das OSI-Modell lässt sich in netzorientierte (1–3) und Ende-zu-Ende-orientierte Schichten (4–7) einteilen. In der Literatur ist auch die Einteilung in transport- (1–4) und anwendungsorientierte (5–7) Schichten zu finden. Das OSI-Modell hat seine Wurzeln in den Weitverkehrsnetzen, weshalb die Verwendung des Zeitbegriffs nicht explizit vorgesehen ist. Die Einhaltung von Echtzeitanforderungen ist nicht Aufgabe einer einzelnen Schicht, sondern das Ergebnis des Zusammenwirkens aller beteiligten Kommunikationsschichten. Ende der 1980er Jahre bestand eine wichtige Fragestellung darin, wie viele Schichten für ein Echtzeitkommunikationssystem notwendig sind [148]. Eine der ersten „reduzierten" Architekturen war das Mini-MAP [104], das nur über drei Schichten verfügte. Dieses in Abb. 5.2 dargestellte Modell hat sich in der industriellen Echtzeitkommunikation aus Gründen der hohen Zeitanforderungen, der ressourcenbeschränkten Endgeräte und des reduzierten Funktionsumfanges schnell durchgesetzt.

Tabelle 5.4. Die sieben Schichten des OSI-Referenzmodells

Schicht	Name	Aufgabe	Einheiten
7	Anwendung	Schnittstelle zur Anwendung Bereitstellung häufig benutzter Dienste wie Dateitransfer oder Web-Zugriff	Daten
6	Präsentation	Festlegung von Datenformaten zwischen Anwendung und Kommunikation	Daten
5	Sitzung	Steuerung der Kommunikationsabläufe	Daten
4	Transport	Zerlegung von Nachrichten in Segmente, zuverlässige Datenübertragung	Segment
3	Netz	Herstellung logischer Verbindungen zwischen Netzknoten, Routing	Paket
2	Sicherung	Gesicherte Übertragung von Nachrichten, Medienzugriff	Rahmen
1	Bit- übertragung	Übertragung von Bitströmen, Festlegung der elektrischen und mechanischen Eigenschaften des Übertragungsmediums	Bit

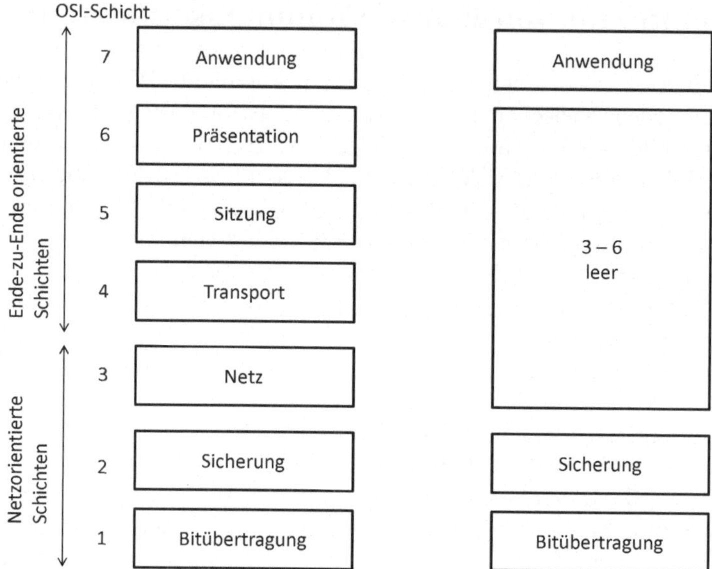

Abb. 5.2. Das OSI-Referenzmodell und das häufig in der industriellen Kommunikation eingesetzte Dreischichtenmodell

Wie in Abb. 5.3 dargestellt, bietet jede Kommunikationsschicht i einen höherwertigen Dienst in Bezug auf die unterlagerte Schicht (i-1) an. Dienste werden dem Dienstnutzer an so genannten Dienstzugangspunkten (Service Access Point, SAP) in Form von Dienstsignalen zur Verfügung gestellt. Dienstsignale bestehen aus Steuer- und Meldungssignalen, die zwischen dem Dienstnutzer und dem Diensterbringer ausgetauscht werden. Die Funktionalität einer Kommunikationsschicht i wird durch die beiden i-Partnerinstanzen erbracht. Die hierachische Dienststruktur impliziert, dass sich die Instanzen einer Schicht i der Dienste der unterlagerten Schicht (i-1) bedienen können. Daher ist sie Diensterbringer und -nutzer zugleich. Da die Partnerinstanzen auf zwei räumlich getrennten Systemen A und B verteilt sind, müssen sie ihre Dienstleistung koordinieren. Das geschieht durch den Austausch so genannter Protokolldateneinheiten (Protocol Data Unit, PDU). Eine PDU setzt sich aus der eigentlichen Dienstdateneinheit (Service Data Unit, SDU), also der am i-SAP übergebenen Nutzlast, sowie entsprechender Protokollsteuerinformation (Protocol Control Information, PCI) für die Koordination der Partnerinstanzen zusammen. Art, Umfang und Inhalt der i-PDUs hängen von der Aufgabe der jeweiligen Schicht i ab und werden i-Protokoll genannt. Die scheinbar horizontal stattfindende Kommunikation der i-Instanzen (Peer-to-Peer Communication) ist aber nur virtuell. Tatsächlich findet sie durch Inanspruchnahme der Dienste der unterlagerten Schicht (i-1) entlang der vertikalen Schichtenhierachie statt. Hierzu wird die i-PDU über den (i-1)-SAP als (i-1)-SDU in der Schicht (i-1) weiterverarbeitet. Dieser Vorgang wird Einkapselung genannt.

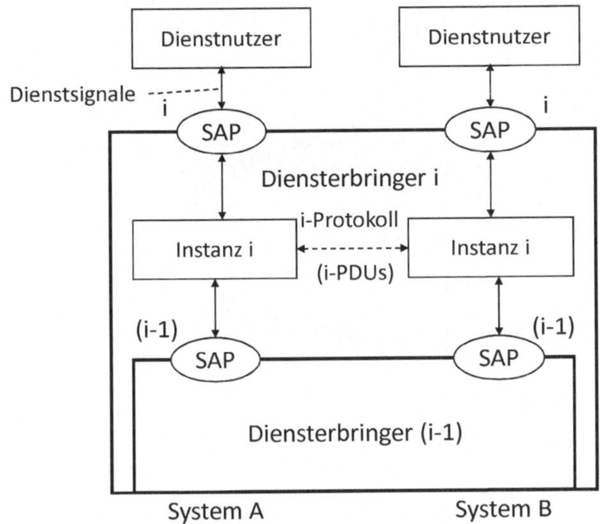

Abb. 5.3. Dienste und Protokolle in Anlehnung an [51]

5.3 Transaktionsmodelle

Es gibt verschiedene Möglichkeiten der Kooperation verteilter Anwendungsprozesse. Hier sollen das Client/Server-Modell und das Erzeuger/Verbraucher-Modell vorgestellt werden.

5.3.1 Client/Server-Modell

Das bekannteste Transaktionsmodell ist das Client/Server-Modell. Dieses Modell beschreibt eine Eins-zu-Eins-Verbindung zwischen zwei Instanzen und besteht aus den vier Dienstprimitiven *Request* (req), *Indication* (ind), *Response* (resp) und *Confirmation* (conf). Dienstprimitive sind eine abstrakte Repräsentation der Interaktionen zwischen einem Dienstnutzer und einem Diensterbringer an einem Dienstzugangspunkt.

Der Ablauf einer solchen Transaktion ist in Abb. 5.4 durch ein Sequenzdiagramm visualisiert. Dabei steht „xxx" vor den Dienstprimitiven für den jeweiligen Dienst. Die Dienstprimitive *Request* und *Confirmation* findet man auf der Seite des Klienten, während die Primitive *Indication* und *Response* auf der Seite des Servers zu finden sind. Der Klient leitet eine Transaktion mit einen *Request* ein. Dazu wird dem Server eine entsprechende Protokolldateneinheit (PDU) zugestellt. Innerhalb des Servers führt dies zu einer *Indication*, die dem Server einen Auftragseingang signalisiert. Hat der Server den Auftrag bearbeitet, bereitet er die *Response* auf. Die *Response* wird als PDU zurück an den Klienten übertragen und erzeugt dort eine Auftragsbestätigung (*Confirmation*). Die Client/Server-Transaktion stellt somit aus Sicht des Klienten einen bestätigten Dienst dar.

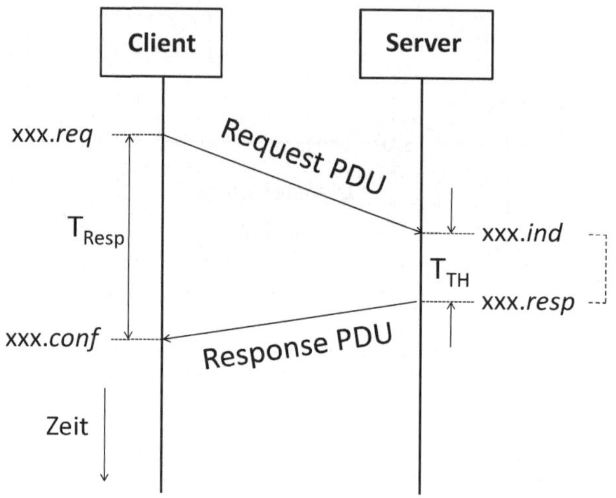

Abb. 5.4. Client/Server-Modell

Dieses Kooperationsmodell kann grundsätzlich für jede Form des Datenaustauschs zwischen zwei Anwendungsprozessen genutzt werden. Mit Hilfe des Client/Server-Modells können Dienste zum Lesen und Schreiben von Objekten, als auch zur Konfiguration und Parametrierung von Knoten realisiert werden. Die Zeitbedingungen einer Client/Server-Transaktion können als Zeitintervall zwischen zwei Dienstprimitiven ausgedrückt werden. Eine sehr gebräuchliche Notation ist die Antwortzeit T_{resp} zwischen einem *Request* und der zugehörigen *Response*. In dieser Zeit ist auch die Bearbeitungszeit des Servers T_{TH} mit enthalten. Das Client/Server-Modell ist für die gleichzeitige Kooperation von mehr als zwei Anwendungsprozessen nicht geeignet. Es sei aber angemerkt, dass die Rollen Klient und Server funktional zu betrachten sind, durchaus in einem Gerät gleichzeitig vorhanden sein können und daher nicht mit dem Begriff der Client/Server-Netze verwechselt werden sollten.

5.3.2 Erzeuger/Verbraucher-Modell

Bei diesem Transaktionsmodell gibt es bezüglich einer Variablen oder eines Objektes einen Erzeuger (Producer) und einen oder mehrere Verbraucher (Consumer). Der Erzeuger veröffentlicht den aktuellen Wert entweder periodisch oder ereignisgesteuert an die interessierten Teilnehmer, ohne diese explizit zu adressieren. Dieses Transaktionsmodell ist besonders gut für 1:n-Beziehungen geeignet. In diesem Fall wird die Distribution der Nachrichten mit Hilfe von Multi- oder Broadcast-Mechanismen realisiert. Wie in Abb. 5.5 dargestellt, wird auf der Erzeugerseite auf Grund einer Anforderung (*Request*) eine PDU an alle Verbraucher übertragen. Auf deren Seite wird lokal jeweils eine *Indication* hervorgerufen, um die Ankunft zu signalisieren. Aus Sicht eines Klienten handelt es sich um einen unbestätigten Dienst.

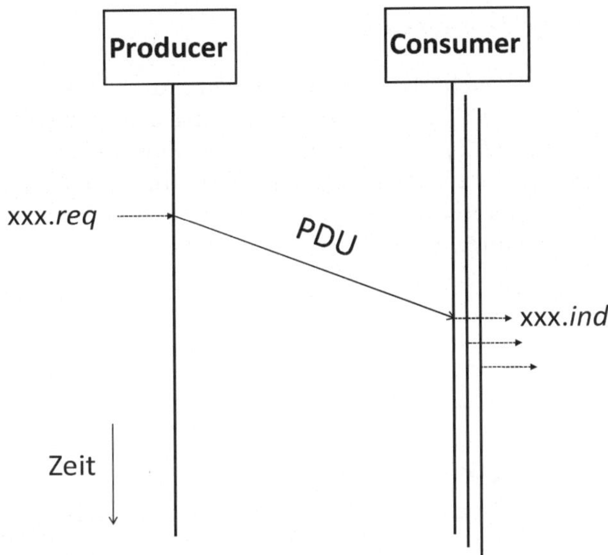

Abb. 5.5. Erzeuger/Verbraucher-Modell

Werden Daten periodisch an einen Verbraucher übermittelt, gibt es zwei zu unterscheidende Prinzipien des Datenverwaltung: Die Übertragung kann auf Basis einer Warteschlange oder eines Puffers organisiert werden. Bei Verwendung einer Warteschlange besteht der Vorteil, dass ankommende Daten nicht verloren gehen können – vorausgesetzt, die Warteschlange ist tief genug. Bei einem Puffer (Warteschlange der Tiefe 1) können noch nicht gelesene Daten durch aktuellere Werte überschrieben werden.

5.4 Sicherungsschicht

Für das Echtzeitverhalten industrieller Kommunikationssysteme ist die gerätenahe Sicherungsschicht (OSI-Schicht 2) von großer Bedeutung. Sie hat folgende Kernaufgaben:

- Medienzugriffssteuerung,
- Fehlersicherung,
- physikalische Addressierung und
- Rahmenbildung.

Im Folgenden werden die wesentliche Konzepte der Schicht 2 mit direktem Bezug zur Echtzeitkommunikation vorgestellt. Hierzu gehören insbesondere Medienzugriffssteuerung und Fehlersicherung.

5.4.1 Medienzugriffssteuerung

Wenn sich zwei oder mehr Knoten ein gemeinsames Übertragungsmedium teilen müssen, so ist ein Verfahren zur Steuerung des Medienzugriffs (Medium Access Control, MAC) erforderlich. Bei den Zugriffsverfahren stehen die ereignisgesteuerten, also zufallsabhängigen, Verfahren den zeitgesteuerten, also kontrollierten, Verfahren gegenüber. Letztere werden auch Time Division Multiple Access-Verfahren (TDMA) genannt.

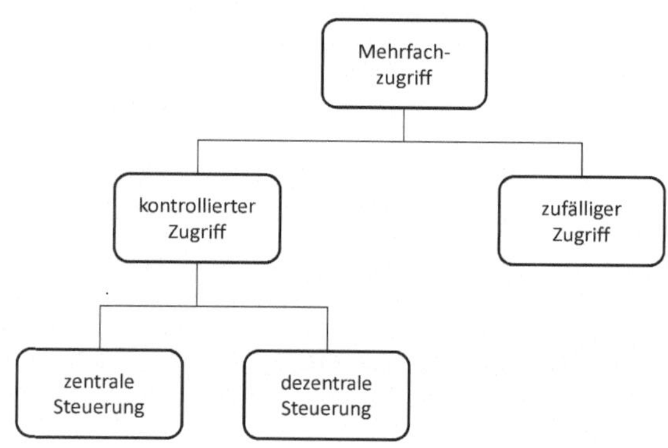

Abb. 5.6. Klassifikation der MAC-Verfahren

Die kontrollierten Zugriffsverfahren lassen sich in zentral und dezentral gesteuerte unterteilen. Kommunikationssysteme mit zentraler Medienzugriffsteuerung besitzen eine spezielle, ausgezeichnete Arbitrierungseinheit, häufig auch *Master* genannt. Aus Sicht des Masters verhalten sich alle anderen Knoten wie passive Knoten (*Slaves*), weshalb man in diesem Fall auch von einem Master/Slave-Konzept spricht. Die meisten Feldbussysteme, z.B. Interbus [82] oder Profibus-DP [81], arbeiten nach diesem Prinzip.

Im Falle der dezentralen Vergabe müssen sich die Knoten mittels geeigneter Verfahren absprechen, wer den Medienzugang erhält. Hier kann ein beliebiger Knoten zeitweise die Funktion eines Masters übernehmen. Ein Beispiel hierfür ist das bei Profibus-FMS angewandte Token-Verfahren [16]. Hier kreist eine Pfandmarke (Token) von einem aktiven Knoten zum nächsten. Nur wer im Besitz des Tokens ist, darf für eine begrenzte Zeit das Medium belegen. Bei diesem Verfahren spricht man häufig auch von einem Multimaster-Verfahren.

Ein weiteres Beispiel für ein dezentral gesteuertes Zugriffsverfahren ist das Time-Triggered-Protocol (TTP) [94]. Während der Projektierung wird eine statische Zugriffstabelle festgelegt, die in jedem Knoten abgelegt wird und die Zugriffszeitpunkte aller Knoten festlegt. Dem Ethernet-basierten Profinet-IRT liegt ein ähnliches Prinzip zugrunde [85]. Notwendige Voraussetzung für diese Verfahren ist ein möglichst genaues Zeitverständnis aller beteiligten Knoten (vgl. Abschnitt 5.5).

Neben diesen kontrollierten Zugriffsverfahren gibt es aber auch die Gruppe von Kommunikationssystemen, die den Medienzugriff mehr oder weniger zufallsbasiert ausführen. In diese Gruppe gehören Verfahren, die einen Kanal belegen, ohne zu prüfen, ob dadurch eine gerade laufende Übertragung gestört wird. Erst anhand der Quittung des Empfängers erkennt der Sender, ob eine Nachricht erfolgreich übertragen wurde. Ein Beispiel dafür ist das Aloha-Verfahren [1].

Eine weitere Klasse in dieser Gruppe sind Verfahren, die durch eine „Carrier-Sense"-Funktion zunächst prüfen, ob ein Kommunikationskanal schon belegt ist. Wenn mehrere Teilnehmer gleichzeitig auf einen unbelegten Kanal zugreifen, kommt es zu einer Kollision. Diese wird durch Zurückziehen aller sendenden Teilnehmer und erneutem Sendeversuch nach einer zufälligen Wartezeit aufgelöst. Dieses Verfahren wird Carrier Sense Multiple Access – Collison Detection (CSMA/CD) genannt und ist in der Richtlinie IEEE 802.3 (Ethernet) spezifiziert [79]. Auf Grund der zufälligen Zeitspanne kann keine sinnvolle maximale Übertragungsdauer für eine Nachricht angegeben werden.

Ebenfalls in die Gruppe der Verfahren mit zufälligen Zugriff gehört Carrier Sense Multiple Access – Collison Avoidance (CSMA/CA). Dieses Verfahren ist CSMA/CD ähnlich, im Falle einer Kollision setzt sich aber die Nachricht mit der höchsten Priorität durch. Die Priorität wird im Übertragungsrahmen durch ein so genanntes Arbitrierungsfeld festgelegt. In der Arbitrierungsphase ziehen sich alle Sender mit niedrigerer Priorität zurück und versuchen später erneut eine Übertragung. Ein Sender, der einen Kanal mit hochprioren Nachrichten monopolisiert, wird *Babbling Idiot* genannt. Für CSMA/CA-Verfahren, zu dem auch das CAN-Protokoll gehört, kann ohne weitere Vorkehrungen nur für die Nachricht mit der höchsten Priorität eine maximale Verzögerungszeit angegeben werden [20, 17].

Zur Einhaltung harter Zeitschranken seien im Folgenden nur noch Verfahren mit koordiniertem Medienzugriff betrachtet. Dazu gehören die in der Echtzeitkommunikation häufig eingesetzten kontrollierten Zugriffsverfahren

- zentral: Master/Slave- und
- dezentral: Zeitschlitzverfahren.

Master/Slave- (Poll/Select-) Zugriffsverfahren

Beim Master-Slave-Verfahren kontrolliert einer der Knoten (Master) den Kanal-/Buszugriff durch explizites Delegieren der Sendeerlaubnis an die anderen Teilnehmer (Slaves). Abb. 5.7 zeigt die prinzipiellen physikalischen Anordnungen der Knoten, wenn dieses Zugriffsverfahren eingesetzt wird. Es wird zwischen passiver und aktiver Kopplung der Knoten mit dem Medium unterschieden. Bei passiver Kopplung liegt ein Broadcast-Medium vor, mit dem nur Halbduplexbetrieb möglich ist, während bei aktiver Kopplung und N Knoten $N-1$ physikalische Teilstrecken vorhanden sind. Bei aktiver Kopplung haben die Knoten, neben der Verarbeitung der an sie gerichteten Daten, auch die Daten benachbarter Knoten weiterzuleiten.

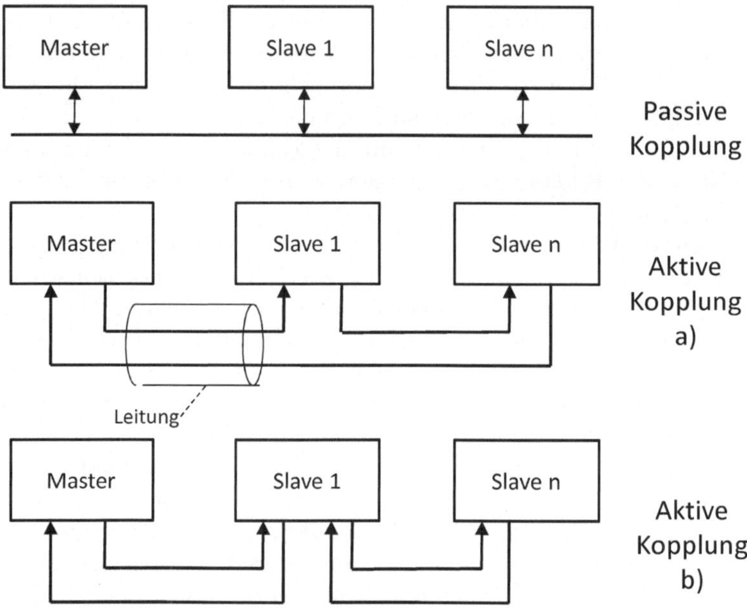

Abb. 5.7. Physikalische Knotenanordnung bei Master/Slave-Zugriff

Bei Systemen mit Ringtopologie ist noch eine Rückleitung vom letzten Slave zum Master vorhanden (Abb. 5.7a). Diese kann, wie bei Ethercat oder Interbus, auch durch die Knoten zurückgeführt werden, was dann zur Anordnung gemäß Abb. 5.7b führt. Hiermit steht die Möglichkeit der Vollduplexübertragung zur Verfügung.

Die Slaves werden üblicherweise durch den Master zyklisch abgefragt (polling). Sobald ein Slave angesprochen wurde, kann er seine Daten senden, um sich anschließend wieder in den Ruhezustand zu versetzen. Dann wird der nächste Slave angefragt. Bei der Nachrichtenzustellung haben folgende Verfahren im Zusammenhang mit Master/Slave-Systemen praktische Bedeutung erlangt:

- Individualrahmen und
- Summenrahmen.

Wie schon der Name nahe legt, wird jedem Slave beim Individualrahmenansatz ein eigener Rahmen mit Daten vom Master zugestellt und jeder Slave erzeugt einen weiteren Rahmen für das Antworttelegramm an den Master. Beim Summenrahmenverfahren werden die zu übertragenden Daten hingegen vom Master an die verschiedenen Slaves in einen Rahmen verpackt. Die Slaves wissen auf Grund ihrer physikalischen Lage oder durch entsprechende Projektierung, welcher Teil des Rahmens für sie zum Empfang und Senden von Daten bestimmt ist.

Abb. 5.8 zeigt ein Ort-Zeitdiagramm für ein Szenarium mit einem Master und zwei Slaves, links dargestellt für die Zustellung mit individuellen Rahmen (a) und rechts unter Benutzung des Summenrahmenansatzes (b). Letzterer wird üblicherweise in Zusammenhang mit einem Vollduplexkanal eingesetzt, während das Verfahren der Individualrahmen sowohl für Halb- als auch Vollduplexkanäle anwendbar ist.

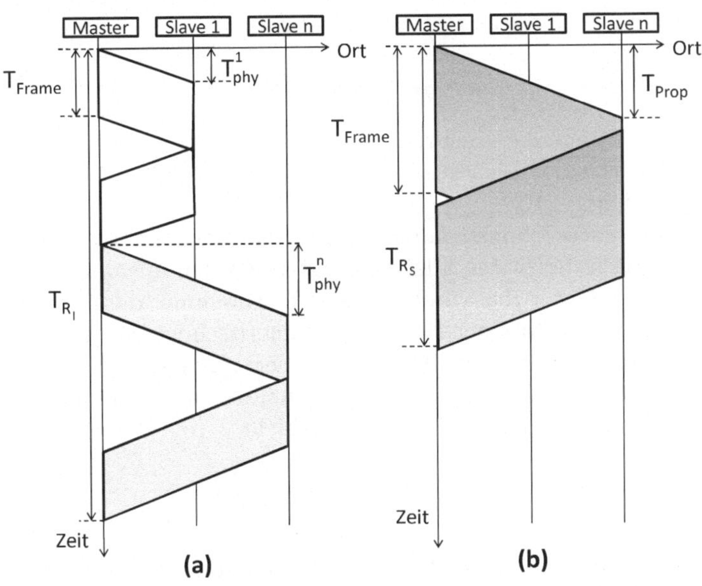

Abb. 5.8. Ort-Zeitdiagramm für Individual- und Summenrahmen

Die Parallelogramme in Abb. 5.8 stellen die zeitliche und räumliche Ausbreitung von Rahmen dar. Die Höhe eines Parallelogramms ist durch die notwendige Zeit für die Übertragung eines Rahmens T_{Frame} am Sender bestimmt, die sich auf Grund der Übertragungsdauer eines Bits T_{Bit} und der Anzahl n zu übertragender Oktetts[1] mit dem Faktor $k \geq 8$ für den Overhead der Schicht 1 zur Übertragung eines Oktetts des Rahmens wie folgt bestimmt:

$$T_{Frame} = k \cdot n \cdot T_{Bit}$$

Die Anzahl pro Rahmen zu übertragender Oktetts n setzt sich wiederum aus der Größe des Rahmen-Overheads n_{OV} und der Anzahl an Nutzdaten n_{PL} (in Vielfachen von Oktetts) zusammen:

$$n = n_{OV} + n_{PL}$$

---

[1] Ein Oktett ist in Abgrenzung zum Begriff Byte immer eine geordnete Zusammenstellung von 8 Bits.

Somit ergibt sich für die Rahmentransferzeit:

$$T_{Frame} = k \cdot (n_{OV} + n_{PL}) \cdot T_{Bit}$$

Der Winkel des Parallelogramms wird durch die Laufzeit T_{Prop} entlang des Weges zwischen Sender und Empfänger bestimmt. Hierzu sind sowohl die physikalische Ausbreitungsgeschwindigkeit auf dem Medium T_{Ph} als auch die Weiterleitungszeit T_{Fwd} in den aktiven Zwischensystemen entlang des Weges vom Sender zum Empfänger zu berücksichtigen:

$$T_{Prop} = T_{Ph} + T_{Fwd}$$

Beispielsweise beträgt die Ausbreitungsgeschwindigkeit auf einem Kupferkabel ca. zwei Drittel der Lichtgeschwindigkeit, so dass $T_{Ph} = 0,5\mu s$ für eine 100 m lange Leitung ist.

In der Automatisierungstechnik ist die Reaktionszeit T_R wichtig, da sie die zum Austausch der Daten aller beteiligten Knoten mit dem Master benötigte Zeit angibt. Unter der vereinfachenden Annahme, dass die Anzahl der Daten in Sende- und Empfangsrichtung symmetrisch ist und ein Halbduplexübertragungskanal (Broadcast-Medium) vorliegt ($T_{Fwd} = 0$), ergibt sich mit der Anzahl i von Slave-Knoten für ein Kommunikationssystem auf Basis von Individualrahmen eine Reaktionszeit der Schicht 2 von:

$$T_{R_I} = 2 \cdot (i \cdot T_{Frame_I} + \sum_i T_{Ph}^i)$$

Für ein System auf Basis eines Summenrahmens und Nutzung eines Vollduplexkanals ergibt sich die Reaktionszeit der Schicht 2 zu:

$$T_{R_S} = T_{Frame_S} + 2 \cdot T_{Prop}$$

$$T_{R_S} = T_{Frame_S} + 2 \cdot \sum_i (T_{Ph}^i + T_{Fwd}^i)$$

Für Feldbussysteme, die typischerweise eine geringe Übertragungsrate und Weiterleitungszeit T_{Fwd} aufweisen, sind die erreichbaren Reaktionszeiten bei kleiner Nutzlast pro Knoten und Summenrahmenansatz deutlich günstiger als bei Verwendung eines Individualrahmenverfahrens.

Zeitschlitzverfahren

Das Zeitschlitzverfahren gibt den beteiligten Knoten in festgelegten Zeitabschnitten die Gelegenheit, ein Medium zu belegen. Die Zeitabschnitte werden in der Regel bei der Projektierung geplant. Bei einem echtzeitfähigen Ethernet-System wird der Übertragungszyklus zunächst in einen Echtzeitkanal und einen Kanal für nicht zeitkritische Übertragung unterteilt. Im nicht zeitkritischen Bereich konkurrieren alle Knoten um den Kanal, während der geplante Echtzeitkanal aus Zeitschlitzen für die beteiligten Knoten besteht (Abb. 5.9). Das TDMA-Verfahren kann mit Hilfe des oben beschriebenen Master/Slave-Verfahrens realisiert werden, wie z.B. bei Ethernet Powerlink [46], oder aber dezentral, wie z.B. bei Profinet-IRT [118, 119]. Bei den dezentral organisierten Verfahren ist genaues Zeitverhalten in den Knoten und mithin präzise Uhrensynchronisation notwendig (vgl. Abschnitt 5.5).

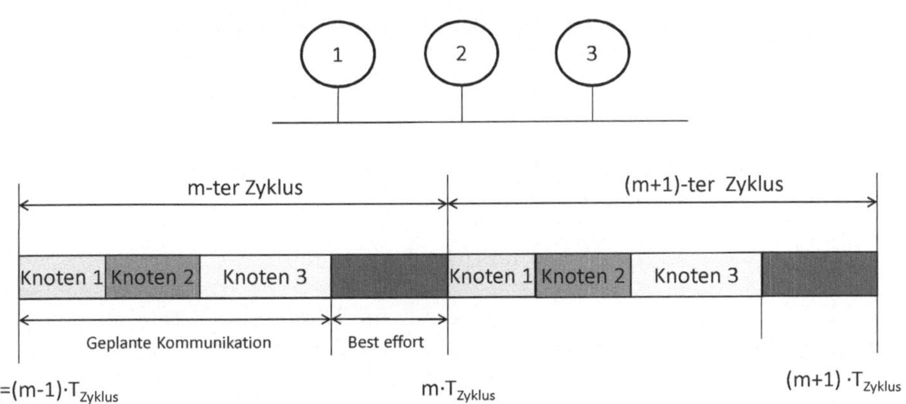

Abb. 5.9. Zeitschlitzverfahren

5.4.2 Fehlersicherung

Im Folgenden werden die am häufigsten in der industriellen Echtzeitkommunikation zu findenden Verfahren zur Fehlererkennung vorgestellt. Sie zeichnen sich insbesondere dadurch aus, dass sie in Hardware ausgeführt werden können und damit schritthaltend zur Übertragung eines Echtzeitkommunikationssystems arbeiten können. Der Empfänger korrigiert mit Fehlererkennungsverfahren nicht, sondern fordert bei erkanntem Blockfehler gegebenenfalls eine Wiederholung an. In Echtzeitkommunikationssystemen wird jedoch häufig die für Anwendungen vorteilhaftere Strategie angewandt, beim Auftreten eines Übertragungsfehlers keine Zeit für die Telegrammwiederholung aufzuwenden, sondern lieber Telegramme mit aktuellen Prozessdaten zu übertragen.

Sehr häufig werden so genannte lineare, systematische (n,i)-Blockcodes (Abb. 5.10) eingesetzt. Systematisch heißt, dass die Informationsbits i unmittelbar im Codewort stehen, was aus implementierungstechnischer Sicht vorteilhaft sein kann. Ein Blockcode heißt linearer Code, wenn die Summe zweier Codewörter wieder ein Codewort ist.

Das Maß für die Fähigkeit eines Codes, die Erkennung oder sogar die Korrektur von Fehlern zu erlauben, wird als Hamming-Distanz bezeichnet. Die Distanz d eines Codes ist als die Anzahl der Stellen definiert, an denen sich zwei Codewörter W_i und W_j unterscheiden, und wird wie folgt notiert:

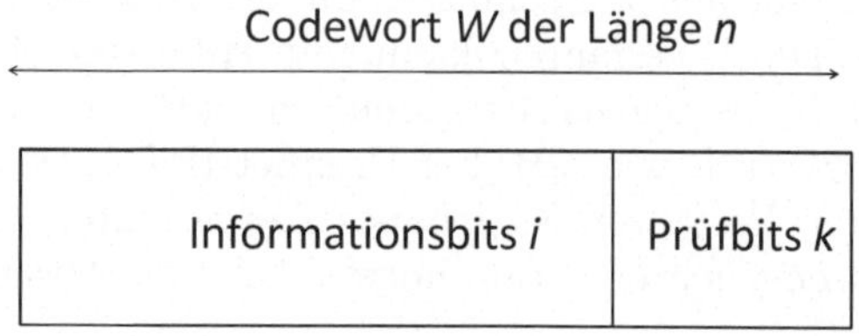

Codewort W der Länge n

Informationsbits i	Prüfbits k

Abb. 5.10. Systematische Blockcodierung

$$d(W_i, W_j)$$

Die Korrektur- und Erkennungsfähigkeit ist durch das Minimum aller im Code vorkommenden Distanzen d, die *Hamming-Distanz h*, bestimmt:

$$\forall i, j \in N : h = \min\{d(W_i, W_j)\} \text{ mit } i \neq j$$

Um t Fehler erkennen zu können, muss für die Hamming-Distanz $h \geq t + 1$ gelten, und um t Fehler zu korrigieren, ist $h \geq 2 \cdot t + 1$ erforderlich.

Kreuzparitätsverfahren

Eine sehr einfache und häufig zur Fehlererkennung eingesetzte Methode ist Paritätsprüfung. Für einen Informationsblock I_s der Länge m in der Form

$$I_s = (I_1, I_2, I_3, ..., I_m)$$

ergibt sich der Übertragungsblock W_s zu

$$W_s = (I_1, I_2, I_3, ..., I_m, P)$$

Darin ist P das Paritätsbit, das für gerade Parität unter Anwendung der Modulo-2-Addition

$$I_1 + I_2 + I_3 ... + I_m + P = 0$$

und für ungerade Parität durch

$$I_1 + I_2 + I_3 ... + I_m + P = 1$$

gebildet werden kann. Paritätsverfahren werden häufig in zeichenorientierten Übertragungssystemen eingesetzt. Mit Hilfe einer Querparität lässt sich die Hamming-Distanz $h = 2$ erreichen. Diese Methode kann durch gleichzeitige Anwendung einer Längsparität zum Verfahren der Kreuzparität erweitert werden. Eine gerade Querparität (V) erstreckt sich beispielsweise über eine Zeile z mit der Bedingung

$$I_{z1} + I_{z2} + I_{z3} ... + I_{zj} + P_{Vz} = 0$$

und die longitudinale Prüfung (L) über eine Spalte j mit der Bedingung

$$I_{1j} + I_{2j} + I_{3j} \ldots + I_{zj} + P_{Lj} = 0$$

Tabelle 5.5 zeigt die Anwendung der Blockcodierung. Die Bits eines Zeichens werden bitweise von links nach rechts und die Zeichen von oben nach unten übertragen. Das Kreuzparitätsverfahren hat eine Hamming-Distanz von $h = 3$ und ist damit in der Lage, zwei Fehler sicher zu erkennen und im Schnittpunkt von Spalte und Zeile einen Fehler zu korrigieren.

Tabelle 5.5. Blockcodierung durch Anwendung der Kreuzparität

I_{11}	I_{12}	I_{13}	I_{1j}	P_{V1}
I_{21}	I_{22}	I_{23}	I_{2j}	P_{V2}
I_{z1}	I_{z2}	I_{z3}	I_{zj}	P_{V3}
P_{L1}	P_{L2}	P_{L3}	P_{Lj}	$P_{V(j+1)}$

Prüfsummenverfahren

Besondere Bedeutung für industrielle Kommunikationssysteme haben zyklische Codes, die eine Untermenge der systematischen Blockcodes darstellen. Zur Realisierung ist sende- und empfangsseitig lediglich nur je ein linear rückgekoppeltes Schieberegister erforderlich. Daher lassen sich Prüfsummen für den Cyclic Redundancy Check (CRC) während des Sende- bzw. Empfangsvorgangs auch bei hoher Übertragungsrate schritthaltend berechnen. Ein zyklischer Code wird durch ein Generatorpolynom $G_{(x)}$ festgelegt. Zur Erzeugung der k Prüfbits eines Codewortes $W_{(x)}$ wird ein Generatorpolynom mit dem Grad $k = grad[G_{(x)}]$ benötigt. Abb. 5.11 zeigt den prinzipiellen Ablauf des Verfahrens von der Quelle zur Senke unter Einsatz zyklischer Codierung für die Fehlersicherung.

Die Quelle Q erzeugt den i-stelligen Nutzdatenstrom $I_{(x)}$ und der Sender daraufhin das entsprechende Codewort $W_{(x)}$ gemäß

$$W_{(x)} = x^k I_{(x)} + R_{(x)} \tag{5.1}$$

Dabei werden durch Multiplikation mit x^k die Nutzdaten $I_{(x)}$ um k Stellen nach links verschoben und anschließend das k-stellige Prüfpolynom $R_{(x)}$ addiert, das sich aus dem Rest der im Senderegister durchgeführten folgenden Polynomdivision ergibt:

$$\frac{x^k I_{(x)}}{G_{(x)}} = Q_{(x)} + \frac{R_{(x)}}{G_{(x)}} \tag{5.2}$$

Das Codewort $W_{(x)}$ wird nun beginnend mit dem signifikantesten Bit gesendet. Auf dem Übertragungskanal führen Bitfehler zu einer Verfälschung des

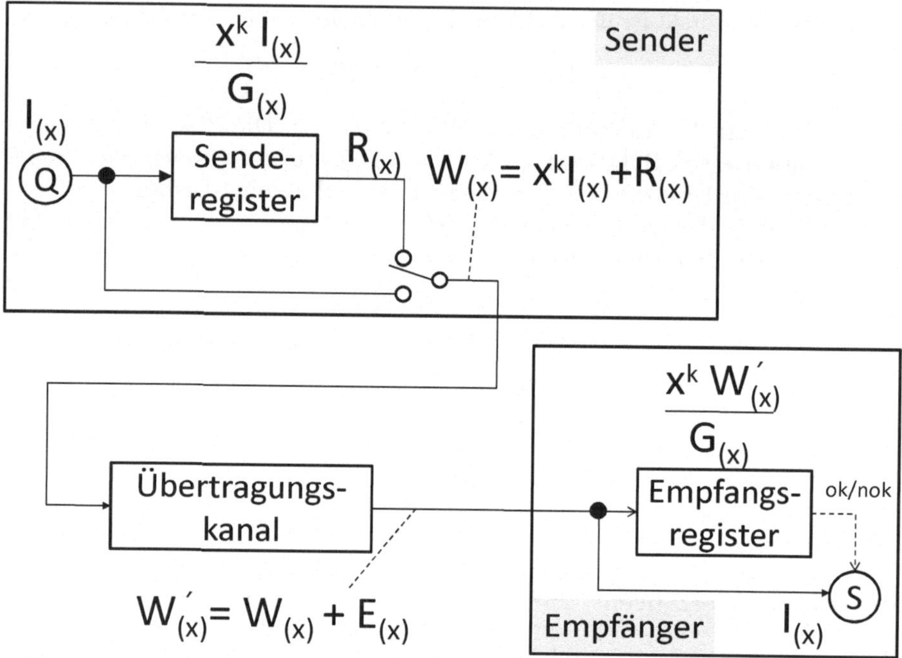

Abb. 5.11. Prinzipieller Ablauf zyklischer Codierung bei Sender und Empfänger

Codeworts. Das wird durch Addition eines dem Bitfehler entsprechenden Fehlerpolynoms $E_{(x)}$ berücksichtigt.

$$W'_{(x)} = W_{(x)} + E_{(x)} \tag{5.3}$$

Da $R_{(x)}$ gemäß Glg. 5.1 bei der Bildung von $W_{(x)}$ addiert wird, sind alle gültigen Codeworte $W_{(x)}$ durch das Generatorpolynom $G_{(x)}$ ohne Rest teilbar. Für eine fehlerfreie Übertragung, d.h. $E_{(x)} = 0$, muss im Empfangsregister $R_{(x)} = 0$ sein:

$$R_{(x)} = \frac{x^k W'_{(x)}}{G_{(x)}} \stackrel{!}{=} 0 \tag{5.4}$$

Die erneute Multiplikation mit x^k ist notwendig, um sende- und empfangsseitig die gleichen Schaltungen für die Rechenregister benutzen zu können.

Wie Abb. 5.12 zeigt, lässt sich die Polynomdivision für ein beliebiges Generatorpolynom $G_{(x)} = x^k + g_{k-1}x^{k-1} + g_{k-2}x^{k-2} + \dots + g_1 x^1 + g_0 x^0$ sehr effizient in Hardware realisieren. Hierbei haben die Koeffizienten g_i den Wertebereich $[0, 1]$ und legen damit die Rückkopplungen fest.

Beispiel: Sender- und empfängerseitige CRC-Berechnung

Im Folgenden soll anhand eines einfachen Ausführungsbeispiels das

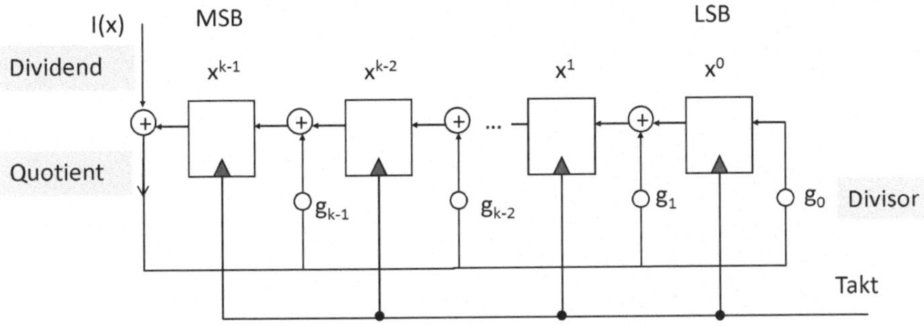

Abb. 5.12. Rechenschaltung zur Polynomdivision

Grundprinzip der Fehlersicherung mittels Prüfsumme vertieft werden. Gegeben seien die Nutzdaten $8E_{16}$ in hexadezimaler Form. Mit Hilfe des gegebenen Generatorpolynoms $G_{(x)} = x^4 + x^3 + x^2 + 1$ soll das resultierende Codewort $W_{(x)}$ gebildet und auf der Empfängerseite geprüft werden.
Die Nutzdaten lauten in Polynomdarstellung: $I_{(x)} = x^7 + x^3 + x^2 + x$.
Mit $k = grad[G_{(x)}] = 4$ kann nun nach Glg. 5.1 die Polynomdivision durchgeführt werden:

$$\frac{x^k I_{(x)}}{G_{(x)}} = \frac{x^4(x^7 + x^3 + x^2 + x)}{G_{(x)}} = \frac{x^{11} + x^7 + x^6 + x^5}{G_{(x)}}$$

Unter Berücksichtigung der Modulo-2-Rechenregeln führt die Polynondivision zu folgenden Zwischenschritten:

$$x^{11} + x^7 + x^6 + x^5 : x^4 + x^3 + x^2 + 1 = x^7 + x^6 + x^4 + x^3 + 1 = Q_{(x)}$$
$$\underline{x^{11} + x^{10} + x^9 + x^7}$$
$$\underline{x^{10} + x^9 + x^6 + x^5}$$
$$x^{10} + x^9 + x^8 + x^6$$
$$\underline{x^8 + x^5}$$
$$x^8 + x^7 + x^6 + x^4$$
$$\underline{x^7 + x^6 + x^5 + x^4}$$
$$x^7 + x^6 + x^5 + x^3$$
$$\underline{x^4 + x^3}$$
$$x^4 + x^3 + x^2 + 1$$
$$\underline{x^2 + 1 = R_{(x)}}$$

Das Codewort $W_{(x)}$ ergibt sich gemäß Glg. 5.1 zu:

$$W_{(x)} = \underbrace{x^{11} + x^7 + x^6 + x^5}_{x^k I_{(x)}} + \underbrace{x^2 + 1}_{R_{(x)}}$$

Unter der Annahme einer fehlerfreien Übertragung, d.h. $E_{(x)} = 0$, ist nach Glg. 5.3 auf der Empfängerseite folgende Polynomdivison durchzuführen:

$$x^{15} + x^{11} + x^{10} + x^9 + x^6 + x^4 : x^4 + x^3 + x^2 + 1 = x^{11} + x^{10} + x^8 + x^7 + x^4$$

$$\underline{x^{15} + x^{14} + x^{13} + x^{11}}$$
$$\underline{x^{14} + x^{13} + x^{10} + x^9 + x^6 + x^4}$$
$$\underline{x^{14} + x^{13} + x^{12} + x^{10}}$$
$$\underline{x^{12} + x^9 + x^6 + x^4}$$
$$\underline{x^{12} + x^{11} + x^{10} + x^8}$$
$$\underline{x^{11} + x^{10} + x^9 + x^8} + x^6 + x^4$$
$$\underline{x^{11} + x^{10} + x^9 + x^7}$$
$$\underline{x^8 + x^7 + x^6 + x^4}$$
$$\underline{x^8 + x^7 + x^6 + x^4}$$
$$0 = R_{(x)}$$

*Damit ist Glg. 5.3 erfüllt und der Empfänger kann die Nutzdaten $I_{(x)}$
weiterverarbeiten.*

Im Falle eines Bitfehlers durch ein Fehlermuster $E_{(x)}$ trifft am Empfänger
ein verfälschtes Codewort ein. Nach Glg. 5.4 ergibt sich:

$$R_{(x)} = \frac{x^k W'_{(x)}}{G_{(x)}} = \underbrace{x^k \frac{W_{(x)}}{G_{(x)}}}_{Rest=0} + x^k \frac{E_{(x)}}{G_{(x)}} \tag{5.5}$$

Da der erste Summand der rechten Seite von Glg. 5.5 immer Null ist, wird
offensichtlich der Divisionrest ausschließlich durch $E_{(x)}$ bestimmt. Bezüglich
$E_{(x)}$ sind drei Fälle zu unterscheiden:

1. $E_{(x)} = 0$, d.h. die Übertragung war fehlerfrei und der Divisionsrest $R_{(x)}$
   ist insgesamt Null.

2. $x^k \frac{E_{(x)}}{G_{(x)}}$ mit $R_{(x)} \neq 0$. Der Fehler wird sicher erkannt.

3. $x^k \frac{E_{(x)}}{G_{(x)}}$ mit $R_{(x)} = 0$, obwohl $E_{(x)} \neq 0$ ist. Dieser Fehler wird nicht erkannt
   und tritt dann ein, wenn $E_{(x)}$ das Generatorpolynom $G_{(x)}$ als Faktor
   enthält.

Da der Grad der Restpolynome $R_{(x)}$ auf jeden Fall kleiner als der Grad des
Generatorpolynoms $G_{(x)}$ ist, kann es grundsätzlich nur eine beschränkte Anzahl verschiedener Restpolynome geben. Aus diesem Grund müssen sich die
Restpolynome früher oder später einmal wiederholen. Praktische Verwendung
finden daher so genannte primitive Polynome. Ein Polynom heißt primitiv,
wenn es eine Periode $e = 2^k - 1$ hat. Die Periode e eines Polynoms ist der
kleinste Wert, mit dem $x^e + 1$ ohne Rest durch $G_{(x)}$ teilbar ist.

Beispiel: Bestimmung der Periode eines Generatorpolynoms

*Um die Periode e von $G_{(x)}$ zu bestimmen, gibt es mehrere Verfahren. Eine
Möglichkeit besteht darin, mit $e = 1$ beginnend zu prüfen, ob $x^e + 1$ ohne
Rest durch $G_{(x)}$ teilbar ist. Wenn nicht, dann ist $e = e + 1$ zu wählen.
Schneller geht es, wenn die in Abb. 5.12 eingeführte Divisionsschaltung
verwendet wird. Die entsprechende Schaltung für das gegebene $G_{(x)} =$*

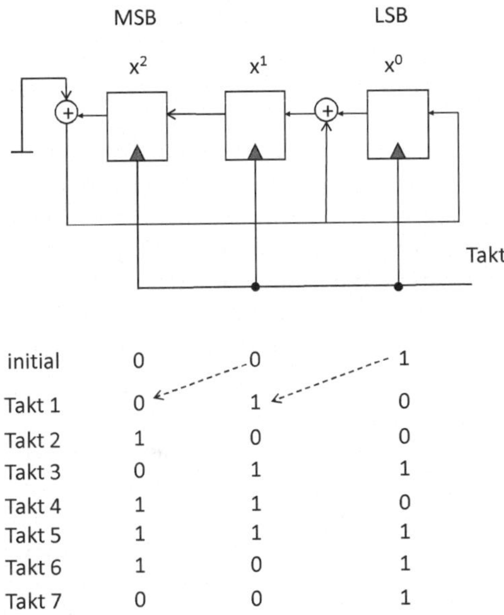

Abb. 5.13. Bestimmung der Periode eines Generatorpolynoms

$x^3 + x + 1$ *ist in Abb. 5.13 dargestellt. Der Eingang für den Dividenden wird fest auf Null gelegt. Das Rechenregister wird mit einem Wert $R_{(x)} = 1$ vorbesetzt. Nun muss das Rechenregister so oft getaktet werden, bis es wieder $R_{(x)} = 1$ enthält. Die Zahl der erforderlichen Takte gibt die Periode e des Polynoms wieder. Im Beispiel sind 7 Takte erforderlich. Somit ist $e = 7$ der kleinste Wert, mit dem $x^e + 1$ ohne Rest durch $G_{(x)}$ teilbar ist. Da $e = 2^k - 1 = 7$ ist, handelt es sich um ein primitives Polynom.*

Wenn die Länge der Codewörter $n = m + k \leq e$ ist, dann erkennen Generatorpolynome sämtliche Einzel- und Doppelbitfehler. Die Stärke des Prüfsummenverfahren liegt jedoch in der Erkennung von Fehlerbündeln. Unter Fehlerbündel wird verstanden, dass direkt aufeinander folgende Bits gestört sind. Fehlerbündel, die nicht länger als der Grad des Generatorpolynom $G_{(x)}$ sind, werden erkannt. Darüber hinaus wird jede ungerade Anzahl von Fehlern erkannt, wenn das Generatorpolynom eine gerade Anzahl von Termen aufweist. In der industriellen Kommunikation wird von Feldbussystemen häufig das standardisierte Polynom $G_{(x)} = x^{16} + x^{15} + x^2 + 1$ (CRC-16) und für Echtzeit-Ethernet das Polynom $G_{(x)} = x^{32} + x^{26} + x^{23} + x^{22} + x^{16} + x^{12} + x^{11} + x^{10} + x^8 + x^7 + x^5 + x^4 + x^2 + x + 1$ (CRC-32) angewandt.

Abschließend sei noch angemerkt, dass für die Lösung des Problems der Erkennung vor- und nachlaufender Nullen die Sende- und Empfangsregister mit Werten ungleich Null vorbesetzt werden müssen. Das ist in den Rechenvorschriften entsprechend zu berücksichtigen.

5.5 Uhrensynchronisation

5.5.1 Grundlagen

In vielen verteilten Anwendungen ist ein gemeinsames Zeitverständnis in den beteiligten Netzknoten von grundlegender Bedeutung. Hierzu zählen beispielsweise Planung übergreifender Programmabläufe, Gültigkeit von Berechtigungen, Koordination verteilter Prozesse oder zeitgesteuerte Abläufe. Während in einem zentralen System die Zeit eindeutig ist, muss in einem verteilten System die vielen lokalen Uhren synchronisiert werden.

Ein typisches Anwendungsgebiet zeitsynchroner Systeme ist die verteilte Messtechnik, denn die Synchronisation dezentral erfasster Messwerte ermöglicht, Aufgaben mit verteilten Messgeräten oder -sensoren zu realisieren. Ein weiteres Beispiel ist die Koordination von Bewegungsabläufen mit Hilfe dezentraler Antriebe, bei der Mehrachsensysteme Synchronisationsgenauigkeiten unter 1 μs erfordern können. Das echtzeitfähige Ethernet-Protokoll Profinet benötigt hochgenaue Zeitsynchronisierung zwischen den beteiligten Knoten zur Realisierung eines verteilten Zeitschlitzverfahrens (vgl. Abschnitt 5.4.1).

In allen Rechnerknoten gibt es eine in der Regel in Hardware realisierte Uhr. Diese Uhr wird als Zähler ausgeführt, der ausgehend von einer quarzgesteuerten Taktquelle in einem definierbaren Raster, z.B. jede Sekunde, ein auch Tick genanntes Unterbrechungssignal erzeugt. Das Frequenzverhalten eines Quarzes kann nach [9] wie folgt modelliert werden:

$$f_p(t) = f_p^0 \cdot [1 + \rho_p^i + \rho_p^\alpha(t) + \rho_p^n(t) + \rho_p^\varepsilon(t)]$$

Hierbei ist f_p^0 die nominale Frequenz des Quarzes auf dem Rechnerknoten p und $\rho_p(t)$ die relative Frequenzabweichung (Drift), so dass gilt:

$$\rho_p(t) = \frac{f_p(t)}{f_p^0} - 1$$

Zur Frequenzabweichung tragen verschiedene Terme bei: ρ_p^i beschreibt die initiale Frequenzabweichung zum Startzeitpunkt der Beobachtung, $\rho_p^\alpha(t)$ berücksichtigt den Alterungseffekt, $\rho_p^n(t)$ den Einfluss von Rauschen und $\rho_p^\varepsilon(t)$ den Einfluss der Umgebungsbedingungen (vgl. Tabelle 5.6).

Tabelle 5.6. Typische Werte für Frequenzabweichungen eines Quarzes [9]

Parameter	Beschreibung	Typische Werte
$\rho_p^n(t)$	Rauschen	10^{-8}–10^{-12}
$\rho_p^\varepsilon(t)$	Temperatureinfluss	10^{-5}–10^{-6}
$\rho_p^\varepsilon(t)$	Schock und Vibration	10^{-9}
$\rho_p^\alpha(t)$	Alterungseffekt	10^{-7} pro Monat
ρ_p^i	initiale Abweichung	10^{-5}

Es lassen sich zwei Arten von Uhren unterscheiden: *logische* und *physikalische*. Logische Uhren beziehen sich auf die relative Zeit in einem verteilten System. Mit ihnen kann eine systeminterne zeitliche Konsistenz hergestellt werden, was für viele Anwendungen ausreichend ist. Hierzu zählt beispielsweise die Erkennbarkeit kausaler Abhängigkeiten von Ereignissen. Lamport zeigte, dass es für die richtige Ereignisfolge in einem verteilten System nicht auf die absolute Zeit ankommt [99]. Wenn ein Ereignis b kausal von Ereignis a abhängt, dann ist es offensichtlich, dass der Wert des Zeitstempels von a kleiner sein muss als der des Zeitstempels von b:

$$a \rightarrow b \Rightarrow T(a) < T(b) \tag{5.6}$$

In Abb. 5.14 sind drei Rechnerknoten zu sehen, deren lokale Uhren mit unterschiedlicher Geschwindigkeit voranschreiten. Während der Austausch der Nachrichten A und B der Glg. 5.6 genügen, kommt es bei den Nachrichten C und D zur Verletzung dieser Bedingung. Die Nachricht C, die zum Zeitpunkt 60 vom Knoten $p = 2$ abgesendet wird, kommt zum Zeitpunkt 56 am Knoten $p = 1$ an, was offensichtlich nicht möglich ist.

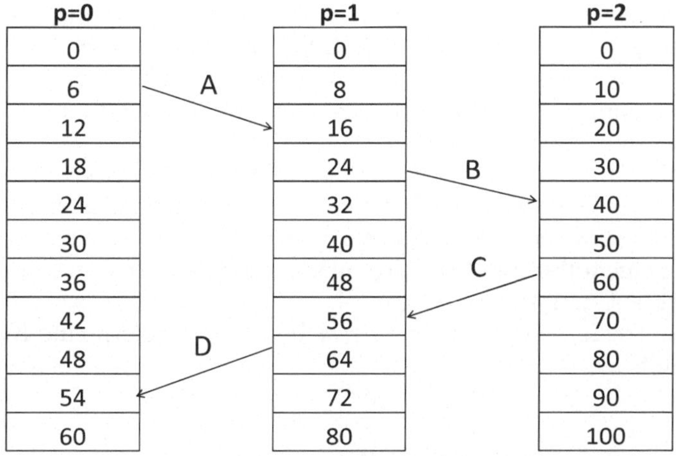

Abb. 5.14. Drei Rechnerknoten mit unterschiedlich schnellen lokalen Uhren [146]

Lamports Vorschlag sieht nun vor, dass Nachrichten mit dem Zeitstempel des Sendezeitpunktes versehen werden. Kommt eine Nachricht am Empfänger an, bei der die lokale Zeit des Empfängers vor der des übermittelten Zeitstempels liegt, dann stellt der Empfänger seine Uhr um einen Tick weiter als der Wert des übermittelten Zeitstempels (Abb. 5.15). Hierdurch kann die richtige Ereignisreihenfolge in einem verteilten System ohne Bezug zur realen Zeit hergestellt werden.

In einigen Anwendungen ist jedoch der Bezug zur realen Zeit erforderlich. Grundlage jeder modernen Zeitmessung ist die koordinierte Weltzeit (Univer-

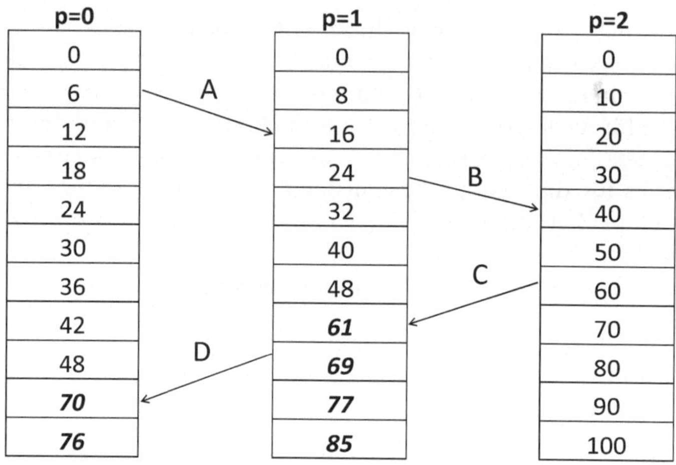

Abb. 5.15. Korrektur der Uhren durch den Algorithmus von Lamport [99]

sal Time Co-ordinated, UTC). Die Zeiteinheit ist die SI-Sekunde, realisiert durch Atomuhren. Uhren, die die reale Zeit verwenden, werden *physikalische* Uhren genannt. Die gesetzliche UTC-Zeit wird sowohl terrestrisch, in Deutschland beispielsweise vom Langwellensender DCF77 der Physikalisch-Technischen Bundesanstalt (PTB), als auch satellitengestützt von Navigationssystemen mit hoher Genauigkeit verbreitet.

Die lokale Uhr eines Knotens p bildet die Realzeit t auf einen Zeitstempel $C_p(t)$ ab. Unter Drift wird die Abweichung der Geschwindigkeit der Uhr von der Realzeit bezeichnet. Der Versatz θ ist die Abweichung einer Uhr von der Realzeit zu einem bestimmten Zeitpunkt t, also $\theta = C_p(t) - t$. Für eine ideale oder perfekte Uhr gilt: $t = C_p(t)$, $\frac{dC}{dt} = 1$ und $\theta = 0$ (Abb. 5.16). Eine nicht ideale (reale) Uhr wird als *korrekt* bezeichnet, sofern eine Konstante ρ existiert, mit der gilt:

$$1 - \rho \le \frac{dC}{dt} \le 1 + \rho \tag{5.7}$$

Hierbei ist zu beachten, dass die Korrektheitsannahme nur etwas über die Frequenzabweichung aussagt und nicht über die angezeigte Zeit. Unkorrekte Uhren verletzen z.B. die Driftannahme, gehen rückwärts oder zeigen willkürliche Zeiten an. Selbst wenn eine korrekte Uhr zu einem Zeitpunkt die richtige Zeit anzeigt, wird sie bedingt durch die Drift $\rho_p(t)$ früher oder später vor- oder nachgehen. Daher ist eine Synchronisation der Uhr notwendig.

Stellvorgang von Uhren Uhren dürfen nicht rückwärts gestellt werden, da es ansonsten zu Verletzungen von Kausalitätsbedingungen in einem verteilten System kommen kann. Falls eine lokale Uhr zu schnell im Vergleich zur Referenzuhr ist, muss der Nachstellvorgang graduell erfolgen.

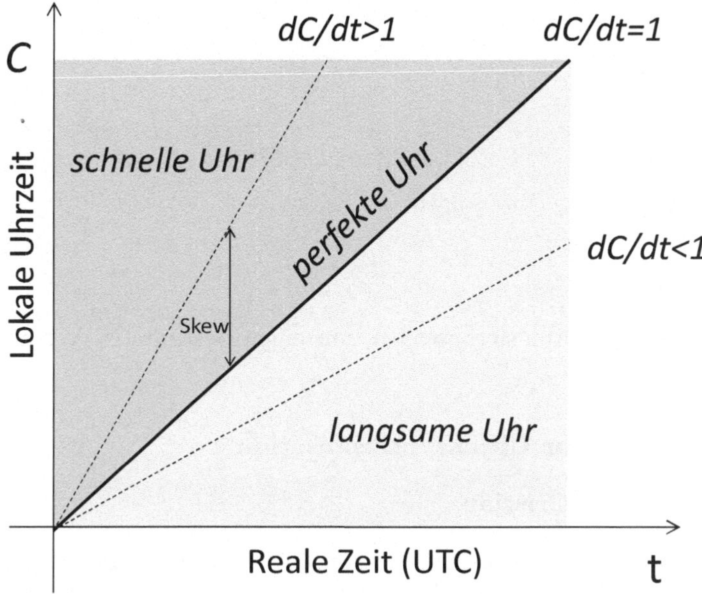

Abb. 5.16. Zu langsame, perfekte und zu schnelle Uhren in Anlehnung an [146]

Beispiel:

Angenommen ein Zeitgeber ist so konfiguriert, dass er 100 Unterbre-chungssignale pro Sekunde erzeugt. Hierdurch ergibt sich ein Tick von 10 ms. Für einen Rückstellvorgang könnte man z.B. nun solange 9 ms pro Sekunde addieren, bis der Gleichlauf der Uhren hergestellt ist. Für das Vorstellen einer Uhr kann man dieses Verfahren anstelle abrupten Verstellens ebenso anwenden, indem man beispielsweise für ein bestimm-tes Zeitintervall 11 ms pro Sekunde addiert und somit die Anpassung der lokalen Uhr an die Referenzuhr graduell ausführt.

Maximales Synchronisationsintervall Im Folgenden soll der Frage nach-gegangen werden, wann spätestens neu synchronisiert werden muss, wenn zwei korrekte Uhren mit einer Driftrate p um nicht mehr als einen Versatz θ auseinanderlaufen sollen.

Es werde angenommen, dass zum Zeitpunkt $t = 0$ die beiden Uhren $C_1(t)$ und $C_2(t)$ synchron laufen, d.h. $C_1(t) = C_2(t)$. Die maximal mögliche Abweichung zwischen beiden Uhren ergibt sich nach Glg. 5.7 zu:

$$\frac{dC_1(t)}{dt} = 1 + \rho \qquad \frac{dC_2(t)}{dt} = 1 - \rho$$

Daraus folgt zum Zeitpunkt t:

$$C_1(t) = (1 + \rho)t \qquad C_2(t) = (1 - \rho)t$$

Mit der Forderung nach einem maximal zulässigen Versatz θ:

$$C_1(t) - C_2(t) \overset{!}{\leq} \theta$$

gilt:

$$(1 + \rho)t - (1 - \rho)t \leq \theta$$

Somit müssen die Uhren nach

$$t \leq \frac{1}{2\rho}\theta$$

erfolgreich synchronisiert werden, um einen bestimmten Versatz θ nicht zu überschreiten.

5.5.2 Verfahren zur Uhrensynchronisation

Algorithmus von Cristian

Ein in der Literatur sehr häufig erwähnter Algorithmus zur Synchronisation physikalischer Uhren geht auf Cristian [28] zurück. Hierbei wird davon ausgegangen, dass einer der Rechnerknoten einen vertrauenswürdigen UTC-Dienst in Anspruch nimmt und somit als Zeit-Server S die anderen Rechnerknoten p auf die reale Zeit synchronisieren kann.

Wie in Abb. 5.17 dargestellt, fordert ein Rechnerknoten p zum Zeitpunkt T_0 die Zeit von S an. Nach Eintreffen des Anforderungstelegramms von p am Zeit-Server S zum Zeitpunkt T_1 bereitet dieser eine Antwort vor und versendet sie zum Zeitpunkt T_2. Da der Knoten p nur den Sende- und Empfangszeitpunkt der beiden Nachrichten sowie den übertragenen Zeitstempel kennt, schätzt der Knoten p die Laufzeit des Antworttelegramms T_{Res} mit $T_{Req} + T_{Res}/2$ ab und setzt seine lokale Uhr auf den Wert

$$T = T_S + \frac{1}{2}(T_3 - T_0) \tag{5.8}$$

Unter der Annahme, dass die Laufzeiten der beiden Nachrichten gleich groß sind und die interne Verarbeitungszeit im Zeit-Server vernachlässigbar ist, ergibt sich für den Versatz:

$$\theta = T_S + \frac{1}{2}(T_3 - T_0) - T_3 \tag{5.9}$$

In diesem Algorithmus wird die Genauigkeit der Synchronisation durch die Größe der Laufzeiten der Nachrichten zwischen p und S bestimmt. Diese sind aber nicht vorherbestimmbar und auch nicht konstant. Für ein unbelastetes Netz ohne Übertragungsfehler existiert jedoch eine minimale Zeit T_{min} für T_{Req} und T_{Res}. Wenn die reale Verzögerungszeit der Anforderung $T_{Req} = T_{min} + \alpha$, die des Antworttelegramms $T_{Res} = T_{min} + \beta$ mit $\alpha, \beta \geq 0$ und

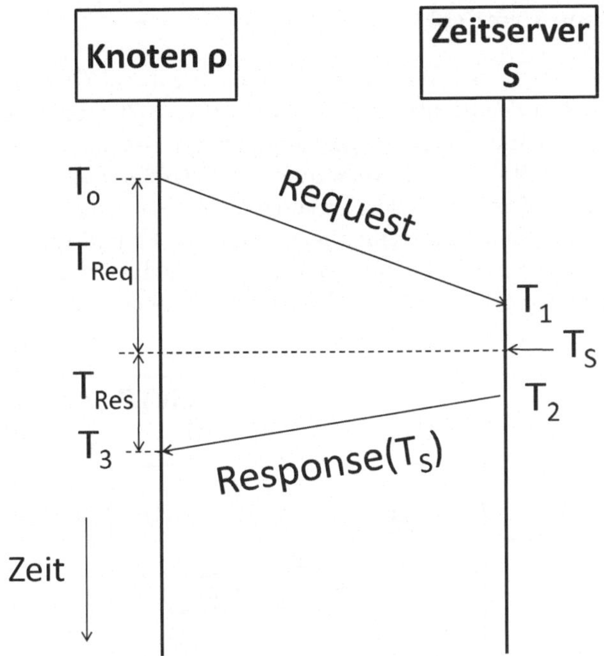

Abb. 5.17. Nachrichtenaustausch bei Verwendung des Algorithmus von Cristian

die Rundreisezeit T_{RTT} seien, dann gilt für die reale Verzögerungszeit beider Nachrichten:

$$T_{RTT} = T_{Req} + T_{Res} = 2 \cdot T_{min} + \alpha + \beta$$

Da α und β positiv sind, gilt weiterhin:

$$0 \leq \beta \leq T_{RTT} - 2 \cdot T_{min} \tag{5.10}$$

Der Wert der Uhr $C_S(t)$ von S zum Zeitpunkt T_3 am Knoten p ist:

$$C_S(T_3) = T_S + T_{min} + \beta$$

Nach Glg. 5.10 kann $C_S(t)$ nur in dem folgenden Intervall liegen:

$$C_S(T_3) \in [T_S + T_{min}, T_S + T_{RTT} - T_{min}]$$

Hieraus ergibt sich eine Intervallgröße von $T_{RTT} - 2 \cdot T_{min}$. Der Knoten p kann seinen maximalen Fehler minimieren, wenn er die Mitte des Intervalls zur Bestimmung der Uhrzeit von S wählt. Damit ergibt sich ein maximaler Fehler ϵ des Algorithmus von:

$$\epsilon = \frac{1}{2}T_{RTT} - T_{min}$$

Cristians Algorithmus ist auf Grund der Abhängigkeit der Nachrichtenlaufzeiten vorzugweise in lokalen Netzen einsetzbar.

Network Time Protocol

Für das Internet hat sich das Network Time Protocol (NTP) durchgesetzt, das in Version 3 in der Richtlinie RFC-1305 [106, 107] spezifiziert wurde. Das Protokoll dient ebenso wie der Algorithmus von Cristian zur Synchronisation verteilter Uhren mit UTC. Es verwendet statistische Techniken zur Berücksichtigung von Varianz und Verzögerungen der Nachrichtenlaufzeiten sowie der „Qualität" der Zeit unterschiedlicher Zeit-Server und erlaubt so, die Uhren in lokalen Netzen mit einem verbleibenden Fehler von $\epsilon < 1ms$ und in Weitverkehrsnetzen bis auf einige Millisekunden genau zu synchronisieren.

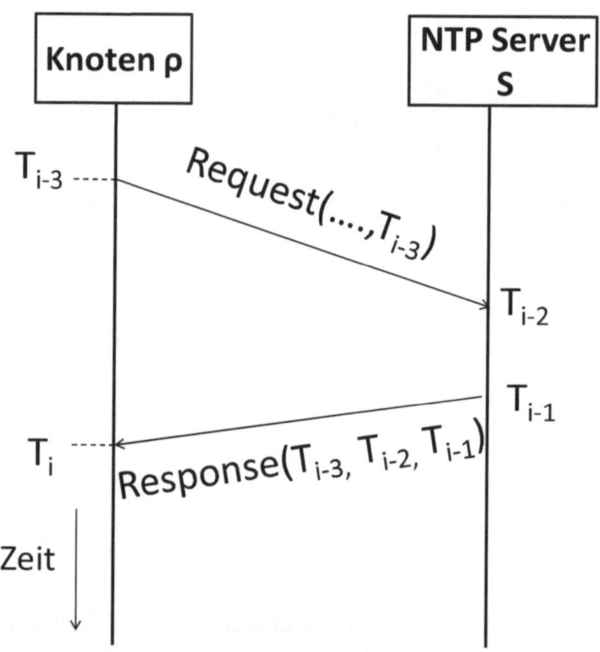

Abb. 5.18. Nachrichtenaustausch unter NTP

Zur Bestimmung des Versatzes und der Verzögerungszeiten von Nachrichten verwendet NTP in jeder Synchronisationsrunde vier Referenzzeitstempel $T_i, ..., T_{i-3}$ (vgl. Abb. 5.18). Hierzu werden in jeder NTP-Nachricht die jeweils letzten drei Zeitstempel $T_{i-1}, ..., T_{i-3}$ übertragen. Der vierte Zeitstempel T_i wird lokal ermittelt. Damit ist der Knoten p für $i = 3, 4, 5, ...$ in der Lage, den Versatz θ von S relativ zu p sowie die Rundreisezeit T_{RTT} zu berechnen:

$$\theta = \frac{1}{2}[(T_{i-2} - T_{i-3}) + (T_{i-1} - T_i)]$$

$$T_{RTT} = (T_3 - T_0) - (T_2 - T_1)$$

Hiermit können sowohl der Knoten p als auch der Server S unabhängig voneinander die Rundreisezeit und den Versatz bestimmen. Die Verzögerungszeiten und die Reihenfolge der empfangenen Nachrichten sind bei diesem Verfahren mit seinem kontinuierlichen Strom von Synchronisationsnachrichten nicht bedeutsam. Die Präzision der Bestimmung des Versatzes und der Rundreisezeit durch NTP hängt von der Genauigkeit der Zeitstempel ab. Grundsätzlich gilt, dass Zeitstempel so nah wie möglich am Übertragungsmedium erfasst werden sollten, um Verzögerungen durch Warteschlangen und Puffer zu vermeiden. Weiterhin ist ein exakter Zeitstempel erst dann verfügbar, wenn die zugehörige Nachricht bereits versendet wurde. Genau an dieser Stelle setzt das Verfahren nach IEEE 1588 an.

Synchronisation auf Basis von IEEE 1588

In der industriellen Kommunikation hat sich zur hochgenauen Zeitsynchronisation das im Standard IEEE 1588 spezifizierte Precision Time Protocol (PTP) etabliert [80]. Mit PTP können viele räumlich verteilte und über ein „paketfähiges" Netz (üblicherweise Ethernet) miteinander verbundene Uhren sehr genau synchronisiert werden sind. In PTP wird zwischen den Rollen Master- und Slave-Uhr unterschieden. Synchronisiert wird in zwei Phasen:

1. Bestimmung und Korrektur des Versatzes zwischen Slave und Master.
2. Messung und Berücksichtigung der Laufzeit zwischen Slave und Master.

Das Grundprinzip soll an dem in Abb. 5.19 dargestellten Beispiel erläutert werden. Zum Startzeitpunkt habe die Master-Uhr den willkürlich gewählten Anfangswert $T_m = 1050s$ und die Slave-Uhr den Wert $T_s = 1000s$. Die Laufzeit zwischen Master und Slave werde mit $T_{ld} = 1s$ angenommen. Der Master sendet nun zyklisch Synchronisationsnachrichten an die zu synchronisierenden Slaves. Im Beispiel werde eine Synchronisationsnachricht (*Sync*) zum Zeitpunkt $T_{m1} = 1050s$ an den zu synchronisierenden Slave gesendet. Der genaue Absendezeitpunkt $T_{m_{[n]}}$, hier T_{m1}, werde im Sender gespeichert. Die Synchronisationsnachricht treffe auf Grund der Laufzeit T_{ld} zum Zeitpunkt $T_{s1} = T_{s1} + T_{ld} = 1001s$ am Slave ein. In einer Folgenachricht („Follow_up") werde vom Master der genaue Absendezeitpunkt T_{m1} der schon versandten Synchronisationsnachricht zum Slave übertragen. Der Empfänger kann nun auf Basis des ersten und zweiten Telegramms und mittels seiner eigenen Uhr die Zeitdifferenz zwischen seiner Uhr und der Master-Uhr berechnen. Um bestmögliche Resultate zu erzielen, sollten die Zeitstempel in Hardware, oder möglichst nahe an der Hardware generiert werden. Die zyklische Bestimmung des Versatzes θ zwischen Master- und Slave-Uhr sowie die daraus resultierende notwendige Nachstellung der lokalen Uhr T_s wird vorgenommen gemäß:

$$\theta_{[n]} = T_{s[n]} - T_{m[n]} - T_{ld} \tag{5.11}$$

$$T_{s[n]} = T_{s[n]} - \theta_{[n]} \tag{5.12}$$

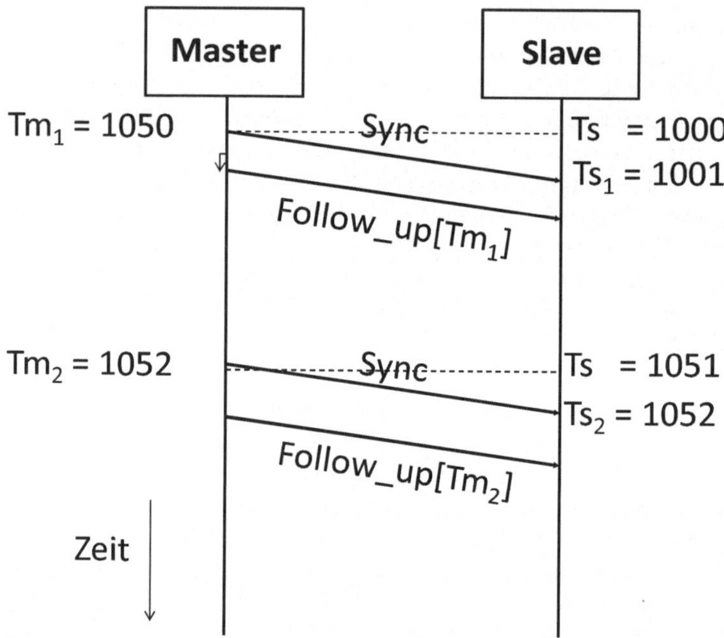

Abb. 5.19. Versatzkorrektur zwischen einer Master- und einer Slave-Uhr

Da zu diesem Zeitpunkt die Laufzeit T_{ld} noch nicht bestimmt wurde, wird sie zunächst mit 0 angenommen. Daher ergibt sich mit $n = 1$ ein Versatz von $\theta_1 = (1001 - 1050 - 0)s = -49s$. Die Slave-Uhr wird damit auf den neuen Wert $T_{s1} = (1001 - (-49))s = 1050s$ vorgestellt. Unter der Annahme, dass die nächste Synchronisationsnachricht vom Master $2s$ später gesendet wird, ist $T_{m2} = 1052s$ und die Slave-Uhr hat zu diesem Zeitpunkt den Wert $T_s = 1051s$. Die Synchronisationsnachricht trifft am Empfänger wegen der Laufzeit zur Zeit $T_{s2} = 1052s$ ein. Nach Empfang der Folgenachricht mit dem genauen Wert für T_{m2} wird mit $n = 2$ gemäß Glg. 5.11 und 5.12 erneut der zeitliche Versatz berechnet und die Slave-Uhr nachgestellt. In diesem Zyklus ergibt sich der Versatz zu $\theta_2 = (1052 - 1052 - 0)s = 0s$ und $T_{s1} = T_{s1} + T_{ld} = 1060s$. Die beiden Uhren laufen nun mit einem zeitlichen Versatz von T_{ld} synchron.

Nun kann die Laufzeit zwischen Master- und Slave-Uhr kompensiert werden (vgl. Abb. 5.20). Hierzu sendet der zu synchronisierende Teilnehmer ein Anforderungstelegramm zur Bestimmung der Laufzeit (*Delay_Req*) an den Master. Im Beispiel geschehe das von Seiten des Slaves zum Zeitpunkt $T_{s3} = 1080s$. Diese Nachricht trifft auf Grund der angenommenen Verzögerung von $T_{ld} = 1s$ zum Zeitpunkt $T_{m3} = 1082s$ beim Master ein. Der Master schickt nun seinerseits diesen Zeitpunkt in einem Antworttelegramm (*Delay_Resp*) zurück an den Slave. Mit Hilfe des in Glg. 5.13 dargestellten Zusammenhangs kann nun der zu synchronisierende Teilnehmer die Verzögerung zum Master bestimmen:

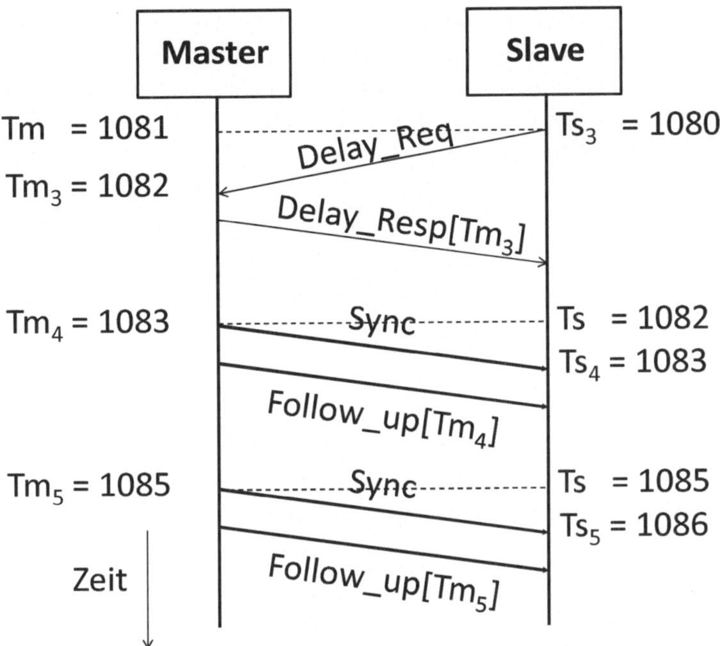

Abb. 5.20. Kompensation der Laufzeitunterschiede zwischen Master- und Slave-Uhr

$$T_{ld} = \frac{1}{2}(Ts[n-1] - Tm[n-1] + Tm[n] - Ts[n]) \qquad (5.13)$$

Hierbei wird angenommen, dass zwischen Master und Slave eine symmetrische Verzögerung, d.h. gleiche Werte der Verzögerungen in Hin- und Rückrichtung, vorliegt. Im Beispiel ergibt sich die Verzögerung erwartungsgemäß zu:

$$T_{ld} = \frac{1}{2}(Ts_2 - Tm_2 + Tm_3 - Ts_3)$$

$$T_{ld} = \frac{1}{2}(1052 - 1052 + 1082 - 1080s) = 1s$$

Die so ermittelte Verzögerung wird in den nächsten Zyklen der Synchronisationsnachrichten ($n = 4, 5, \dots$) berücksichtigt und führt zur Synchronität beider Uhren. Der Standard IEEE 1588 beschreibt weiterhin einen Algorithmus („Best Master Clock") zur Festlegung der funktionalen Rollen Zeit-Master und -Slave, der dafür sorgt, dass die Eigenschaften aller beteiligten Uhren (Genauigkeit, Stratum, Drift, Varianz etc.) ausgetauscht und lokal verglichen werden können. Die funktionalen Rollen werden nicht explizit ausgehandelt, sondern jeder Knoten kann sich auf Grund der vorliegenden Informationen lokal entscheiden. Dadurch wird gewährleistet, dass sich ein PTP-Netz automatisch zu einer Baumstruktur konfiguriert, in der der Knoten mit der besten Uhr die

Wurzel bildet. Eine Konfiguration mit mehreren Mastern sowie inkonsistente Zustände werden durch den Algorithmus verhindert. Der Vollständigkeit halber sei noch erwähnt, dass für hohe Synchronisationsgenauigkeit in kaskadierten Systemstrukturen besondere Techniken zum Weiterleiten von Synchronisationsnachrichten notwendig sind.

6

Programmierung

Dieses Kapitel beschäftigt sich mit der Programmierung von Echtzeitsystemen. Die dabei verwendeten Programmiersprachen werden hier nicht komplett vorgestellt, da dem interessierten Leser schon hinreichend viele Werke zur Verfügung (für Ada z.B. [110, 14], für PEARL [53, 49] und für Java [54, 128]).

Die Programmiersprache C wird trotz ihrer weiten Verbreitung hier nicht behandelt, da sie derzeit noch keine spezifischen Sprachelemente für die Echtzeitprogrammierung enthält. Aktuelle Echtzeitanwendungen werden in C mit Hilfe von Zusatzbibliotheken realisiert, die Mittel zur Steuerung von Prozessen und zur Interprozesskommunikation bereitstellen, z.B. auf der Basis eines unterlagerten Betriebssystems. Daran interessierte Leser seien hier auf das Buch [50] verwiesen.

6.1 PEARL

Die Programmiersprache PEARL wurde in den 1970er Jahren als sichere Sprache für parallel ablaufende Vorgänge entwickelt und in ihrer aktuellen Form PEARL90 vom DIN 1998 normiert. Eine kurzweilige Darstellung des Entwicklungsprozesses findet sich in [45].

6.1.1 Kurzeinführung

PEARL basiert auf der schon seit ALGOL60 bekannten Blockorientierung. Der Sprachreport [53] beschreibt die Sprache sehr ausführlich und mit vielen Beispielen, so dass es hinreicht, hier darauf zu verweisen. Zur Beschreibung nebenläufiger Prozesse wurden Tasks eingeführt. Ein zentrales Paradigma in der Sprachdefinition von PEARL ist die konsequente Vermeidung zeitaufwendiger und nichtdeterministischer Ablaufstrukturen. Zur Synchronisation und Interprozesskommunikation kommen einfache und verallgemeinerte Semaphore sowie gemeinsamer Speicher zu Einsatz. Herauszustellen ist, dass bei PEARL auch Mehrfachwarten auf Semaphore möglich ist. Die in diesem Abschnitt vorgestellten Programme wurden alle mit dem PEARL-Compiler für Linux der Firma Werum[1] geschrieben und getestet.

6.1.2 Beispiele typischer Konstrukte

Eine zentrale Programmieraufgabe ist das aus Abschnitt 3.2 her bekannte *Erzeuger-Verbraucher-Problem*, bei dem ein oder mehrere Erzeugerprozesse Daten produzieren und dabei vom Ablaufverhalten der nachfolgenen Verbraucherprozesse möglichst entkoppelt sein sollen. Da PEARL keine Warteschlangen für Nachrichten bereitstellt, wird dieser Mechanismus typischerweise wie in Listing 6.1 gezeigt mit einem Ringpuffer realisiert, der zwischen den Tasks angesiedelt ist und auf den über Schreib- und Leseprozeduren zugegriffen wird. Die Semaphore `s_mutex` und `l_mutex` verhindern Kollisionen parallel zugreifender schreibender bzw. lesender Tasks. Die Semaphore `platz` und `belegt` stellen sicher, dass sich Schreib- und Lesezeiger (`s_zeiger` und `l_zeiger`) nicht überholen. Somit wird für jeden Pufferplatz sichergestellt, dass dort nicht gleichzeitig gelesen und geschrieben wird.

Listing 6.1. In PEARL programmierter Ringpuffer

```
MODULE (RING);


/* Ringpuffer mit einer Kapazität von 10 ganzen Zahlen;   */
/* die Zugriffsroutinen sind 'schreibe' und 'lese'.        */


PROBLEM;
  DCL platz    SEMA PRESET(10);  ! noch verfügbare Pufferplätze
  DCL belegt   SEMA PRESET(0)  ; ! schon belegte Pufferplätze
  DCL s_mutex SEMA PRESET(1);    ! gegenseitiger Aussschluss
                                 ! beim Schreiben
  DCL l_mutex SEMA PRESET(1);    ! gegenseitiger Ausschluss
                                 ! beim Lesen
  DCL puffer(10) FIXED ;         ! Puffer
  DCL s_zeiger FIXED INIT(1);    ! Schreibzeiger im Puffer
  DCL l_zeiger FIXED INIT(1);    ! Lesezeiger im Puffer


/***********************************************************************/
/* Schreibroutine für den Ringpuffer                                 */
/* Der Parameter kann in der Routine nicht verändert                 */
/* werden (INV). Bei komplexeren Datentypen empfiehlt sich*/
/* die Übergabe als STRUCT per Adresse (IDENT).                      */
/* Die Routine blockiert intern, wenn der Puffer voll ist */
/* oder wenn gerade von einer anderen Task aus in den                */
/* Puffer geschrieben wird.                                          */
/***********************************************************************/
```

---

[1] Compiler Version 1.04.14; unter Windows Vista mit VMWare Server V1.0.5 und OpenSuse 10.2

```
schreibe: PROC (datum INV FIXED) GLOBAL;
   REQUEST platz;
      REQUEST s_mutex;
         puffer(s_zeiger) := datum;
         s_zeiger := s_zeiger + 1;
         IF s_zeiger GT 10 THEN
            s_zeiger := 1;
         FIN;
      RELEASE s_mutex;
    RELEASE belegt;
END;


/**************************************************************/
/* Leseroutine fuer den Ringpuffer                          */
/* Der gelesene Wert wird als Funktionswert zurückgegeben.*/
/* Bei komplexeren Datentypen empfiehlt sich die Übergabe */
/* der Zielvariablen als STRUCT per Adresse (IDENT).        */
/* Die Routine blockiert intern, wenn der Puffer leer ist */
/* oder wenn gerade von einer anderen Task aus dem Puffer */
/* gelesen wird.                                            */
/**************************************************************/

lese: PROC RETURNS (FIXED) GLOBAL;
   DCL datum FIXED;   ! Hilfsgröße für Rückgabe

   REQUEST belegt;
      REQUEST l_mutex;
         datum := puffer(l_zeiger);
         l_zeiger := l_zeiger + 1;
         IF l_zeiger GT 10 THEN
            l_zeiger := 1;
         FIN;
      RELEASE l_mutex;
    RELEASE platz;
    RETURN (datum);
END;

MODEND;
```

6.1.3 Der BOLT-Typ

Als weiteres Koordinierungsmittel stellt PEARL den Typ BOLT bereit. Mit ihm
kann ein kritischer Bereich, auf den viele Tasks lesend und schreibend zugreifen wollen, effizient geschützt werden. Das Konstrukt erlaubt mehreren Tasks,
den Bereich zu lesen, jedoch nur jeweils einer einzigen, den kritischen Bereich
für Modifikationen zu betreten. Zur Zugriffssteuerung werden die Operationen
ENTER, LEAVE, RESERVE und FREE verwendet.

6.1.4 Einplanungen

Eine in der Prozessautomatisierung immer wiederkehrende Aufgabe ist die Einplanung von Aktivitäten zu bestimmten Zeiten. PEARL stellt hierzu eine Reihe von Konstrukten bereit, die den Ablaufzustand einer Task manipulieren. Für einen fehlerfreien Ablauf muss zum Zeitpunkt des Eintritts einer Einplanung die entsprechende Änderung des Task-Zustandes möglich sein; ansonsten wird eine Fehlerreaktion ausgelöst. Diese Konstrukte sind auch miteinander kombinierbar, so dass jedes benötigte Verhalten einfach formuliert werden kann. Listing 6.2 zeigt die Einplanung einer Task `klingeln`, die nach Eintritt eines bestimmten Ereignisses während eines angegebenen Zeitraums mit einer ebenfalls angegebenen Frequenz gestartet werden soll.

Listing 6.2. Kombination von Einplanungen

```
WHEN ctrl_c
     ALL 0.2 SEC DURING 10 SEC
     ACTIVATE klingeln PRIO 10;
```

Einplanungsarten

Einplanungen können mit folgenden Attributen formuliert werden:

ALL beschreibt die Einplanung einer Task, die in regelmäßigen Abständen durchgeführt werden soll. Auf diese Weise werden präzise Aktivierungsfrequenzen möglich, da Variationen im Zeitbedarf der Task bei der Neuaktivierung ausgeglichen werden.

WHEN beschreibt die Einplanung einer Task, die bei Eintritt eines Ereignisses[2] erfüllt ist.

AT beschreibt eine mit der Uhrzeit verknüpfte Einplanung.

AFTER beschreibt eine Einplanung, die relativ zur aktuellen Uhrzeit bei Erreichen der Anweisung gilt. Bei Verwendung in einer Wiederholungsschleife wird im Gegensatz zu ALL relativ zum aktuellen Zeitpunkt eine feste Zeit lang gewartet, so dass durch Laufzeitunterschiede gegenbenfalls keine festen Frequenzen erzielt werden.

UNTIL gibt das Ende der Gültigkeit einer Einplanung durch eine absolute Zeit an.

DURING gibt das Ende der Gültigkeit einer Einplanung im Gegansatz zu UNTIL durch einen Zeitraum an.

Beispiele für Einplanungen

Die Verwendung der Einplanungskonstrukte sollen nun anhand eines Testprogramms illustriert werden, das den in Listing 6.1 angegebenen Ringpuffer aufruft. Das Programm enthalte folgende Tasks:

---

[2] Meistens verwendet in Zusammenhang mit Unterbrechungen von einem Sensor oder Aktor.

`start_task` (Listing 6.3) initialisiert das System und kontrolliert den zeitlichen Ablauf. Nach der Initialisierung werden zunächst 5 sec lang Daten schnell erzeugt und langsam abgeholt, so dass sich der Puffer füllt und bei Erreichen der Füllgrenze die weitere Erzeugung über den im Ringpuffer implementierten Mechanismus blockiert wird. Anschließend wird der Puffer geleert und dann 12 sec lang langsam befüllt und schnell ausgelesen. Damit beim Beenden ein definierter Systemzustand erreicht wird, sollen die Tasks nicht fremdterminiert, sondern ihnen mitgeteilt werden, dass sie sich beenden sollen. Dazu wird die gemeinsame Variable `abbruch` verwendet. Sobald sie gesetzt ist, beenden sich die zyklisch laufenden Tasks `erzeuger_task` und `verbraucher_task` (vgl. Listings 6.5 und 6.6). Die Beendigung melden diese Tasks über den Semaphor `fertig`. Am Ende müssen noch die Einplanungen der Tasks `tick_task` und `crtl_c_task` gelöscht werden, wozu eine PREVENT-Anweisung eingesetzt wird.

Listing 6.3. Testprogrammausschnitt: Start und Ablaufsteuerung

```
start_task: TASK PRIO 10 MAIN;
    OPEN ausgabe;
    WHEN ctrl_c ACTIVATE ctrl_c_task;
    ALL 1 SEC ACTIVATE tick_task;

    PUT marke,
        '**** 5 sec lang alle 0.1 sec erzeugen --',
        'alle 0.5 sec lesen', marke
        TO ausgabe BY A,SKIP,A,A,SKIP,A,SKIP;
    s_wartezeit := 0.1 SEC;
    l_wartezeit := 0.5 SEC;
    ACTIVATE verbraucher_task;
    ACTIVATE erzeuger_task;
    IF NOT abbruch THEN
        AFTER 5 SEC RESUME;
    FIN;

    PUT marke,'**** Puffer leeren',marke
        TO ausgabe BY A,SKIP,A,SKIP,A,SKIP;
    s_wartezeit := 10 SEC;
    l_wartezeit := 0.1 SEC;
    AFTER 2 SEC RESUME;
    PREVENT erzeuger_task;   ! After..Resume abkürzen
    CONTINUE erzeuger_task; ! Task fortsetzen
                ! damit ist erzeuger_task wieder bereit

    PUT marke,'**** 5 sec lang alle 3 sec erzeugen --',
        'alle 0.2 sec lesen', marke
        TO ausgabe BY A,SKIP,(2)A,SKIP,A,SKIP;
    IF NOT abbruch THEN
        s_wartezeit := 3 SEC;
```

```
            l_wartezeit := 0.2 SEC;
             AFTER 5 SEC RESUME;
           FIN;

           PUT marke,'**** Ende: warte auf Tasks ....',marke
               TO ausgabe BY A,SKIP,A,SKIP,A,SKIP;
           abbruch := '1'B1;
           REQUEST fertig;
           REQUEST fertig;
           PUT '****  .... sind fertig' TO ausgabe BY A,SKIP;

           /* Einplanungen müssen am Ende gelöscht werden. */
           PREVENT ctrl_c_task;
           PREVENT tick_task;

           CLOSE ausgabe;
END;
```

`tick_task` (Listing 6.4) markiert den zeitlichen Verlauf am Bildschirm. Die
Modulvariable **sekunden** wird in dieser Task ausgegeben und inkrementiert. Die Task wird mit einer einmaligen **ALL**-Anweisung in der Task
`start_task` gestartet.

Listing 6.4. Testprogrammausschnitt: Sekundenmarkierung erzeugen

```
tick_task: TASK PRIO 80;
   PUT minus, sekunden, 'SEC'
       TO ausgabe BY A, F(3), A, SKIP;
   sekunden := sekunden + 1;
END;
```

`erzeuger_task` (Listing 6.5) läuft in einer Schleife, bis ihr angezeigt wird,
dass sie sich beenden soll. Nach einer in der `start_task` kontrollierten
Wartezeit schreibt diese Task eine Zählvariable in den Ringpuffer, sofern
dieser noch Plätze frei hat.

Listing 6.5. Testprogrammausschnitt: Daten in Ringpuffer schreiben

```
erzeuger_task: TASK PRIO 100 ;
   DCL x FIXED INIT (1);

   WHILE NOT abbruch REPEAT
       AFTER s_wartezeit RESUME;
        schreibe(x);
       PUT 'geschrieben: ',x TO ausgabe BY A,F(5),SKIP;
       x := x + 1;
   END;
   PUT 'erzeuger_task fertig' TO ausgabe BY A, SKIP;
   RELEASE fertig;
END; /* Task erzeuger_task */
```

`verbraucher_task` (Listing 6.6) läuft in einer Schleife, bis ihr angezeigt wird, dass sie sich beenden soll. Sie versucht nach einer in `start_task` kontrollierten Wartezeit, einen Wert aus dem Ringpuffer zu lesen und auszugeben.

Listing 6.6. Testprogrammausschnitt: Daten aus Ringpuffer lesen

```
verbraucher_task: TASK PRIO 200;
   DCL x FIXED;
   WHILE NOT abbruch REPEAT
      AFTER l_wartezeit RESUME;
      x := lese;
      PUT 'gelesen:',x TO ausgabe BY X(30),A,F(5),SKIP;
   END;
   PUT 'verbraucher_task fertig' TO ausgabe BY A, SKIP;
   RELEASE fertig;
END;
```

`ctrl_c_task` (Listing 6.7) wird bei einer Programmabbruchanforderung (CRTL-C) über die `WHEN`-Einplanung in `start_task` aktiviert und setzt primär die Steuervariable für das Programmende.

Listing 6.7. Testprogrammausschnitt: manueller Programmabbruch

```
ctrl_c_task: TASK PRIO 50;
   abbruch := '1'B;
   PUT '*** Abbruch ***' TO ausgabe BY SKIP,A, SKIP;
END; /* Task ctrl_c_task */
```

Die in Listing 6.8 gezeigten Ausgaben verdeutlichen nochmals den Ablauf.

Listing 6.8. Ergebnis des Testprogramms

```
**** 5 sec lang alle 0.1 sec erzeugen und alle 0.5 sec lesen
                                                            1SEC
geschrieben:     1
geschrieben:     2
geschrieben:     3
geschrieben:     4
                         gelesen:     1
geschrieben:     5
geschrieben:     6
geschrieben:     7
geschrieben:     8
geschrieben:     9
                                                            2SEC
                         gelesen:     2
geschrieben:    10
geschrieben:    11
geschrieben:    12
geschrieben:    13
```

```
                                        gelesen :      3
______________________________________________________________    3SEC
geschrieben :     14
                                        gelesen :      4
geschrieben :     15
                                        gelesen :      5
______________________________________________________________    4SEC
geschrieben :     16
                                        gelesen :      6
geschrieben :     17
                                        gelesen :      7
______________________________________________________________    5SEC
geschrieben :     18
                                        gelesen :      8
geschrieben :     19
                                        gelesen :      9
**** Puffer  leeren
______________________________________________________________    6SEC
geschrieben :     20
                                        gelesen :     10
                                        gelesen :     11
                                        gelesen :     12
                                        gelesen :     13
                                        gelesen :     14
                                        gelesen :     15
                                        gelesen :     16
                                        gelesen :     17
                                        gelesen :     18
                                        gelesen :     19
______________________________________________________________    7SEC
                                        gelesen :     20
**** 5 sec lang alle 3 sec erzeugen und alle 0.2 sec lesen
geschrieben :     21
                                        gelesen :     21
______________________________________________________________    8SEC
______________________________________________________________    9SEC
______________________________________________________________    10SEC
geschrieben :     22
                                        gelesen :     22
______________________________________________________________    11SEC
______________________________________________________________    12SEC
**** Ende: warten auf Tasks ....
______________________________________________________________    13SEC
geschrieben :     23
erzeuger_task fertig
                                        gelesen :     23
verbraucher_task fertig
****  .... sind fertig
```

6.1.5 Zugriff auf Prozessperipherie

Das Ein- und Ausgabesystem von PEARL umfasst nicht nur Tastatur und Bildschirm, sondern deckt auch die Prozessperipherie ab. Um Benutzernamen für Peripheriegeräte mit Systemnamen zu verbinden, ist in der Sprache der SYSTEM-Teil vorgesehen (vgl. Listing 6.9). In der Linux-Umgebung werden Signale zum Programmabbruch üblicherweise durch Eingabe von CTRL-C erzeugt. Dieses asynchrone Ereignis hat den Charakter einer Unterbrechung und wird im betrachteten Beispiel auch entsprechend gehandhabt. Die Charakteristik der Schnittstelle wird im Problemteil von PEARL mit der DATION-Deklaration festgelegt (vgl. Listing 6.10).

Listing 6.9. Systemteil in PEARL: Benutzernamendeklaration für Systemgeräte

```
SYSTEM;
          ausg    : STDOUT;
          ctrl_c  : UNIXINT(2);
```

Listing 6.10. Problemteil in PEARL: Benutzernamenspezifikation für Systemgeräte

```
PROBLEM;
SPC  ctrl_c INTERRUPT;
SPC  ausg DATION OUT ALPHIC GLOBAL;
DCL  ausgabe    DATION OUT ALPHIC DIM(*,80) FORWARD
                CONTROL(ALL)  GLOBAL CREATED(ausg);
```

Neben Ein- und Ausgabeschnittstellen, über die in formatierter Weise mit ALPHIC-Dations kommuniziert wird, gibt es auch solche, über die Daten im internen, binären Format ausgetauscht werden. Dabei handelt es sich meistens um digitale und analoge Prozessperipherie. Diese Schnittstellen werden mit dem Attribut BASIC vereinbart. Für den Datentransfer werden dann die Anweisungen TAKE und SEND verwendet. Die zur Verfügung stehenden Systemgeräte sind natürlich plattformabhängig. Bei einer Portierung auf ein anderes Rechnersystem sind lediglich die Systemnamen der Schnittstellen anzupassen.

6.2 Ada

6.2.1 Kurzeinführung

Die Sprache Ada wurde im Rahmen eines internationalen wissenschaftlichen Wettbewerbs zur Lösung software-technischer Probleme bei der Entwicklung großer Programmsysteme ab 1979 definiert. In ihren Grundstrukturen basiert Ada auf Algol und Pascal. Eine internationale Arbeitsgruppe des ISO/IEC entwickelt die Sprache konsequent weiter. Die letzte Aktualisierung ist in [144] zu finden. Ada ist in ihren syntaktischen und auch semantischen Eigenschaften sehr präzise definiert, weshalb Ada-Programme in hohem Maße portabel sind.

Ada ist eine objektorientierte, modulare und typstrenge Sprache mit einigen Sprachelementen für die Echtzeitprogrammierung. Sie wurde für die Entwicklung großer Software-Systeme mit hohen Anforderungen an Zuverlässigkeit und Sicherheit entworfen. Dies wird durch ein leistungsfähiges Modulkonzept und durch umfangreiche Fehlerprüfungen zur Übersetzungs- und Fehlerbehandlungsmöglichkeiten zur Ausführungszeit zu erreichen versucht. Überall, wo Menschenleben oder sehr große Sachwerte gefährdet sind oder ganz allgemein hohe Zuverlässigkeit gefordert wird, wird die Verwendung von Ada von internationalen Normen für sicherheitskritische Software wie IEC 61508 oder DO178B dringend empfohlen.

Dieser Abschnitt skizziert die Sprache Ada nur grob. Vertiefende Darstellungen sind in [110, 14] und speziell im Hinblick auf Echtzeiteinsatz und Multitasking in [26, 24] zu finden, wobei [24] Ada auch im Zusammenhang mit RT-Java und Posix darstellt. Die vollständige Sprachdefinition kann [144] und wertvolle Hintergrundinformation [15, 13] entnommen werden. Im Internet finden sich zahlreiche Dokumente und frei verfügbare Übersetzer und Programme, z.B. unter [2].

6.2.2 Beispiel Erzeuger-Verbraucher-Problem

Die Lösung des Erzeuger-Verbraucher-Problems mit Kommunikation über einen zwischengeschalteteten Ringpuffer, das bereits in den Abschnitten 6.1.2 und 6.1.4 über PEARL behandelt wurde, sieht in der Programmiersprache Ada wie in Listing 6.11 gezeigt aus.

In Zeile 1 dieses Programms wird ein passendes Ein-/Ausgabepaket importiert und mit `use` wird dessen Namensraum direkt sichtbar gemacht. Ebenso wird das Pufferpaket aus Abschnitt 3.3 importiert, und zwar hier in einer generischen Variante (Zeile 3). Das „Hauptprogramm" beginnt in Zeile 5 mit dem Deklarationsteil, an den sich ab Zeile 42 der Anweisungsteil anschließt. Wichtig ist die *Instantiierung* des generischen Pufferpakets für den hier gewünschten Zweck in den Zeilen 9 und 10. Der Platzhalter `Objekt` wird durch `integer` ersetzt und der Wert `max` für die maximale Anzahl von Pufferplätzen wird auf 20 gesetzt. Mit dem so erzeugten Paket `int20_p` (für 20 Pufferplätze für ganze Zahlen) kann dann in Zeile 12 ein Objekt `mein_puffer` vom Typ `int20_p.puffer` deklariert werden. Der Mechanismus wird in Abschnitt 6.2.3 noch genauer dargestellt. Die beiden Tasks `erzeuger` und `verbraucher` werden in den Zeilen 15–25 und 27–39 definiert. In der Spezifikation wird hier zunächst nur eine Priorität angegeben. In der durch das Schlüsselwort `body` kenntlichen Implementierung werden in einer Zählschleife die Methoden `ablegen` und `entnehmen` des Objekts `mein_puffer` aufgerufen. Die Verbraucher-Task enthält in der Schleife noch eine Zeitverzögerung um 2,0 sec (Schlüsselwort `delay`).

Listing 6.11. Erzeuger-Verbraucher-Problem mit zwischengeschaltetem Ringpuffer

```ada
with ada.Text_IO; use ada.Text_IO;

with generischer_puffer;

procedure Erzeuger_Verbraucher is

  -- Pufferpaket für 20 Objekte vom Typ integer,
  -- instantiiert aus generischem Pufferpaket
  package int20_p is
    new generischer_puffer (Objekt => integer, max => 20);

  mein_puffer : int20_p.puffer;


  task erzeuger is                        -- Spezifikation
    pragma priority(10);
  end erzeuger;

  task body erzeuger is                   -- Implementierung
  begin
    for i in 1..25 loop
      put_line("Erzeugertask schreibt in den Puffer");
      mein_puffer.ablegen(i);
    end loop;
  end erzeuger;

  task verbraucher is                     -- Spezifikation
    pragma priority (20);
  end verbraucher;

  task body verbraucher is                -- Implementierung
    x : integer;
  begin
    for i in 1..10 loop
      delay 2.0;
      mein_puffer.entnehmen(x);
      put_line("Verbraucher-Task liest aus Puffer");
    end loop;
  end verbraucher;


begin                                     -- Hauptprogramm
  put_Line("Beginn des Hauptprogramms," &
   " die Tasks laufen parallel hierzu");
end Erzeuger_Verbraucher;
```

6.2.3 Module und Generizität

Ada unterstützt die Entwicklung großer Programmsysteme durch ein Modulkonzept, das Modulschnittstellen und -implementierungen strikt voneinander trennt. Die Schnittstelle gibt an, welche Elemente eines Moduls extern verwendet werden können. Module heißen in Ada Pakete. Ein Paket besteht aus der Spezifikation als Schnittstellenbeschreibung und einem zugehörigen Rumpf (body) als Implementierung. Letztere stellt dann die verborgene Realisierung der spezifizierten Schnitstellenelemente dar. Durch Benutzt- und Importbeziehungen zwischen Modulen ergeben sich hierarchische Strukturen. Alle Teile solcher Strukturen können separat übersetzt werden. Alle Programmbausteine werden mit ihren Bezügen zu anderen Bausteinen, ihren eigenen Schnittstellen und ihren Übersetzungszeiten usw. abgelegt. Der Name eines Bausteins – nicht der seiner Quelltextdatei – dient dabei zu seiner Verwaltung. Die Konsistenz der Beziehungen zwischen benutzten und benutzenden Programmbausteinen sowie zwischen Spezifikationen und Rümpfen der Module kann dadurch immer durch den Übersetzer sichergestellt werden. Durch umfassende Sicht auf den aktuellen Zustand aller Bausteine werden notwendige Nachübersetzungen automatisch angestoßen. Beide genannten Konsistenzmaßnahmen sind durch den Sprachstandard verbindlich vorgeschrieben. Das Modulkonzept von Ada gilt als „wasserdicht", weil von außen kein Zugriff auf Implementierungsdetails möglich ist und Konsistenz über alle Modulgrenzen hinweg durch den Übersetzer sichergestellt werden kann – ein für die Konstruktion sicherer Systeme günstiger Aspekt.

Als Beispiel soll nun der Ringpuffer aus Abschnitt 3.3 in ein Modul gekapselt werden. Für den Ringpuffer ergibt sich damit als erster Ansatz ein Paket wie in Listing 6.12 gezeigt. Auch andere Programmbausteine, z.B. die Tasks aus Listing 6.11, könnte man entsprechend in Pakete einkapseln. Nachteilig und für praktische Zwecke unbrauchbar ist im Paket nach Listing 6.12, dass sowohl Maximalzahl der Pufferplätze als auch Typ der gespeicherten Elemente fest im Paket eincodiert sind. Ein derartiges Modul ist nur in den seltensten Fällen wiederverwendbar. Daher gibt es die Möglichkeit, *generische Einheiten* zu definieren, mit denen solche Festlegungen flexibel an unterschiedliche Bedürfnisse angepasst werden können. In Listing 6.13 sind einer entsprechenden Schablone *generische Parameter* Objekt und max vorangestellt. Mittels einer Instantiierung kann dann das gewünschte Modul aus dieser Schablone erzeugt werden. Dabei werden die generischen Parameter durch die benötigten Werte ersetzt.

In Listing 6.11 wird durch die Anweisung zur Modulinstantiierung

```
package int20_p is new generischer_puffer (Object => integer,max => 20);
```

ein neues Paket int20_p erzeugt, wobei die generischen Parameter Objekt und max hier durch integer und 20 ersetzt werden. Mit Hilfe der Schablone wird also ein Puffer für maximal 20 ganzzahlige Werte erzeugt.

Listing 6.12. In Modul gekapselter Ringpuffer aus Abschnitt 3.3

```
 1  package int20_p is                      -- Schnittstelle des Moduls
 2
 3     max : constant := 20;
 4     type ObjektArray is
 5           array (integer range 0..max-1) of integer;
 6
 7     protected type Puffer is
 8        entry ablegen   (o : in   integer);
 9        entry entnehmen (o : out integer);
10     private
11        pufferspeicher : ObjektArray;
12        ein_index,
13        aus_index : integer range 0..max-1 := 0;
14        anzahl    : integer range 0..max   := 0;
15     end Puffer;
16
17  end int20_p;
18  ─────────────────────────────────────────────────────
19  package body int20_p is          -- Implementierung des Moduls
20     protected body Puffer is
21        -- Implementierung wie in Abschnitt 3.3
22
23        entry ablegen (o : in Objekt)  when anzahl < max is
24        -- Entry offen, falls Puffer nicht voll
25           begin
26              pufferspeicher(ein_index) := o;
27              ein_index := (ein_index + 1) mod max;
28              anzahl := anzahl + 1;
29           end ablegen;
30
31        entry entnehmen (o : out Objekt) when anzahl >= 1 is
32        -- Entry offen, falls Puffer nicht leer
33        begin
34           o := pufferspeicher(aus_index);
35           aus_index := (aus_index + 1) mod max;
36           anzahl := anzahl - 1;
37        end entnehmen;
38
39     end Puffer;
40  end int20_p;
```

Listing 6.13. Generisches, gut wiederverwendbares Modul für Ringpuffer

```ada
generic                              — generische Parameter:
  type Objekt is private;            — Typ der Objekte im Puffer
  max : integer;                     — maximale Anzahl von Objekten

package generischer_puffer is

  type ObjektArray is
        array (integer range 0..max−1) of Objekt;

  protected type Puffer is
    entry ablegen   (o :  in   Objekt);
    entry entnehmen (o :  out  Objekt);
  private
    pufferspeicher : ObjektArray;
    ein_index,
    aus_index : integer range 0..max−1 := 0;
    anzahl    : integer range 0..max   := 0;
  end Puffer;

end generischer_puffer;

— Paketrumpf entsprechend

...
— Instantiierung
package int20_p is
  new generischer_puffer (Objekt => integer, max => 20);
```

6.2.4 Typen und Anweisungen

Typkonzept

Ada bietet die in modernen Programmiersprachen üblichen Typkonzepte (numerische und Aufzählungstypen, Verbunde, Felder, Interfaces usw.) an. Darüber hinaus verdienen einige Aspekte besondere Beachtung, weil diese speziell im Echtzeitbereich und für eingebettete Systeme sehr hilfreich sind.

Typsicherheit

Ada hat ein sehr strenges Typkonzept und garantiert damit weitestgehende Typsicherheit. Der Begriff Typsicherheit bedeutet, dass jedes Objekt einen klar definierten Wertebereich und somit auch eine klar definierte Typzugehörigkeit hat und dass keine logisch unterschiedlichen Konzepte vermischt werden[3]. Ein Vorteil dieser Typstrenge ist, dass alle (oder wenigstens möglichst viele) Typfehler erkannt werden und dass nicht unbedacht Werte eines Typs A an Variable eines anderen Typs B zugewiesen werden können.

In Ada wird ein statisches Typkonzept verfolgt, d.h. die Bindung der Variablen an einen bestimmten Typ ist zur Übersetzungszeit festgelegt – mit Ausnahmen hinsichtlich der Objektorientierung im Zusammenhang mit Polymorphie. Durch die Kombination von Typstrenge und statischem Typkonzept kann in Ada die korrekte Verwendung von Variablen zur Übersetzungszeit geprüft werden, was einen großen Pluspunkt für die Zuverlässigkeit von Programmen darstellt.

Untertypen

Sogenannte Untertypen erlauben, die Wertebereiche der zugehörigen Grundtypen einzuschränken, z.B. `subtype stunde is integer range 0 .. 23;` Ähnlich wurde in Listing 6.12 mit `aus_index : integer range 0..max-1;` eine direkte Bereichseinschränkung ohne explizite Untertypvereinbarung mittels `subtype` angegeben. Die Einhaltung derartiger Bereichseinschränkungen wird zur Laufzeit überwacht und bietet so hohe Sicherheit gegen Werte aus unzulässigen Bereichen.

Festkommatypen

Ferner beinhaltet Ada Festkommatypen, wie sie in eingebetteten Systemen ohne Gleitkommaeinheit häufig vorkommen oder wie sie im Datenverkehr mit Prozessperipherie benötigt werden, z.B.
`type signed_8_3 is delta 0.125 range -256.0 .. 255.875;`
Man kann leicht nachvollziehen, dass es sich hier um einen Festkommatyp mit drei binären Nachkommastellen (`delta 0.125` $\widehat{=} 2^{-3}$) und acht Binärstellen vor dem Komma ($256.0 \widehat{=} 2^8$) handelt. Bei der üblichen Darstellung im Zweierkomplement ergibt sich dann der asymmetrische Wertebereich von -256,0 bis +255,875. Insgesamt werden mit dem Vorzeichenbit also 12 Bits benötigt.

Zeiger und Speicherverwaltung

Auch Zeiger fallen unter das strenge Typkonzept von Ada. Deshalb ist ihre Verwendung manchmal recht unbequem, andererseits aber auch einigermaßen sicher. Jedoch werden in Ada in vielen Fällen gar keine Zeiger benötigt, in denen dies in anderen Sprachen unumgänglich ist. So benötigt man beispielsweise keine Zeiger zur Übergabe von Unterprogrammparametern und zum Anlegen lokaler Felder, deren Größe erst beim Eintritt in Unterprogramme

---

[3] `signed char` für einen ganzzahligen Wert im Bereich -128 bis 127 wäre eine derartige Vermischung der Konzepte „Zeichen" und „Zahl".

festgelegt wird. Für diese Merkmale reicht die stapelbasierte Speicherverwaltung aus, wie sie in blockorientierten Sprachen üblich ist. Als Konsequenz daraus sind Speicherbedarf und die damit verbundenen Allokations- und Deallokationszeiten recht gut vorhersagbar.

Zeiger werden deshalb nur benötigt, wenn man das blockorientierte Lebensdauerkonzept durchbrechen möchte, oder auch, um die nötige Flexibilität im Zusammenhang mit der Vererbungspolymorphie zu erreichen. In diesen Fällen ist die Verwendung des Heap-Speichers („Halde") nicht zu vermeiden. Dessen Problematik ist bekannt:

- Einerseits besteht bei manuellen Freigabeoperationen die Gefahr hängender Zeiger. In Ada ist diese Situation geringfügig dadurch verbessert, dass derartige Freigabeoperationen nur über den Import der generischen Prozedur `Unchecked_Deallocation` möglich und insofern leicht einer gründlichen Überprüfung zugänglich sind.

- Andererseits ist das Zeitverhalten in Gegenwart automatischer Speicherbereinigung meist nicht vorhersagbar. Deshalb verzichten praktisch alle Ada-Übersetzer auf diese Funktion, obwohl sie nach dem Sprachstandard nicht ausgeschlossen ist.

Einen gewissen Kompromiss stellen seit Ada 95 die sogenannten Storage Pools dar. So kann man zu einem Zeigertyp als Heap einen Pool fester Größe für die anzulegenden Objekte angeben. Dieser Bereich wird automatisch freigegeben, wenn die Lebensdauer des Zeigertyps endet. Dieser Mechanismus ist dem in RT-Java eingeführten „Scoped Memory" ähnlich (vgl. Abschnitt 6.3.7). Eine weitergehende Einflussnahme auf die Verwaltung von Heaps ist durch Neudefinition der entsprechenden Methoden der Storage Pools möglich. Algorithmen zur automatischen Verwaltung von Heap-Objekten mittels „Reference Counting" oder „Mark and Release" sind frei im Internet verfügbar.

6.2.5 Tasks und Zeiteinplanungen

Direkte Task-Kommunikation über Rendezvous

Neben der indirekten Task-Kommunikation über geschützte Objekte, wie sie oben aufgezeigt wurde, gibt es in Ada auch eine direkte Kommunikationsmöglichkeit zwischen Tasks. Beim sogenannten Rendezvous wird im wesentlichen ein synchroner Botschaftenaustausch zwischen zwei Tasks durchgeführt. Das Prinzip ist in Listing 6.14 dargestellt. Die Server-Task bietet beispielhaft zwei Dienste an, die in ihrer Spezifikation als Entry angegeben sind. Je nach den Bedingungen („Wächter") ist die Task bereit, Dienst1 oder Dienst2 zu akzeptieren (Anweisung `accept`). Wenn mehr als ein Wächter offen ist, kann ein beliebiger offener Dienst in der Auswahl `select ... or` akzeptiert werden. Auch beim Rendezvous wird – ganz ähnlich wie durch geschützte Objekte – Synchronisation und wechselseitiger Ausschluss garantiert:

- Es kann immer nur ein Rendezvous mit einem Aufrufer stattfinden.

- Wenn kein Aufruf vorliegt, bleibt die Server-Task in Wartestellung vor der select-Anweisung und akzeptiert einen beliebigen Aufrufer für einen der offenen Dienste.

- Ein Aufrufer bleibt während der Abarbeitung des Dienstes (also zwischen `accept dienst(...) do` und `end dienst;`) blockiert, z.B. insbesondere zum Parameteraustausch.

- Tasks, deren Aufrufe nicht sofort angenommen werden können, werden blockiert und in eine Warteschlange eingereiht. Ihre Dienstaufruf werden sobald wie möglich später durchgeführt.

Ebenfalls angeboten wird ein „Dienst" `terminate` zur kontrollierten Beendigung der Server-Task, wenn die übergeordnete Einheit dies wünscht.

Trotz seiner Eleganz hat das Rendezvous-Konzept seit Einführung der weniger aufwendigen Kommunikationsmöglichkeit über geschützte Objekte etwas an Bedeutung verloren. Für Details sei auf [26] verwiesen, wo auch Querbezüge zu den Konzepten der kommunizierenden sequentiellen und der verteilten Prozesse (Communicating Sequential Processes, Distributed Processes) dargestellt sind.

Zeitliche Einplanungen

Die einfache Verzögerungsanweisung `delay` mit Angabe einer Relativzeit wurde bereits im Abschnitt 6.2.2 eingeführt. Für periodische Vorgänge braucht man zur Vermeidung kumulativer Drift eine auf absolute Zeitpunkte bezogene Verzögerungsanweisung `delay until`. Listing 6.15 zeigt das Prinzip. Für weitergehende Details zum Thema Zeit (Paket Calendar, Zeitzonen, monotone Zeit, Genauigkeit der Verzögerungsanweisung usw.) wird auf die angegebene Literatur verwiesen.

Listing 6.15. Periodischer Task-Ablauf

```
1   with ada.calendar; use ada.calendar;
2   ...
3   task periodisch;
4   ─────────────────────────────────────────────
5   task body periodisch is
6      periode : constant duration := 1.0;      — 1.0 sec
7      nächste_zeit : time := clock + 10.0;     — 4
8                      — clock liefert die augenblickliche Zeit;
9   begin               — erste Periode also in 10.0 sec
10     loop
11        delay until nächste_zeit;
12        — auszuführende Aktionen
13        nächste_zeit := nächste_zeit + periode;
14     end loop;
15  end periodisch;
```

Listing 6.14. Exemplarische Darstellung des Rendezvous-Prinzips

```
 1  task server is                                — Spezifikation
 2     entry dienst1 (o : in  Objekt);
 3     entry dienst2 (o : out Objekt);
 4  end server;
 5
 6  task body server is                           — Implementierung
 7  begin
 8    loop
 9      select
10        when Bedingung1 =>                      — Wächter für Dienst1
11        accept dienst1 (o : in Objekt) do
12          ...
13        end dienst1;
14      or
15        when Bedingung2 =>                      — Wächter für Dienst1
16        accept dienst2 (o : out Objekt) do
17          ...
18        end dienst2;
19      or
20        terminate;                              — "Dienst" für die kon-
21      end select;                               — trollierte Beendigung
22    end loop;
23  end server;
24
25  task client1;                                 — Spezifikation
26
27  task body client1 is                          — Implementierung
28  begin
29    ...
30    server.dienst1(123);
31    ...
32  end client1;
```

Tasking-Entwurfsmuster

Für die praktische Anwendung der Möglichkeiten, die Ada im Bereich Tasking
bietet, existiert eine Fülle von Entwurfsmustern, z.B. für

- persistente und transiente Signale,
- Ereignisse, Semaphore,
- kontrollierte oder auch automatische Beendigung von Tasks,
- Zeitüberschreitung auf Seiten von Server und auch Client,

---

[4] Bei **nächste_zeit** liegt kein Druckfehler vor. Ada-Übersetzer müssen tatsächlich
den vollen ISO 32-Bit-Zeichensatz einschließlich Umlaute unterstützen.

- asynchrone Verzweigung zu einer Notroutine, falls eine Aktion aus Zeitmangel abgebrochen werden muss,
- die Programmierung „letzter Wünsche", bevor eine Task beendet wird,
- die Verwendung von Task-Typen für mehrfach zu instantiierende identische Tasks oder
- direkte synchrone und asynchrone Task-Beinflussung.

Angesichts des Umfangs dieses Themas muss hierfür auf [26, 14] verwiesen werden.

Zuteilung

Ein wichtiger Bestandteil der Entwicklung von Echtzeitsystemen ist die Spezifikation des Verhaltens des Laufzeitsystems bei der Verwaltung nebenläufig auszuführender Programmteile. Dies ist im Anhang „Real-Time Systems" der Ada-Sprachdefinition genau geregelt. Derartige Anhänge für spezielle Anwendungen müssen nicht von jedem Ada-System implementiert werden. Damit besteht die Möglichkeit, den Kern der Sprache Ada auch auf nicht echtzeitfähigen Systemen zu implementieren. Fast alle Übersetzer implementieren diese Anhänge jedoch, z.B. auch der GNU Ada Translator (GNAT) für die gängigen Betriebssysteme.

Dem Anhang „Real-Time Systems" folgend wird beispielsweise durch die Anweisung `pragma Task_Dispatching_Policy(FIFO_Within_Priorities)` präemptive (verdrängende), prioritätengesteuerte Zuteilung nebenläufiger Tasks erzielt, wobei diese auf gleicher Prioritätsebene in der Ankunftsreihenfolge („first-in, first-out", FIFO) abgearbeitet werden. Weitere Zuteilungsstrategien wie das Zeitscheibenverfahren und nach aufsteigenden Fertigstellungsfristen sind ebenfalls definiert und können alternativ oder auch gleichzeitig für verschiedene Prioritätsbereiche aktiviert werden.

6.2.6 Ravenscar-Profil für hoch zuverlässige Echtzeitsysteme

Zur Entwicklung von Software für hochzuverlässige Systeme stellt Ada – neben anderen Mechanismen – eine spezielle Teilmenge der Sprache zur Verfügung, die im sogenannten Ravenscar-Profil [25] definiert ist. Dieses Profil erfüllt Anforderungen an Echtzeit-Software wie Determinismus, Task-Planbarkeit, Speicherbeschränktheit sowie Abbildbarkeit auf kleine effiziente Laufzeitsysteme mit Task-Synchronisation und -Kommunikation und ermöglicht zugleich die Zertifizierung bis hin zu hohen Sicherheitsintegritätsniveaus. Hinsichtlich Tasks und geschützter Objekte gestattet das Ravenscar-Profil nur folgende Möglichkeiten:

- Task-Typen und Tasks, die auf Bibliotheksebene mit statischer Priorität definiert sind; sie dürfen keine Entries besitzen.

Listing 6.16. Ravenscar-konformes Beispiel eines zyklischen Task-Typs mit zwei damit instantiierten Tasks

```ada
 1  with system; use system;
 2  with Ada.Real_Time; use Ada.Real_Time;   -- 5
 3  ...
 4  ________________________________________________
 5  task type periodische_task (prio    : Priority;
 6                              periode : Positive) is
 7                      -- Periode in µsec
 8    pragma priority(Prio);
 9
10  end periodische_task;
11  ________________________________________________
12  task body periodische_task is
13    nächste_zeit : Time := clock; -- augenblickliche Zeit
14    zykluszeit : constant Time_Span := Microseconds(periode);
15  begin
16    -- ...
17    loop
18      delay until nächste_zeit;
19        -- Periodisch auszuführender Code
20        -- ...
21      nächste_zeit := nächste_zeit + zykluszeit;
22    end loop;
23  end periodische_task;
24  ________________________________________________
25
26  -- Deklarationen zweier periodischer Tasks
27  -- mit verschiedenen Prioritäten und Zykluszeiten
28
29  T1 : periodische_task (prio => 20, periode => 200);
30  T2 : periodische_task (prio => 15, periode => 100);
```

- Geschützte Typen und Objekte, die auf Bibliotheksebene definiert sind; sie dürfen jeweils nur einen Entry besitzen, an dem zu jeder Zeit höchstens eine Task wartet; als Entry-Barriere dient eine einzige boolesche Variable.
- Prozeduren in geschützten Objekten als statisch gebundene Unterbrechungsantwortprogramme.

Durch diese Einschränkungen ist Kommunikation zwischen Tasks zwar nur über die Verwendung geschützter Objekte möglich, jedoch erlauben diese Beschränkungen trotz Mehrprozessbetriebs die für sicherheitskritische Software

---

[5] Es ist eigentlich schlechter Stil, die Namensräume importierter Pakete durch **use** vollständig sichtbar zu machen. Diese Möglichkeit wird hier dennoch ausnahmsweise zur besseren Lesbarkeit für Einsteiger genutzt.

notwendige statische Zeitanalyse von Systemen. Weitergehende Einschränkungen sind im Anhang „High Integrity Systems" für noch höhere Kritikalitätsstufen vorgesehen. Das Ravenscar-Profil sieht präemptive Zuteilung mit festen Prioritäten vor. Die Anweisung `pragma Profile(Ravenscar)` veranlasst den Übersetzer, nur der Ravenscar-Teilmenge entsprechenden Code zuzulassen.

Ein Ravenscar-konformes Beispiel für die Definition eines periodisch auszuführenden Task-Typs ist in Listing 6.16 gegeben. Dabei wird das Paket Real_Time mit einer monoton steigenden und feiner aufgelösten Zeit als im Paket Calendar (Listing 6.15) verwendet. Der Task-Typ `periodische_task` ist in Zeile 5 und 6 ist hinsichtlich Priorität und Periode parametrisiert. Mit Hilfe dieses Typs werden in Zeile 29 und 30 zwei Tasks instantiiert. Falls diese unterschiedliche Aktivitäten ausführen sollen, so könnten entsprechende Angaben über einen weiteren Parameter des Task-Typs (in Form eines Unterprogramms `aktion`) eingebracht werden.

Ausführungszeit und Budgetüberschreitung

Wie in Listing 6.17 angedeutet, kann die Ausführungszeit einer Task in Ada mit Hilfe des Pakets `ada.execution_time` erfasst werden.

Listing 6.17. Erfassung der verbrauchten CPU-Zeit einer Task

```
 1  with ada.real_time;  use ada.real_time;
 2  with ada.execution_time;  use ada.execution_time;
 3    ...
 4  task T is
 5    pragma priority (10);
 6  end T;
 7
 8  task body T is
 9    letzte_messung     : cpu_time := ada.execution_time.clock;
10    — ...clock liefert die von der Task verbrauchte CPU-Zeit
11    aktuelle_messung  : cpu_time;
12    verbrauchte_zeit  : time_span;
13  begin
14      ...
15      aktuelle_messung := ada.execution_time.clock;
16      verbrauchte_zeit := aktuelle_messung − letzte_messung;
17      put("CPU-Zeit von Task T seit letzter Messung: ");
18      put(verbrauchte_zeit);
19      letzte_messung := aktuelle_messung;  — für nächste Messung
20      ...
21  end T;
```

Wichtig ist es, die Ausführungszeit nicht nur messen, sondern auch auf Zeitüberschreitungen reagieren zu können. Zu diesem Zweck kann mittels des Pakets `ada.execution_time.timers` mit einer Task ein Zeitgeber assoziiert werden, der bei Überschreiten einer vorzugebenden verbrauchten Ausführungszeit einen sogenannten Handler aktiviert. Dieser kann dann eine geeignete Reaktion auf die Überschreitung des vorgegebenen Budgets an Ausführungszeit anstoßen. Exemplarisch sieht das wie folgt aus.

```
zeitgeber : timer(task_kennung);
maximale_cpu_zeit : time_span := microseconds(750);
```

Mit der ersten Deklaration wird ein Zeitgeber für die bezeichnete Task instantiiert und die zweite Deklaration definiert die der Task maximal zugestandene Ausführungszeit. Dann kann eine Reaktion auf eine Zeitüberschreitung durch Angabe eines Zeigers zu einem Handler mit dieser Task assoziiert werden:

```
set_handler(zeitgeber, maximale_cpu_zeit, z_handler);
```

Der durch den Zeiger `z_handler` referenzierte Handler muss eine Prozedur eines geschützten Objekts sein, ganz ähnlich wie die im nachfolgenden Abschnitt beschriebenen Unterbrechungsantwortprogramme.

Derartige Zeitüberwachungen können auch für *Gruppen von Tasks* eingerichtet werden, wobei sich die Zeitüberwachung dann auf das Gesamtzeitbudget der Task-Gruppe bezieht. Das ist z.B. wichtig, um sicherzustellen, dass aus jeweils einer derartigen Task-Gruppe bestehende Subsysteme ihr Zeitbudget einhalten und nicht andere Subsysteme gefährden. Eine detaillierte Erklärung mit Beispielen findet sich in [26].

Es ist klar, dass die vorgestellten Mechanismen von den Möglichkeiten des zugrunde gelegten Betriebssystems und der verwendeten Hardware abhängen. Von einem Standardbetriebssystem für Büroanwendungen kann keine gute Unterstützung der Ausführungszeitüberwachung erwartet werden.

6.2.7 Zugriff auf Prozessperipherie

Modellierung von Schnittstellenregistern

Der Zugriff auf Prozessperipherie kann in Ada durch Pakete realisiert werden, deren Methoden auf die Register der entsprechenden Schnittstellen zugreifen. Die Register werden dabei durch sogenannte Repräsentationsklauseln sehr präzise in Ada beschrieben. Exemplarisch betrachten wir dazu das in Abb. 6.1 gezeigte Datenregister eines Analog-Digital-Wandlers mit zwei Datenfeldern. Das Feld `skal` belege im Register 4 Bits, habe also den Wertebereich 0 bis 15 ohne Vorzeichen, und das Feld `daten` belege 12 Bits im Festkommaformat 1.11. Die Modellierung dieses Registers in Ada ist in Listing 6.18 dargestellt.

Abb. 6.1. Register eines Analog-Digital-Wandlers

Typdefinition

Im ersten Abschnitt von Listing 6.18 werden zunächst die Typen entsprechend den gegebenen Wertebereichen definiert. Der Wertebereich für den 1.11-Festkommatyp ist aufgrund der Binärdarstellung das halboffene Intervall [0.0, 2.0) mit einer Binärstelle vor dem Komma, 11 Binärstellen als Bruchanteil und einer Granularität von 2^{-11}.

Listing 6.18. Darstellung des Datenregisters eines Analog-Digital-Wandlers

```
1   -- Typdefinition für Festpunktformat 1.11
2   delta11 : constant := 2.0**(-11);   -- 2⁻¹¹
3   type unsigned_1_11 is delta delta11 range 0.0 .. 2.0-delta11;
4
5   -- Typdefinition für das Datenregister mit zwei Feldern
6   type ad_daten_reg is record
7     skal  : integer range 0..15;
8     daten : unsigned_1_11;
9   end record;
10
11  --------- Repräsentationsklauseln
12
13  -- Repräsentationsklauseln für das Datenregister
14  for unsigned_1_11'size use 12;        -- Größe 12 Bits
15
16  for ad_daten_reg'bit_order            -- Nummerierung der Bits
17     use low_order_first;               -- "von rechts her"
18  for ad_daten_reg use record
19    skal  at 0 range 12 .. 15;          -- Bits 12 bis 15
20    daten at 0 range 0  .. 11;          -- Bits  0 bis 11
21  end record;
22
23  for ad_daten_reg'size use 16;         -- Größe 16 Bits
24  for ad_daten_reg'alignment use 2;  -- Wortgrenze
25  ...                                   -- ausgerichtet
26
27  -- Deklaration eines Objekts
28  ad_reg : ad_daten_reg;
29
30  -- Festlegung des Objekts auf Adresse hexadezimal FFFFFFA0
31  for ad_reg'address use to_address(16#FFFF_FFA0#);
32
33  -- Kennzeichnung als volatil
34  pragma volatile (ad_reg);
35
36  --------- Abgeleiteter Typ für das interne Speicherformat
37  -- abgeleiteter Typ (ohne Repräsentationsklauseln,
38  -- Übersetzer bestimmt optimales Speicherungsformat)
39  type ad_daten_reg_intern is new ad_daten_reg;
40  ...
```

```
41
42  -- Deklaration eines Objekts
43  ad_reg2 : ad_daten_reg_intern;
44
45  -- Konvertierung zwischen gepackter Externdarstellung
46  -- und effizient zugreifbarer Interndarstellung
47  ad_reg2 := ad_daten_reg_intern(ad_reg);
```

Repräsentationsklauseln

Die Lage der beiden Datenfelder im Register kann durch sogenannte Repräsentationsklauseln ebenso bitgenau festgelegt werden wie die Größe des Registers und seine Ausrichtung auf gerade Adressen. Das deklarierte Objekt `ad_reg` wird mit einer Adressklausel auf die feste Adresse $FFFFFFA0_{16}$ gelegt. Es muss als `volatile` gekennzeichnet werden, weil es sich durch Einwirkung von außen ändern kann. Deshalb darf der Übersetzer keinen Code erzeugen, der mit einer Kopie des Objektwertes arbeitet.

Abgeleiteter Typ für das interne Speicherformat

Beim Zugriff auf das Schnittstellenregister muss das vorgegebene Format genau eingehalten werden, was durch die beschriebenen Repräsentationsklauseln sichergestellt wird. Für die interne Weiterverarbeitung ist diese kompakte (gepackte) Speicherung des Wertes bei häufigen Zugriffen aber ineffizient. Man kann deshalb einen abgeleiteten Typ `ad_daten_reg_intern` deklarieren, der dem Typ `ad_daten_reg` gleicht, aber nicht durch Repräsentationsklauseln in irgendein Format gezwängt wird. Der Übersetzer kann dann eine effiziente Speicherung vornehmen, in einer 32-Bit-Architektur z.B. in zwei Wörtern wie in Abb. 6.2 dargestellt. Man hat damit sowohl das intern optimale als auch das extern erforderliche Speicherformat zur Verfügung und kann durch entsprechende Typkonvertierungsanweisungen sehr einfach von der einen in die andere Darstellung umkodieren (siehe letzte Zeile in Listing 6.18).

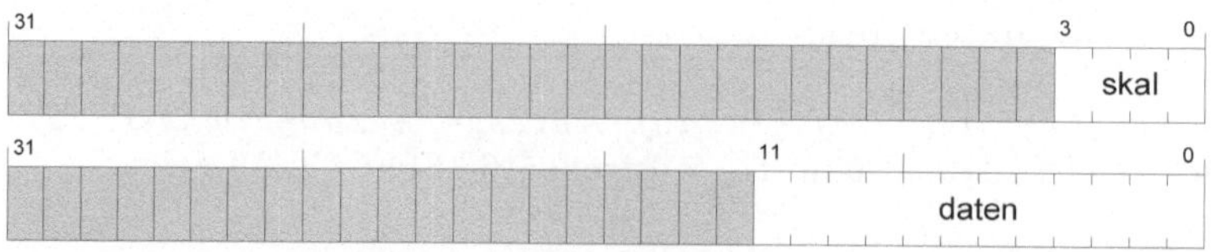

Abb. 6.2. Internes ungepacktes Speicherungsformat des Analog-Digital-Wandler-Registers aus Abb. 6.1 in einer 32-Bit-Architektur

Unterbrechungen

Auf viele Anforderungen der Prozessperipherie reagiert man sinnvollerweise unterbrechungsgesteuert. Ein Unterbrechungsantwortprogramm (abgekürzt UAP) kann in Ada als parameterlose Prozedur eines geschützten Objekts realisiert werden (vgl. Listing 6.19). Das geschützte Objekt muss auf der obersten Ebene der Ada-Hierarchie („Library Level") deklariert werden. Der sogenannte Handler (im Beispiel die Prozedur UAP) wird über `Attach_Handler` mit der entsprechenden Unterbrechungsquelle verbunden. Ein komplettes Beispiel für einen Treiber findet sich in [26].

Listing 6.19. Unterbrechungsantwortprogramm

```
1   protected Unterbrechungsbearbeitung is
2     procedure UAP;  -- Unterbrechungsantwortprogramm
3     pragma Attach_Handler (UAP,
4                  ada.interrupts.names.Unterbrechungs_ID);
5   end Unterbrechungsbearbeitung;
6
7   protected body Unterbrechungsbearbeitung is
8     procedure UAP is
9     begin
10      ...
11    end UAP;
12  end Unterbrechungsbearbeitung;
```

Obwohl der Begriff dort nicht explizit verwendet wird, wird in Echtzeitsystemen seit Jahrzehnten ein Entwurfsmuster zur Programmierung einer zweistufigen Reaktion auf Unterbrechungen verwendet, das in Abb. 6.3 dargestellte Primär-/Sekundärreaktionsmuster [147]. Es hat folgende Eigenschaften.

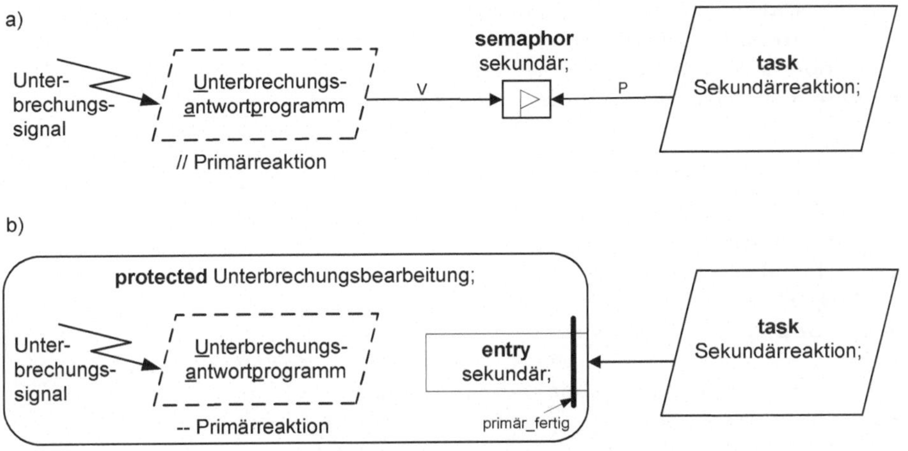

Abb. 6.3. Entwurfsmuster Primär-/Sekundärreaktion: a) klassisch, b) in Ada

- Besonders zeitkritische und nicht allzu zeitaufwendige Aktionen, wie z.B. die Entgegennahme eines einzelnen eingehenden Datenwertes, werden als *Primärreaktionen* im Unterbrechungsantwortprogramm erledigt.
- Aktionen, die keine unmittelbaren Reaktionen erfordern und die insgesamt auch zeitaufwendiger sein können, werden als *Sekundärreaktionen* in eigene Tasks ausgelagert. In diese Kategorie ist z.B. die Weiterverarbeitung eines nach Erkennung seiner Blockendekennung komplett eingelesenen Datenblocks einzuordnen.

Listing 6.20. Entwurfsmuster Primär-/Sekundärreaktion in Ada

```ada
 1  protected Unterbrechungsbearbeitung is
 2     entry sekundär (daten:out daten_typ);
 3  private
 4     procedure primär;
 5     pragma Attach_Handler (primär,
 6                 ada.interrupts.names.Unterbrechungs_ID);
 7     daten_intern : daten_typ;
 8     primär_fertig : boolean := false;
 9  end Unterbrechungsbearbeitung;
10
11  protected body Unterbrechungsbearbeitung is
12    procedure primär is
13    begin
14       -- Code zur Ausführung der Primärreaktion, z.B.
15       -- daten_intern := ...
16       primär_fertig := true;
17    end primär;
18
19    entry sekundär (daten:out daten_typ)
20      when primär_fertig is
21    begin
22      daten := daten_intern;
23      primär_fertig := false;
24    end sekundär;
25  end Unterbrechungsbearbeitung;
26
27  ------------------------------------------------
28
29  task Sekundärreaktion;
30  task body Sekundärreaktion is
31    daten : daten_typ;
32  begin
33    loop
34       -- Warten, bis Entry sekundär verfügbar
35       Unterbrechungsbearbeitung.sekundär(daten);
36       -- Code zur Ausführung der Sekundärreaktion
37    end loop;
38  end Sekundärreaktion;
```

- Primär- und Sekundärreaktion sind im klassischen Fall (Abb. 6.3a) über einen Semaphor oder eine Warteschlange gekoppelt. Im Unterbrechungsantwortprogramm sind zwar bekanntermaßen nur nichtblockierende Systemdienstaufrufe erlaubt, weil es über kein eigenes Zustandmodell wie Tasks verfügt und nicht in einen Wartezustand gelangen kann und darf. Für den Anstoß der Sekundärreaktion bedeutet dies jedoch keine Einschränkung, weil hierfür nur nichtblockierende Systemdienste, wie z.B. die Semaphoroperation `V(sekundär)`, benötigt werden.

In Ada könnte man ebenfalls die in Abb. 6.3a dargestellte Vorgehensweise nachprogrammieren. Günstiger ist es jedoch, ein geschütztes Objekt zu verwenden, das neben dem Unterbrechungsantwortprogramm auch einen Eintrittspunkt für den Anstoß der Sekundärreaktion enthält. Bei Freigabe der Entry-Barriere durch das Unterbrechungsantwortprogramm wird die wartende Task fortgesetzt und führt die Sekundärreaktion aus (Abb. 6.3b). Listing 6.20 zeigt die Details dieses Entwurfsmusters. Die das Unterbrechungsantwortprogramm bildende Prozedur `primär` wurde in den privaten Teil des geschützten Objekts gelegt, weil sie ohnehin von niemandem „aufgerufen" werden soll, sondern durch die Hardware angestoßen wird. Die boolesche Variable `primär_fertig` wird vom Unterbrechungsantwortprogramm auf `true` gesetzt, wenn eine Sekundärreaktion gewünscht wird. Die Variable dient gleichzeitig als Barriere für den Eintrittspunkt `sekundär` und gibt diesen gegebenenfalls frei. Intern gesammelte Daten werden als Parameter des Eintrittspunkts `sekundär` bereitgestellt. Die Task `Sekundärreaktion` bleibt beim Aufruf von `sekundär` in Wartestellung, bis die Barriere diesen Eintrittspunkt freigibt. Dann kann die Task fortgesetzt werden und führt die Sekundärreaktion aus.

6.3 Real-Time Specification for Java (RTSJ)

6.3.1 Warum Java?

Java ist eine einfache, modular aufgebaute, objektorientierte Programmiersprache, die aber nicht unmittelbar in Echtzeitsystemen eingesetzt werden kann, weil sie dafür nicht konzipiert wurde und keine Sprachelemente für die Echtzeitprogrammierung enthält. Mit Java ist es aber möglich, robuste, portable, wiederverwendbare und qualitativ hochwertige Software zu entwickeln sowie umfangreiche Programmpakete zu verwalten. Wegen seiner unmittelbaren Portierbarkeit auf neue Zielplattformen und seiner einheitlichen, systemunabhängigen und umfangreichen Klassenbibliothek in Form des Application Programming Interface (API) mit Lösungen für die unterschiedlichsten Teilprobleme und Aufgabenbereiche bietet Java hohe Produktivität.

Erfahrungswerte zeigen, dass der zeitkritische Teil einer Applikation höchstens 10% des gesamten Programmpakets ausmacht. Unter dem stetig wachsenden Kostendruck versuchen Firmen deshalb, für die Entwicklung der übrigen

90% durch Verwendung von Java den großen Vorrat an Java-Programmen zu nutzen und so Zeit und Kosten zu sparen. Um zur Programmierung zeitkritischer Teile keine weitere Sprache erlernen zu müssen, wurde die Real-Time Specification for Java geschaffen. Damit wird Java auch für den Einsatz im wachsenden Markt komplexer Echtzeitsysteme, wie etwa in der Luft- und Raumfahrt oder in der Telekommunikation, interessant.

6.3.2 Kurzeinführung

Java wurde Anfang der 1990er Jahre im Auftrag von Sun Microsystems, Inc., unter der Regie von James Gosling entwickelt. Der Name Java bezieht sich auf das Stammlokal "Java City – Roasters of Fine Coffee" in Menlo Park/Kalifornien sowie der beliebtesten Kaffeesorte "Java" der damaligen Programmierer. Die Java-Version 1.0 erschien 1996. Seitdem gab es eine Reihe von Erweiterungen und verschiedene Versionen.

Java-Programme werden in der Regel in Bytecode übersetzt. Dieser wird zur Laufzeit von der Java Virtual Machine (JVM) interpretiert und verursacht damit einen gewissen zeitlichen Zusatzaufwand. Andererseits werden Java-Programme durch dieses Vorgehen portabel und plattformunabhängig, d.h. sie sind ohne weitere Anpassungen auf verschiedensten Systemen und unter verschiedensten Betriebssystemen lauffähig.

Sichere Programmausführung war neben Objektorientierung und Plattformunabhängigkeit ein weiteres wesentliches Entwurfsziel von Java. So führt die JVM keinen ungültigen Bytecode aus und es darf nur auf Objekte zugegriffen werden kann, für die die entsprechenden Rechte vorhanden sind. Aus Sicherheitsgründen gibt es auch keinen direkten Hardware-Zugriff und es ist nicht möglich, Speicheradressen zu verändern. Zur Erhöhung der Ablaufgeschwindigkeit wurden „Just-In-Time"-Übersetzer geschaffen, die bei Bedarf zur Laufzeit ausführbaren Maschinencode erzeugen. Dadurch gehen allerdings einige Sicherheitsvorteile wieder verloren.

6.3.3 Schwächen von Java SE bzgl. Echtzeitbetrieb

Die Java Standard Edition (SE) weist bezüglich der Möglichkeit ihres Einsatzes für die Echtzeitverarbeitung erhebliche Schwächen auf:

- Der gesamte Speicher wird von einem wesentlichen Bestandteil der virtuellen Maschine, dem *Garbage Collector*, automatisch verwaltet. Dabei werden nicht länger referenzierte Objekte entfernt und ihr Speicherplatz wieder freigegeben. Fragmentierung des Speichers wird verhindert. Das Verhalten des Garbage Collectors ist nicht-deterministisch. Er kann Anwenderprozesse zu unvorhergesehenen Zeitpunkten und für unvorhersehbar lange Dauern anhalten.

- In Java SE gibt es keine Möglichkeit, Start- oder Endzeitpunkte sporadischer und periodischer Tasks einzuplanen, die hier Threads (Fäden) genannt werden. Gerade periodische Tasks werden aber in Echtzeitanwendungen häufig gebraucht.
- Javas Plattformunabhängigkeit erlaubt keine direkten Hardware-Zugriffe.
- Threads werden nicht streng nach Priorität aktiviert, was den Anforderungen an Echtzeitsysteme widerspricht. Java hat zudem nur eingeschränkte Prioritätsebenen zur Verfügung. Prioriäteninversion wird nicht erkannt, d.h. Threads niedriger können solche höherer Priorität blockieren, die auf Betriebsmittel im Besitz der Threads niedriger Priorität zugreifen wollen.
- Das Konzept der `Exceptions` ist nicht dafür geeignet, auf die in Echtzeitsystemen üblichen, internen und insbesondere externen asynchronen Ereignisse in geeigneter Art und Weise zu reagieren.

6.3.4 API-Erweiterungen durch RTSJ

Einer der Vorteile von Java ist es, dass es seit den Anfängen nur einen einzigen „Java Standard" in Form der Referenzimplementierung von Sun Microsystems gibt. Dieser *de facto*-Standard ist im Folgenden gemeint, wenn der Begriff „Java Standard" benutzt wird. Im Dezember 1998 gründete Sun den *Java Community Process* (JCP) [140], um die Entwicklung von Java auf eine einheitliche und breitere Basis zu stellen. Ein Jahr später veröffentlichte die *Requirements Group for Real-Time Extensions to the Java Platform* unter Federführung des National Institute of Standards and Technology grundlegende Anforderungen für Real-Time Java. Die *Real Time for Java Expert Group* (RTJEG) gründete sich im März 1999 und veröffentlichte die RTSJ als ersten *Java Specification Request* (JSR-001) [19], dessen *Final Release 3* [124] seit 2006 zur Verfügung steht. Die RTSJ beschreibt die Erweiterungen von Java für den Einsatz in Echtzeitsystemen bzgl. der Spezifikationen der Sprache selbst und ihrer virtuellen Maschine. Die Erweiterungen sind im Package `javax.realtime` zusammengefasst. Es definiert zwei neue Interfaces `Interruptable` und `Schedulable` sowie Klassen zum Erzeugen und Verwalten von Echtzeitprozessen. Die Spezifikation ist rückwärtskompatibel zu nicht zeitkritischen Anwendungen, so dass normale Java-Anwendungen auch in einer RTSJ-Implementierung lauffähig bleiben. Die Vorteile von Standard-Java wie Portabilität, standardisierte Bibliotheken oder bereits in Standard-Java vorhandene Threads zur Programmierung verteilter System sowie die Synchronisation beim Zugriff auf gemeinsame Ressourcen über Monitore sind weiterhin nutzbar.

6.3.5 Eigenschaften der RTSJ

Java-Programme werden zeitlich nicht deterministisch ausgeführt. Neben dem Garbage-Collector, der nach seinem Start in der Regel bis zum Ende ablaufen muss, ist dafür auch die Zuteilung verantwortlich. In Real-Time Java geschriebene Applikationen benötigen eine spezielle virtuelle Maschine,

die durch Verwendung eines *präemptiven Zuteilungsverfahrens*, der Klasse
`PriorityScheduler`, die vorhersagbare Ausführung von Java-Code sicher-
stellt. Die RTSJ erlaubt es, eigene Zuteilungsalgorithmen umzusetzen [142].
Der Standard-Scheduler bietet eine gewisse Grundfunktionalität an und erwartet, dass den Threads feste Prioritäten gegeben wurden. Die RTSJ fordert,
dass zusätzlich zu den 10 Standardprioritäten mindestens 28 höhere Prioritätsebenen für die Echtzeitprozesse zur Verfügung stehen. Ein normaler Java-
Thread hat damit immer eine niedrigere Priorität (1 bis 10) als ein Echtzeit-
prozess (11 und höher). Es wird garantiert, dass immer der höchstpriorisierte
Thread aktiviert wird, d.h. ihm der Prozessor zugeteilt wird. Innerhalb einer
Prioritätsebene wird nach Ankunftsreihenfolge zugeteilt. Über zusätzliche Parameter können Angaben zu größtmöglichen Ausführungszeiten, periodische
Einplanungen oder Fristen gesetzt werden.

Die neuen, von der Klasse `java.lang.Thread` abgeleiteten Echtzeitprozesse können vom Scheduler deterministisch gesteuert werden. Es wird zwischen den beiden Klassen `RealtimeThread` und `NoHeapRealtimeThread` unterschieden. Erstere können noch auf den normalen Heap zugreifen, viele Eigenschaften des normalen Java nutzen, aber auch vom Garbage Collector
unterbrochen werden. Sie sind für sogenannte weiche Echtzeitanwendungen
nutzbar, die relativ unkritisch gegenüber zeitlichen Verzögerungen sind. Die
`NoHeapRealtimeThread`s dürfen dagegen nur auf Speicherbereiche zugreifen,
die nicht unter der Verwaltung des Garbage-Collectors stehen. Diese Threads
haben höhere Priorität als der Garbage Collector und können diesen unterbrechen. Sie erfüllen das vorgeschriebene Zeitverhalten auf jeden Fall, sind also
für zeitkritischen Code unter harten Echtzeitbedingungen geeignet.

Anwendungen haben die Möglichkeit, sowohl echzeitfähige als auch nicht
echtzeitfähige Threads zu verwenden. Herkömmliche und `RealtimeThread`s
können wie gewohnt über den Heap kommunizieren. Um bei der Kommunikation zwischen Threads und `NoHeapRealtimeThread`s Verzögerungen auszuschließen, dürfen diese nur über nicht blockierende `WaitFreeQueue`s Daten austauschen. Daten werden durch einen `NoHeapRealtimeThread` in eine
`WaitFreeWriteQueue` ohne Verzögerung geschrieben, das Lesen durch sonstige
Threads wird synchronisiert. Bei `WaitFreeReadeQueues` läuft das Lesen durch
einen `NoHeapRealtimeThread` ohne Verzögerung ab, während das Schreiben
durch sonstige Threads synchronisiert wird.

Die RTSJ sieht zur Synchronisation von Echtzeitprozessen ebenfalls das Monitor-Konzept vor. Darüber hinaus ermöglicht die Klasse
`MonitorControl` die Einführung der bekanntesten Algorithmen zur Vermeidung von Prioritäteninversion, der Prioritätsvererbung oder der vorübergehenden Prioritätsanhebung. Jede RTSJ-Implementierung muss den Prio-
ritätsvererbungsalgorithmus umfassen, der Algorithmus zur vorübergehenden Prioritätsanhebung kann optional vorgesehen werden. Die Methode
`setMonitorControl()` selektiert den entsprechenden Algorithmus systemweit
oder speziell für einen bestimmten Monitor.

Die automatische Speicherverwaltung in Java ist für den Echtzeiteinsatz zu eingeschränkt. In Echtzeitsystemen gibt es viele unterschiedliche und sehr spezielle Speicherarten, die gezielt angesteuert werden müssen, will man ihre Eigenschaften nutzen. Neben dem bestehenden Heap werden zwei neue Speicherbereiche, `ImmortalMemory` und `ScopedMemory`, mit unterschiedlichen Eigenschaften außerhalb des Heap eingeführt, die nicht dem Garbage Collector unterliegen. Der Speicherbereich `ImmortalMemory` besteht während der gesamten Laufzeit eines Programms. Die Objekte darin existieren unabhängig davon, ob sie noch erreichbar sind oder nicht, bis zum Programmende. Der Zweck von `ImmortalMemory` ist es, dynamische Zuweisung zu vermeiden und statt dessen den gesamten notwendigen Speicher statisch zuzuweisen und selbst zu verwalten. Bei `ScopedMemory` handelt sich um einen Speicherbereich mit begrenzter Lebensdauer. Wie Objekte auf dem Heap haben Objekte darin nur beschränkte Lebenszeiten. Ein Referenzzähler hält fest, wie viele Threads Zugriff auf den `ScopedMemory` haben. Gibt es keine Referenz mehr, werden alle darin befindlichen Objekte gelöscht.

Die RTSJ bietet Programmierern mittels der Klasse `RawMemoryAccess` direkten Zugriff auf bestimmte Speicherbereiche. Eine Instanz der Klasse `RawMemoryAccess` modelliert einen bestimmten physikalischen Speicherbereich als feste, zusammenhängende Folge von Bytes. Auf einzelne Bytes kann über verschiedenste Methoden unter Angabe eines Versatzes zugegriffen werden. Mittels weiterer Methoden der Klasse `RawMemoryAccess` ist es möglich, speicherabgebildete Ein- und Ausgabe zu realisieren. Dies setzt das Vorhandensein einer Speicherverwaltungseinheit und entsprechende Betriebssystemunterstützung voraus und ist somit nicht mehr plattformunabhängig.

Zur Behandlung asynchroner Ereignissse führt die RTSJ einen entsprechenden Mechanismus ein. Ereignisse lassen sich mit der Klasse `AsyncEvent` modellieren. Reaktionen sind davon streng getrennt und werden mittels der Klasse `AsyncEventHandler` gekapselt. Ein `AsyncEventHandler` kann auf ein Ereignis reagieren, indem die zugehörige `handleAsyncEvent`-Methode ausgeführt wird. Die von `AsyncEvent` abgeleitete Klasse `Timer` bietet die Grundfunktionalität zur Bearbeitung zeitlich gesteuerter Ereignisse. Ein `OneShotTimer` löst nach Ablauf eines bestimmten Zeitintervalls genau einmal die `fire`-Methode aus. Ein `PeriodicTimer` wird wiederholt nach bestimmten Zeitabständen aktiviert.

Ein Zeitgeber misst die Zeit relativ zu einer Systemuhr, der Klasse `Clock`. Sowohl die Genauigkeit der Uhr als auch der aktuelle Zeitpunkt kann abgefragt werden. Mit der Klasse `HighResolutionTime` können Zeiten nanosekundengenau angegeben werden. Die Anzahl der Millisekunden wird weiterhin kompatibel in einem `long`-Wert gespeichert; zur Speicherung der Nanosekunden wurde ein zusätzlicher `int`-Wert eingeführt. Die Klassen `HighResolutionTime`, `AbsoluteTime`, `RelativeTime` und `RationalTime` dienen dem Umgang mit den genaueren Zeiten. Dabei ist `HighResolutionTime` Basisklasse für alle Zeitangaben. Sie bietet die Grundfunktionalität für Zeitdaten, zum Zugriff auf einzelne Werte für Milli- und Nanosekunden sowie zum

Vergleich von Zeiten an. Die Klasse `AbsoluteTime` repräsentiert Zeitpunkte, `RelativeTime` Zeiträume und `RationalTime` bietet die Möglichkeit, Zeiträume in gleich große Intervalle zu zerlegen.

Mit der RTSJ wurden Echtzeitkonstrukte für die Bereiche Zuteilung, Speicherverwaltung, Zugriff auf physikalischen Speicher, Synchronisation und asynchrone Ereignisbehandlung sowie Erweiterungen der Zeitgeber eingeführt. In den Abschnitten 6.3.7 und 6.3.8 werden einige dieser Aspekte noch anhand von Beispielen demonstriert werden. Die Spezifikation unterstützt die bekannten Konzepte zur Entwicklung von Echzeitsystemen, lässt aber Implementierungen an vielen Stellen erhebliche Spielräume. Die RTSJ ist zudem offen für kommende Erweiterungen oder neue Entwicklungen. Weitere Informationen zur RTSJ finden sich unter [125].

6.3.6 Implementierungen der RTSJ

Der Aufbau eines Java Real-Time Systems wird anhand der Referenzimplementierung von TimeSys [123] in der Version rtsj-1.0.2-6 beschrieben. Für harte Echtzeitanwendungen ist als unterste Schicht ein Echtzeitbetriebssystem zur Kommunikation zwischen der Hardware und der echtzeitfähigen TimeSys Java Virtual Machine (TJVM) erforderlich. Die TJVM dient als Laufzeitsystem für Java-Echtzeitprogramme und unterstützt die Echtzeiterweiterungen im Paket `javax.realtime`. Sie ist kompatibel zu Bytecode 1.3. Auf der obersten Schicht finden sich der Java-Quelltext sowie die Bibliotheken inklusive `javax.realtime`. Neben der Referenzimplementierung von TimeSys gibt es noch diverse andere Implementierungen.

Das Sun Java Real-Time System (Java RTS) ist Suns kommerzielle Implementierung der Real-Time Specification for Java [141]. Damit können Programme mit deterministischen Antwortzeiten entwickelt werden. Es ist für den zeitkritischen Einsatz von Java-Programmen in der Luft- und Raumfahrt, aber auch in der Telekommunikations- und Finanzbranche sowie im wissenschaftlichen Bereich gedacht.

IBM WebSphere Real Time V1.0 [73] bietet ebenfalls eine RTSJ-konforme Klassenbibliothek und einen echtzeitfähigen Garbage Collector an. Es ist für kommerzielle Anwendungen mit Reaktionszeiten im Millisekundenbereich geeignet und zum Einsatz unter echtzeitorientiertem Linux ausgelegt.

Die dritte seit 2008 verfügbare kommerzielle RTSJ-Implementierung ist Aphelion von Apogee [8] für kritische eingebettete Systeme.

Aicas bietet eine Implementierung der RTSJ als JamaicaVM mit einem deterministischen, effizienten Garbage Collector an [3]. Die Bibliotheken sind zu Java 1.2 und größtenteils auch zu Java 1.3 und Java 1.4 kompatibel. JamaicaVM ist für viele Betriebssysteme verfügbar und verfügt über einen hoch optimierenden Übersetzer. Es ist für harte Echtzeitbedingungen mit Periodendauern unter 1 msec geeignet. Mit JamaicaVM kann sicherheitskritischer Code gemäß der Norm DO-178B für die Software-Entwicklung in der Luftfahrt erstellt werden.

Die Produktlinie Perc von Aonix [7] enthält einen patentierten, deterministischen Garbage Collector, der inkrementell arbeitet und von höherpriorisierten Threads unterbrochen werden kann. Inkrementell bedeutet, dass der Garbage Collector nach einer Unterbrechung mit dem nächsten Inkrement weiterarbeitet, statt wieder von vorne zu beginnen. Der Übersetzer Perc Pico definiert eine Teilmenge von Java und ist für Anwendungen mit harten Echtzeit- und Sicherheitsanforderungen geeignet. Perc Pico erzeugt nicht den üblichen Bytecode, sondern übersetzt in C- oder Maschinencode. Deshalb sind Laufzeit und Codegröße sind mit denen von C-Programmen vergleichbar. Perc Pico verwendet den Garbage Collector nicht, erzeugt keine Objekte auf dem Heap, sondern nur im `ScopedMemory` oder `ImmortalMemory`. Durch Angabe von Zusicherungen und Annotationen ist es möglich, den Ressourcengebrauch zu begrenzen. Die Annotationen können mit statischen Analysetechniken überprüft werden.

6.3.7 Beispiele

Die in diesem Abschnitt vorgestellten Programme wurden überwiegend mit der Referenzimplementierung RTSJ-RI von TimeSys auf einem Linux-System 2.6.26 entwickelt und getestet. Einige Beispiele sind an [36] angelehnt. Im Folgenden werden einige Konstrukte aus dem Paket `javax.realtime` vorgestellt. Bewusst werden jeweils komplette Programme und nicht nur Codefragmente angegeben. Um die Beispiele nicht zu überfrachten, wurde auf Kommentar im Code verzichtet, Erklärungen finden sich im Fließtext.

Ausgabe aus einem RealtimeThread

Dieses erste Beispiel zeigt das Erzeugen und Starten eines Realtimethreads. Er verhält sich wie ein Thread im ursprünglichen Java, läuft aber mit höherer Priorität. Die Ausgabe „`Hello RT World!`" wird vom Realtimethread vorgenommen (vgl. Listing 6.21).

Listing 6.21. Ausgabe aus einem RealtimeThread

```java
import javax.realtime.*;

public class HelloRTWorld extends RealtimeThread {
    public void run() {
        System.out.println("Hello RT world!");
    }

    public static void main(String[] args) {
        new HelloRTWorld().start();
    }
}
```

Ausgabe aus einem periodischem Thread

Dieses Beispiel zeigt einen Thread, der periodisch in festen Zeitabständen neu gestartet wird. Er wird alle 500 msec aktiv und gibt zehnmal den Text „Periodic!" aus. Der Konstruktor erhält einen `PeriodicParameter` mit Wert 500 msec. Am Ende der Schleife suspendiert die Methode `waitForNextPeriod()` den Thread nach jeder Periode, bis die jeweils nächste Periode beginnt. Der Parameter gibt also an, in welchem Zeitabstand der Thread zu reaktivieren ist. Das Beispiel zeigt auch die Verwendung der bereits erwähnten hochauflösenden `RelativeTimer`. (vgl. Listing 6.22).

Listing 6.22. Ausgabe aus einm periodischen Thread

```
 1  import javax.realtime.*;
 2
 3  public class PeriodicRTHello extends RealtimeThread {
 4      PeriodicRTHello(PeriodicParameters pp) {
 5          super(null, pp);
 6      }
 7
 8      public void run() {
 9          for (int i = 0; i < 10; i++) {
10              System.out.println("Periodic!");
11              waitForNextPeriod();
12          }
13      }
14
15      public static void main(String[] args) {
16          // Periode 500 msec, 0 nsec
17          PeriodicParameters pp = new PeriodicParameters(
18              new RelativeTime(500, 0));
19          new PeriodicRTHello(pp).start();
20      }
21  }
```

Threads mit Prioritäten

Das Beispiel zeigt das Verhalten zweier Realtimethreads unterschiedlicher Priorität. Der Thread `LowPrio` holt sich die minimale Echtzeitpriorität, nämlich 11, vom Scheduler. Der Thread `LowPrio` startet `HighPrio` mit der höchst möglichen Echtzeitpriorität. Der Thread `HighPrio` führt eine Schleife aus und endet dann. Vier Ausgaben illustrieren die Reihenfolge der Ausführung. Auf einem Einprozessorsystem erhält man dann folgende Ausgaben:

„`LowPrio running`"
„`HighPrio running`"
„`HighPrio completed`"
„`LowPrio waiting`"

Listing 6.23. RTSJ-Threads mit Prioritäten

```java
import javax.realtime.*;

public class LowPrio extends RealtimeThread {
    LowPrio(PriorityParameters pp) {
        super(pp, null);
    }

    public void run() {
        System.out.println("LowPrio running");
        PriorityParameters pp =
            new PriorityParameters(PriorityScheduler.
                instance().getMaxPriority());
        HighPrio hp = new HighPrio(pp);
        hp.start();
        try {
            Thread.sleep(100);
            System.out.println("LowPrio waiting");
            hp.join();
        }
        catch (InterruptedException ex) {}
    }

    public static void main(String [] args) {
        int p = PriorityScheduler.instance().
            getMinPriority();
        PriorityParameters pp = new PriorityParameters(p);
        new LowPrio(pp).start();
    }

    class HighPrio extends RealtimeThread {
        HighPrio(PriorityParameters pp) {
            super(pp, null);
        }

        public void run() {
            System.out.println("HighPrio running");
            // Irgendeine Verarbeitung
            double d = 0;
            for (int i = 0; i < 1000000; i++)
                d += Math.atan(i);
            System.out.println("HighPrio completed");
        }
    }
}
```

Der niedrig priorisierte Prozess läuft als erster. Dann erhält der hoch priorisierte den Prozessor. Wie beabsichtigt läuft dieser zu Ende und übergibt erst dann wieder den Prozessor an den niedrigerer Priorität (vgl. Listing 6.23).

ReleaseParameter und AsyncEventHandler

Echtzeit- unterliegen im Gegensatz zu normalen Java-Prozessen bestimmten Zeitrestriktionen. Diese werden dem Konstruktor durch `Release-Parameter` übergeben. Dabei wird zwischen `PeriodicParameters` und `AperiodicParameters` unterschieden. Letztere beinhalten die Frist `deadline`, zu der ein Prozess nach seinem Startzeitpunkt spätestens beendet sein muss, und `cost`, die maximal benötigte Ausführungszeit auf einem Prozessor. Die Angaben zu `cost` dürfen niemals größer als die Angaben in `deadline` sein.

Listing 6.24. ReleaseParameter und AsyncEventHandler

```
import javax.realtime.*;

public class ReleaseParameterRTThread extends RealtimeThread {
    ReleaseParameterRTThread(PriorityParameters pp,
        ReleaseParameters rp) {
        super(pp, rp);
    }

    public void run() {
        System.out.println("ReleaseParameter");
        try {
            Thread.sleep(40);
        }
        catch(Exception ex) {}
    }

    public static void main(String [] args) {
        RelativeTime deadline = new RelativeTime(50, 0);
        RelativeTime cost = new RelativeTime(30, 0);
        AsyncEventHandler mh = new AsyncEventHandler() {};
        AsyncEventHandler oh = new OverrunHandler() {
            public void handleAsyncEvent() {
                System.out.println("OverrunHandler ran");
            }
        };
        ReleaseParameters rp =
            new AperiodicParameters(deadline, cost, mh, oh);
        new ReleaseParameterRTThread
            (new PriorityParameters(15), rp).start();
    }
}
```

Die `PeriodicParameters` umfassen zusätzlich Angaben über Startzeit und Periodendauer. Bei einem periodischen Prozess steht `cost` für die Ausführungsdauer pro Periode und `deadline` muss kleiner oder höchstens gleich der Periodendauer sein. Damit ist es nicht möglich, dass ein Thread noch ausgeführt wird, obwohl für ihn schon eine neue Periode begonnen hat. Bei fehlender Angabe wird `deadline` auf die Periodendauer gesetzt. Die Startzeit gibt die Verzögerung zwischen dem Aufruf der `start`-Methode und dem wirklichen Starten des Threads an. Wird keine Startzeit angegeben, startet der Thread sofort. Alle Parameter sind vom Typ `RelativeTime`.

Für den Fall, dass die vorgesehenen Zeitangaben überschritten werden, kann man dann durchzuführende durch Übergabe von Behnadlungsroutinen im Konstruktor Maßnahmen vorbereiten. Verletzt ein Thread die angegebenen Zeitrestriktionen, wird ein entsprechender `AsyncEventHandler` gestartet. Dieser kapselt Code, der bei Eintritt eines bestimmten Ereignisses abläuft. Als Reaktion auf das Ereignis wird die `handleAsyncEvent`-Methode ausgeführt. Bei Überschreitung der in `cost` angegebenen Ausführungszeit wird ein `OverrunHandler` gestartet. Wird die in `deadline` angegebene Zeitbedingung nicht eingehalten, so startet ein `Misshandler`.

Im Beispiel bewirkt die Anweisung `Thread.sleep(40)` ein Überschreiten der Ausführungszeit, der `OverrunHandler` wird gestartet und gibt hier die Meldung „`OverrunHandler ran`" aus. Wird die Zeit in `Thread.sleep()` auf kleiner 30 gesetzt, so unterbleibt diese Ausgabe. (vgl. Listing 6.24).

Scoped Memory

Im Gegensatz zu `ImmortalMemory` besitzen Objekte im `ScopedMemory` ebenso wie im Heap nur begrenzte Lebenszeit, unterliegen aber nicht der Verwaltung durch den Garbage Collector. Vor seiner Verwendung muss `ScopedMemory` unter Angabe seiner maximalen Größe angelegt werden. Beim Versuch, diese Speichergrenze zu überschreiten, wird ein `OutOfMemoryError` angezeigt. Mit dem `LTMemory`, einer Art von `ScopedMemory`, werden im nachfolgenden Beispiel 16kB angelegt. Die zur Anlage eines Objekts notwendige Zeit wächst linear mit der Objektgröße. Durch die `enter()`-Methode wird der neue Speicherbereich aktiviert. Sie ruft die `run()`-Methode mit diesem Speicherbereich als Pool für alle Objekt-Anlagen. Alle mit `new` geschaffenen Objekte werden im `ScopedMemory` und nicht auf dem Heap angelegt. Bei Verlassen der `enter()`- bzw. der `run()`-Methode werden die Objekte im `ScopedMemory` wieder gelöscht. Da der gesamte Speicher freigegeben wird, ist die Beseitigung der Objekte schnell und vorhersehbar. Der Vorteil dieses Konzeptes besteht darin, dass es mit dem `ScopedMemory` möglich ist, Standardbibliotheken zu verwenden, die wie für Java üblich, viele temporäre Objekte erzeugen. Nachteilig ist, dass werde im `ImmortalMemory` noch im Heap keine Referenz auf ein Objekt im `ScopedMemory` gespeichert werden kann.

Das Beispiel nach Listing 6.25 erzeugt folgende Ausgaben:
„`main: freeMemory: 4192824`"

„main: memoryRemaining: 16384“
„main: freeMemory: 4192044“
„main: memoryRemaining: 16384“
„run: freeMemory: 4185132“
„run: memoryRemaining: 15804“
„run: freeMemory: 4185132“
„run: memoryRemaining: 14880“
„run: freeMemory: 4185132“
„run: memoryRemaining: 14024“

Listing 6.25. ScopedMemory

```java
import javax.realtime.*;

public class MemoryThread extends RealtimeThread {
    final static LTMemory mem = new LTMemory(1024*16);
    static void dumpMemory(String who) {
        System.out.println(who + ": freeMemory: "
            + Runtime.getRuntime().freeMemory());
        System.out.println(who + ": memoryRemaining: "
            + mem.memoryRemaining());
    }

    public static void main(String[] args) throws Exception {
        dumpMemory("main");
        new Foo();
        dumpMemory("main");
        new MemoryThread().start();
    }

    public void run()
    {
        mem.enter(new Runnable() {
            public void run() {
                try {
                    dumpMemory("run");
                    Foo foo = (Foo)(mem.newInstance(Class.
                        forName("Foo")));
                    dumpMemory("run");
                     new Foo();
                    dumpMemory("run");
                }
                catch(Exception ex) {}
            }
        });
    }
}
```

Sie verdeutlichen, dass in der Methode `main()` die Objekte auf dem Heap angelegt werden. Wie die Ausgabe der Methode `freeMemory()` zeigt, schrumpft der freie Platz dort, während die Größe des `ScopedMemory`, ausgegeben mit der Methode `memoryRemaining()`, gleich bleibt. Im Gegensatz dazu werden in der `run()`-Methode des Realtimethreads die Objekte im `ScopedMemory` angelegt. Hier schrumpft dieser Speicherbereich, während der Platz auf dem Heap unangetastet bleibt.

6.3.8 Synchronisation

Java RT verwendet zur Synchronisation von Threads die von Standard-Java her bekannten Monitore. Kritische Abschnitte werden mit `synchronized` definiert und laufen unter gegenseitigem Ausschluss[6]. Als Beispiel wird in Listing 6.26 eine Lösung des bereits mehrfach beschriebenen Erzeuger-Verbraucher-Problems mit zwischengeschaltetem Ringpuffer angegeben.

Dieses Programm wurde anders als die vorher beschriebenen nicht mit der Referenzimplementierung von TimeSys ausgeführt, sondern mit der Implementierung von Sun Java RTS 2.1.[7] Wie erwartet, kommt zunächst der höher priorisierte Thread `Consumer` zum Zuge. Dieser muss dann aber sofort warten, da noch keine Elemente im Puffer liegen. Sobald der `Producer` ein Element erzeugt hat, kommt sofort wieder der `Consumer` zum Zuge. Auf diese Art bleibt der Puffer relativ leer.

```
„Consumer:38"
„Consumer wait"
„Producer: 11"
„Produced: bla0 [1]"
„Consumed: bla0 [0]"
„Consumer wait"
„Produced: bla1 [1]"
„Consumed: bla1 [0]"
„Consumer wait"
„Produced: bla2 [1]"
„Consumed: bla2 [0]"
„Consumer wait"
„Produced: bla3 [1]"
„Consumed: bla3 [0]"
.....
```

Werden jedoch die Prioritäten geändert und erhält nun der `Producer` die höhere Priorität, so kann dieser immer den Puffer bis zum Maximum auffüllen, bevor der `Consumer` ein Element entnehmen kann.

---

[6] Ab Java 5 sind wesentlich flexiblere Konzepte verfügbar, u.a. auch nicht blockierendes Warten auf Lock-Objekte.

[7] Die Ausführung dieses Programms mit der Referenzimplementierung von TimeSys lieferte nicht die erwarteten Ergebnisse.

Listing 6.26. Erzeuger-Verbraucher-Problem

```java
import javax.realtime.*;

class Producer extends RealtimeThread {
    Producer(Puffer puffer)  {
        super(new PriorityParameters(11), null);
        this.puffer = puffer;
        System.out.println("Producer: " + getPriority());
    }

    public void run() {
        int counter = 0;
        while (counter < 100) {
            puffer.ablegen("bla" + counter);
            counter++;
        }
        System.exit(0);
    }
    Puffer puffer;
}

class Consumer extends RealtimeThread {
    Consumer(Puffer puffer) {
        super(new PriorityParameters(38),null);
        this.puffer = puffer;
        System.out.println("Consumer:" + this.getPriority());
    }

    public void run() {
        while (true) {
            puffer.entnehmen();
        }
    }
    Puffer puffer;
}

class Puffer {
    Puffer (int MAX) {
        max = MAX;
        pufferSpeicher = new String [max];
    }

    private int max;
    private String [] pufferSpeicher;
    private int einIndex = 0;
    private int ausIndex = 0;
    private int anzahl = 0;
```

```java
48      public synchronized void ablegen (String s) {
49          while (anzahl == max)
50          try {
51              System.out.println("Producer wait");
52              wait ();
53          }
54          catch (InterruptedException e) {}
55          pufferSpeicher[einIndex] = s;
56          einIndex = (einIndex + 1) % max;
57          anzahl++;
58          System.out.println("Produced:"+s+"["+ anzahl +"]");
59          notifyAll ();
60      }
61
62      public synchronized String entnehmen () {
63          while (anzahl == 0)
64          try {
65              System.out.println("Consumer wait");
66              wait ();
67          }
68          catch (InterruptedException e) {}
69
70          String s = pufferSpeicher[ausIndex];
71          ausIndex = (ausIndex + 1) % max;
72          anzahl--;
73          System.out.println("Consumed:"+s+"["+ anzahl +"]");
74          notifyAll ();
75          return (s);
76      }
77  }
78
79  public class Main {
80      public static void main(String[] args) {
81          Puffer puffer = new Puffer(5);
82          new Consumer(puffer).start();
83          new Producer(puffer).start();
84      }
85  }
```

```
„Consumer:11“
„Consumer wait“
„Producer: 38“
„Produced: bla0 [1]“
„Produced: bla1 [2]“
„Produced: bla2 [3]“
„Produced: bla3 [4]“
„Produced: bla4 [5]“
„Producer wait“
```

```
„Consumed: bla0 [4]"
„Produced: bla5 [5]"
„Producer wait"
„Consumed: bla1 [4]"
„Produced: bla6 [5]"
„Producer wait"
.....
```

6.3.9 Probleme

Insgesamt scheint die RTSJ an manchen Stellen nicht genau genug zu sein. Dies betrifft z.B. die Anzahl der vorgeschriebenen Prioritätsstufen. Die RTSJ schreibt nur vor, dass es mindestens 38 unterschiedliche Stufen geben muss. Viele Implementierungen sehen aber mehr Stufen vor. Dies kann dazu führen, dass ein Programm auf einem System problemlos abläuft, das über mehr als 38 Prioritätsstufen verfügt, während auf einem anderen System mit genau 38 Prioritätsstufen ein höher priorisierter Prozess, dem seine Priorität z.B. mit `PriorityScheduler.getMaxPritority()` - 15 zugewiesen wurde, tatsächlich eine niedrigere Priorität, hier 23, haben kann als beabsichtigt. Dagegen behält ein eigentlich als mit niedriger Priorität konzipierter Prozess, dem die Priorität z.B. mit `PriorityScheduler.getMinPritority()` + 15 zugewiesen wird, die Priorität 26.

Hinsichtlich der Unterbrechbarkeit gilt, dass nur die das Interface `Interruptible` implementierenden Threads unterbrechbar sind.

Objekte im `ImmortalMemory` müssen sorgfältig angelegt und verwaltet werden. Im `ScopedMemory` können weitere `ScopedMemory`s als Kinder angelegt werden. Die verschachtelte Struktur wird auf einen Stapel abgebildet. Referenzen auf Objekte eines `ScopedMemory` sind allerdings nur aus dem gleichen `ScopedMemory` oder einem seiner Kinder möglich. Insgesamt können mit den neuen Speicherbereichen die Vorteile der dynamischen Speicherverwaltung nicht voll genutzt werden. Der Umgang mit ihnen ist gewöhnungsbedürftig.

Qualitätssicherung von Echtzeitsystemen

7.1 Qualitätsgerichteter Software-Entwurf

Die im klassischen Ingenieurwesen benutzten Qualitätsstrategien betreffen hauptsächlich probabilistisch verteilte Fehler von Bestandteilen, die durch Verschleiß, Drift oder unbeabsichtigte Ereignisse in der Umgebung verursacht werden. Software kann jedoch nicht verschleißen, noch können Gegebenheiten der Umwelt Software-Fehler verursachen. Alle Software-Fehler sind rein systematischer Natur. Sie entstehen auf Grund unzureichender Kenntnis des eigentlichen Problems, was zu unvollständigen oder unangemessenen Spezifikationen und Entwurfsfehlern führt. Programmierfehler können neue Fehlerquellen hinzufügen, die auf der Spezifikationsebene nicht aufgetreten sind. Darüber hinaus stellen Software-Module häufig individuelle Lösungen dar, für die keine Benutzungshistorie existiert, aus der Zusicherungen bezüglich ihrer Verlässlichkeit abgeleitet werden könnten. Daher sind die Genehmigungsinstanzen bei der Lizenzierung sicherheitsbezogener Systeme, deren Verhalten ausschließlich programmgesteuert ist, noch zurückhaltend. Von vielen Forschern wird in der Anwendung formaler Methoden eine Lösung der Probleme bei der Entwicklung von Software mit hohen Qualitätsansprüchen gesehen. Unter den wenigen Beispielen für die Anwendung formaler Methoden und insbesondere formaler Verifikation auf reale sicherheitgerichtete Systeme befindet sich das Notabschaltsystem des Darlington-Reaktors [116]. Bisher wurde jedoch noch keine Übereinkunft darüber erzielt, welche Methoden und Hilfsmittel für welchen Anwendungstyp geeignet sind.

Die von der Hardware her bekannte ausfallsicherheitgerichtete Technik für einkanalige Systeme lässt sich nicht auf Software übertragen. Man versucht deshalb, einkanalige Software zur sicheren Echtzeitverarbeitung über zwei Strategien zu erreichen:

Perfektion: fehlerfreie Software (Vermeidung von Fehlern) und
Fehlertoleranz: fehlerarme Software und Erkennung der Restfehler darin vor
 deren Auswirkung.

Weil komplexe Software nicht mehr fehlerfrei erstellt werden kann, lässt sich auf sie nur noch die zweite dieser Strategien anwenden. Komplexität ist mit ein Hauptgrund für Systementwurfsfehler. Neben den zwei genannten Ansätzen zum Entwurf qualitativ hochwertiger Systeme können auch Software-Diversität und Redundanz zur Verbesserung der Systemsicherheit eingesetzt werden. Eine allgemein beim Entwurf sicherheitsgerichteter Systeme zu beachtende Maßnahme besteht im Herabsetzen des sicherheitsrelevanten Teils einer Anwendung auf ein Minimum und in der größtmöglichen Trennung der sicherheitskritischer Funktionen von allen übrigen.

7.1.1 Fehlervermeidung

Perfektion von Software, d.h. unzweideutige Spezifikationen und korrekte Programme, stellt ein besonders schwieriges Problem dar. Diese Strategie kann nur auf sehr kleine und einfache Programme angewandt werden, z.B. die Software eines Vergleichers. Dessen Funktion ist relativ einfach, so dass Fehlerfreiheit erzielt werden kann. Im Gegensatz zur Hardware sind Software-Fehler prinzipiell systematischer Natur. Sie können von Fehlern in der Anforderungsspezifikation, im Programmentwurf und während des Codierens verursacht werden. Theoretisch können Software-Fehler durch vollständige Tests entdeckt und entfernt werden. Auf Grund der Komplexität von Software können vollständige Tests normalerweise jedoch nicht durch eine begrenzte Anzahl von Programmläufen durchgeführt werden. Daher haben Qualitätssicherungsmaßnahmen in der Software-Entwicklungsphase ebenso wie später Verifikation und Validation eine spezielle Bedeutung. Das bedeutet sorgfältige Anforderungsspezifikation, gute Modularisierung, Anwendung strukturierter Programmiermethoden, Gebrauch vorgefertigter und bereits verifizierter Programmmodule und verständliche Dokumentation. Alle Maßnahmen zur Fehlervermeidung haben nur begrenzte Reichweite und Effektivität. Daher ist keine einzelne Maßnahme so leistungsfähig, dass man sich nur auf sie allein verlassen könnte. Die Effektivität der Maßnahmen kann erhöht werden, indem man sie kombiniert.

Fehlervermeidung hat die Reduzierung der Anzahl von Software-Fehlern zur Folge. Dies kann durch Berücksichtigung aller möglichen Effekte von Programmanweisungen auf einen Datenraum erreicht werden. Am Ende eines Entwicklungsprozesses muss durch die Anwendung geeigneter Methoden nachgewiesen werden, dass keine Fehler vorhanden sind. Detaillierte Richtlinien zu den zur Fehlervermeidung anwendbaren Techniken können [75] entnommen werden. Die folgende Liste gibt nur eine Kategorisierung dieser Techniken.

- Statische Analysetechniken:
    - Grenzwertanalyse,
    - Prüflisten,
    - Fehlervermutung,
    - Inspektionen nach Fagan,
    - formale Entwurfsbegutachtungen,

- – formales mathematisches Modellieren,
- – formale Programmbeweise,
- – Nachvollziehen;
- Dynamische Analysetechniken:
  - – Grenzwertanalyse,
  - – Fehlervermutung,
  - – Fehlererzeugung,
  - – Leistungsmodellierung,
  - – Simulation,
  - – Testabdeckung;
- Funktionale Testtechniken:
  - – Ursache-/Wirkungsdiagramme,
  - – Prototyperstellung und Animation,
  - – funktionaler Test,
  - – Simulation;
- Gefahrenanalysetechniken:
  - – Ursache-/Wirkungsdiagramme,
  - – Prüflisten,
  - – Ereignisbaumanalyse (ETA),
  - – Fehlermodus-, -wirkungs- und -kritikalitätsanalyse (FMECA),
  - – Fehlerbaumanalyse (FTA),
  - – Gefahren- und Operabilitätsuntersuchung (HAZOP);
- Modellierungstechniken:
  - – Datenflussdiagramme,
  - – endliche Zustandsautomaten,
  - – Zustandsübergangsdiagramme,
  - – formale mathematische Modellierung,
  - – GO-Diagramme,
  - – Leistungsmodellierung,
  - – zeitbehaftete Petri-Netze,
  - – Prototyperstellung und Animation,
  - – Zuverlässigkeitsblockdiagramme,
  - – Strukturdiagramme;
- Techniken redundanter Software:
  - – Prüflisten,
  - – Ursachenanalyse gemeinsamer Fehler,
  - – Markoff-Modelle,
  - – Zuverlässigkeitsblockdiagramme;
- Qualitätssicherungstechniken:
  - – Prüflisten,
  - – Inspektionen nach Fagan,
  - – formale Entwurfsbegutachtungen;
- Zuverlässigkeitstechniken:
  - – Fehlermodus-, -wirkungs- und -kritikalitätsanalyse (FMECA),
  - – GO-Diagramme,

– Zuverlässigkeitsblockdiagramme,
– Modelle des Zuverlässigkeitsanstiegs.

Um möglichst fehlerarme Software zu erstellen, ist es zwingend notwendig, systematische und rechnerunterstützte Spezifikations- und Entwurfsmethoden einzusetzen. Dabei kommt einem wirksamen Qualitätssicherungssystem große Bedeutung zu. Um auch auf diesem Gebiet deutliche Verbesserungen zu erzielen, ist eine quantitative Beurteilung der Software-Qualität erforderlich. In der Implementations- und Testphase ist eine systematische Vorgehensweise sowie die Einhaltung bewährter Regeln erforderlich. Rechnerunterstützung durch Software-Werkzeuge zur Durchführung von Prüfungen, Analysen und Tests (z.B. Konsistenzprüfung, Vollständigkeitsprüfung, C_1-Test usw.) ist von hoher Bedeutung. Obwohl es bereits eine Vielzahl von rechnergestützten Systemen und Werkzeugen gibt, ist für die Erstellung fehlerarmer Software immer noch langjährige Erfahrung der Entwickler notwendig und der Aufwand dafür ist nicht zu unterschätzen.

Fehlerarme, d.h. hoch zuverlässige, Software ist Grundvoraussetzung sicherer einkanaliger Verarbeitung. Zur Erkennung in solcher Software noch vorhandener Restfehler müssen wirksame Prüfungen, wie z.B. Plausibilitätskontrollen, während des Betriebes ablaufen. Solche Prüfungen stellen bereits eine gewisse Zweikanaligkeit hinsichtlich der zu prüfenden Werte dar. Die Erkennung von Restfehlern in einer vollkommen einkanaligen Software ist weder prinzipiell noch praktisch möglich. Teilweise Zweikanaligkeit ist also erforderlich. Software mit eingebauten Prüfprogrammen wird dennoch, wenn auch nicht ganz richtig, häufig als einkanalig bezeichnet.

7.1.2 Fehlertoleranz

Es gibt drei grundlegende Typen fehlertoleranter Software-Systeme, die in der internationalen Norm [75] genannt werden: *ausfallsicherheitsgerichtete, fehlerkompensierende und fehlermaskierende Systeme.*

Eine Vorbedingung für ausfallsicherheitsgerichtetes Systemverhalten besteht im Vorhandensein wenigstens eines sicheren Zustandes, der nach der Erkennung eines Fehlers im System erreicht werden kann. Um ein System im Falle eines Fehlers in einen sicheren Zustand zu bringen, müssen alle Systemzustände, d.h. nicht nur die normalen Arbeits-, sondern auch alle anderen Zwischenzustände, und möglicherweise unsicheren Zustände beobachtet werden. Zur Fehlerentdeckung werden intern durch Selbstprüfung oder extern durch Verdopplung Formen mehrfacher Redundanz angewandt. Software-Fehler – jedoch nicht notwendigerweise alle – können auch durch Anwendung von Entwurfsdiversität entdeckt werden. Das kann auf verschiedene Arten realisiert werden, z.B. durch serielle Ausführung zweier Programme auf einem einzigen Rechner oder durch parallele Ausführung zweier Programme auf zwei Rechnern. In beiden Fällen entdeckt eine Vergleicherfunktion Diskrepanzen zwischen den beiden Versionen, die einen Fehler im Werte- und/oder Zeitbereich anzeigen. Wenn eine Diskrepanz entdeckt wird, sollte das System durch eine in Hard- oder Software implementierte Notfallprozedur in einen sicheren Zustand gebracht werden. Es gibt zwei Anforderungen an ausfallsicherheitsgerichtete Systeme: ein System darf keine Aktionen ausführen, die es in einen unsicheren Zustand versetzen (passive Bedingung), und das System soll auf Änderungen des automatisierten Prozesses innerhalb eines definierten Zeitintervalls in sicherer Weise reagieren (aktive Bedingung). In ausfallsicherheitsgerichteten Systemen anwendbare Fehlertoleranztechniken sind:

- Zusicherungsprogrammierung (Fehlerüberprüfung) und
- 2-Versionenprogrammierung.

In einem fehlerkompensierenden System gibt es keinen sicheren Zustand oder der Übergang zu einem sicheren Zustand ist nicht möglich oder das System kann keinen sicheren Zustand benutzen, um seine Zuverlässigkeit zu verbessern und seine Funktionalität richtig zu unterstützen. Der Entwurf eines solchen Systems muss für den Umgang mit Fehlern geeignete Maßnahmen bereitstellen, wie z.B. Redundanz, Fehlerentdeckungs- und -entscheidungsalgorithmen sowie Rekonfigurierbarkeit, so dass die Systemsicherheit zusammen mit der gesamten oder teilweisen Systemfunktionalität gewahrt werden kann. Um das zu erreichen, maskiert oder kompensiert das System bestimmte Fehler. Fehlermaskierung bedeutet Entdecken aufgetretener Fehler und anschließendes Ergreifen von Korrekturmaßnahmen. Wenn Fehler richtig maskiert werden, haben sie wenig oder keine Auswirkung auf die Funktion eines Systems. Methoden zur Fehlerkompensation und -maskierung können klassifiziert werden, z.B. in Techniken zur Fehlerentdeckung und -korrektur und zur Funktionswiederherstellung sowie in Rekonfigurations- und Redundanzstrategien. Details dieser Techniken werden in [75] angegeben; die folgende Liste gibt eine Kategorisierung.

- Fehlerentdeckungs- und Korrekturtechniken:
  - defensives Programmieren,
  - Fehlerentdeckung und -diagnose,
  - Rückkehr zum Handbetrieb,
  - fehlerkorrigierende Codes,
  - wissensbasierte Überwachung;
- Rekonfigurationsstrategien:
  - allmähliche Leistungsabsenkung,
  - dynamische Rekonfigurierung;
- Redundanzstrategien:
  - aktive Redundanz,
  - passive Redundanz (warme Bereitschaft),
  - passive Redundanz (kalte Bereitschaft),
  - N-Versionenprogrammierung;
- Wiederherstellungstechniken:
  - Rückkehr zum letzten Wiederaufsetzpunkt,
  - Sprung zum nächsten Wiederaufsetzpunkt,

- wiederholte Versuche,
- Wiederherstellungsblockschema.

Abhängig von dem für eine Software geforderten Integritätsniveau können diese Typen von Fehlertoleranzmethoden zur Herstellung von Hybridsystemen kombiniert werden. Zwei Typen von Hybridsystemen sind wichtig. In einem sicheren Zustand muss eine minimale Funktionalität erhalten bleiben, um Sicherheit zu gewährleisten (teilweise ausfallsicherheitsgerichtet). Im anderen Fall besitzt ein Hybridsystem einen zeitweilig sicheren Zustand. Unter bestimmten Bedingungen kann es möglich sein, dass ein System weder einen sicheren Zustand hat, noch ihn aus bestimmten Gründen erreichen kann.

Zusätzlich zu den in ausfallsicherheitsgerichteten oder fehlerkompensierenden Systemen benutzten Methoden gibt es einige andere Strategien, die mit den Unzulänglichkeiten einfacher, die Wirklichkeit darstellender Modelle fertig werden sollen. Strategien hohen Niveaus beinhalten Methoden wie Simulation im Hintergrund (nebenläufige Ausführung), um gefährliche Systemereignisse zu verhindern, oder Fehlerkorrektur auf der Basis künstlicher Intelligenz, um Systemereignisse vorherzusagen und Gegenmaßnahmen im Falle kritischer Abweichungen zu ergreifen. Zwei Hauptziele der Strategien hohen Niveaus sind:

- Verhinderung gefährlicher Systemereignisse und
- Bereitstellung verhindernder Gegenmaßnahmen im Falle sicherheitskritischer Situationen.

Folgende Konzepte stellen zusätzliche Maßnahmen zur Erfüllung der Anforderungen an sicherheitsgerichtete Systeme dar [75]:

- Betrachtung der Konsequenzen von Aktionen,
- Verhinderung gefährlicher Ereignisse,
- Vermeidung gefährlicher Systemzustände,
- Vermeidung der Fehlerfortpflanzung und
- rechtzeitige Entdeckung gefährlicher Zustände.

Es gibt bereits eine große Anzahl an Entwicklungswerkzeugen, die Phasen des Software-Lebenszyklus' unterstützen. Durch Vordefinition bestimmter Software-Strukturen verhindern sie automatisch einige Fehler. Viele weitere Fehler werden durch ständiges Überprüfen und Testen entdeckt. Einige Werkzeuge unterstützen sogar alle Phasen des Software-Lebenszyklus' von der Anforderungsspezifikation bis zur automatischen Generierung von Quellprogrammen. Allerdings können sie nicht alle Fehler erkennen, insbesondere keine Spezifikationsfehler. Bislang gibt es noch kein allgemein anwendbares Konstruktionswerkzeug, das den Bedürfnissen eingebetteter Systeme, nämlich Rechtzeitigkeit, Gleichzeitigkeit, Synchronität, verteilte Datenzugriffe und Unterbrechungsbehandlung, gerecht werden könnte.

Alle Fehler in einem Programm sind prinzipiell systematischer Natur. Im Gegensatz zur Hardware gibt es keine Zufalls- oder Verschleißfehler. Die Anwendung diversitärer Software zur Behandlung systematischer Programmfehler ist grundsätzlich keine sinnvolle Maßnahme: Software sollte korrekt sein.

Auf Grund ihrer Komplexität und des Fehlens geeigneter Methoden zum Beweis der Korrektkeit von Software gibt es jedoch oft keinen anderen Weg außer Diversität, systematische Fehler erst zur Laufzeit zu entdecken und zu entfernen. Daher werden Implementationsmethoden für diversitäre Software im diesem Kapitel vorgestellt. Generell gilt auf Grund von Komplexitätsunterschieden, dass sicherheitskritische Funktionen durch Hardware viel einfacher und effektiver als durch Software implementiert werden können. Deshalb sollte man z.B. für sicherheitskritische Anwendungen in Rechensystemen die Harvard-Architektur anwenden, die Programm- und Datenspeicher physisch trennt. Programmspeicher sollten immer als ROM realisiert werden, was den einfachsten und bestmöglichen Software-Schutzmechanismus darstellt [151].

7.2 Qualitätssicherung von Software

Um hohe Software-Qualität zu erreichen, werden konstruktive und analytische Maßnahmen komplementär benutzt. Konstruktive (a priori) Maßnahmen versuchen von Anfang an, Software hoher Qualität zu entwickeln, indem geeignete Entwicklungsmethoden und -werkzeuge verwendet werden. Analytische (a posteriori) Maßnahmen dienen der Qualitätsidentifizierung und -bestimmung von Teilen oder vollständiger Software-Produkte. Analytische Maßnahmen werden in Form von Begutachtungen und Inspektionen ausgeführt und hängen grundsätzlich vom Wissen der beteiligten Mitarbeiter ab.

7.2.1 Maßnahmen zur Software-Qualitätssicherung

Unter den konstruktiven Maßnahmen sind insbesondere folgende zu nennen:

- Beachtung von Richtlinien zur Software-Entwicklung,
- Anwendung rechnergestützter Entwurfs- und Programmierwerkzeuge,
- Spezifikation hoher Qualität,
- strukturierter Entwurf,
- Modularisierung,
- strukturierte Programmierung,
- Einsatz zuverlässiger System-Software,
- Vermeidung von Optimierungen,
- Minimierung von Echtzeiteinflüssen,
- defensives Programmieren,
- Überwachungsmaßnahmen.

Die am besten etablierten analytischen Maßnahmen sind folgende:

- Inspektion,
- Nachvollziehen,
- statische Analyse,
- Korrektheitsnachweis,

- symbolische Ausführung,
- Simulation,
- systematische Tests: Schwarzer- und Weißer-Kasten-Tests,
- statistischer Test.

Ein Schema der analytischen Maßnahmen zur Sicherung der Software-Qualität wird in [59] eingeführt; die Ergebnisse des Entwicklungsprozesses werden in Dokumentation, Anwendungskonzept, Datenverarbeitungskonzept und Programm eingeteilt. Für jede Phase des Software-Lebenszyklus' sind drei Funktionen als Maßnahmen der Qualitätssicherung vorgesehen, nämlich Prüfung, Messung und Beurteilung. Es wird die Möglichkeit aufgezeigt, diese Funktionen mit Hilfe verschiedener Techniken, und zwar Inspektion, Verifikation, statische und dynamische Analyse sowie Test, umzusetzen.

Grundsätzlich hängt Software-Qualität von der strengen Einhaltung der Regeln und Einschränkungen zur Fehlervermeidung ab, da Fehler, die während der Entwicklung von Software nicht gemacht werden können, später nicht entdeckt und entfernt zu werden brauchen. Qualitätssicherung ist nur sinnvoll, wenn sie in den Entwicklungsprozess integriert wird und jede Phase des Software-Lebenszyklus' begleitet, da Software-Qualität nicht allein durch das Testen des Endproduktes erreicht werden kann. Nach Industrieerfahrungen werden 62% aller Software-Fehler in der Entwurfsphase gemacht, jedoch nur 38% in der Codierungsphase. Je eher daher Fehler entdeckt werden, umso kosteneffektiver können sie entfernt werden. Eine umfassende Bestandsaufnahme der von EWICS TC 7 [47] ausgearbeiteten Richtlinien für die Entwicklung sicherheitsgerichteter Software ist in [120] publiziert worden. In Bezug auf Richtlinien für Software-Spezifikation, Dokumentation, Qualitätssicherung und Validation sei auf [4, 5, 6, 129] verwiesen.

7.2.2 Planung der Software-Qualitätssicherung

Software-Qualität kann als das Ausmaß definiert werden, in dem Software Anwenderanforderungen und -erwartungen [76] erfüllt. Das grundsätzliche Vorgehen zur Entwicklung von Software hoher Qualität lässt sich wie folgt zusammenfassen:

- Anwendung einer guten Anforderungsanalysemethode,
- Anwendung einer guten Programmentwurfsmethode,
- sorgfältige Entwurfsprüfung und Fehlerverbesserung,
- Anwendung eines Übersetzers mit guten Prüfungen zur Übersetzungszeit,
- Anwendung systematischer Programmtestmethoden sowie
- Fehlerkorrektur und Validierung gegen die Anwenderanforderungen.

Die Implementierung des obigen Vorgehens verlangt sorgfältige Planung im frühesten Stadium der Software-Entwicklung und strenge Überwachung während des restlichen Lebenszyklus'. Der detaillierte Plan, der das Muster der Aktionen beschreibt, die einzusetzen sind, um sicherzustellen, dass eine Software den gestellten Anforderungen entspricht, wird *Software-Qualitätssicherungsplan* (SQSP) genannt [76]. Ein SQSP ist ein grundlegendes Dokument, das ganz zu Beginn des Spezifikationsschritts der Software-Anforderungen erstellt werden sollte.

Dieses Dokument stellt die zur Sicherung der Software-Qualität verantwortliche Organisationsstruktur dar, nennt die während des Entwicklungszyklus' auszuführende Teilaufgaben und zeigt die für jede identifizierte Teilaufgabe verantwortlichen speziellen Organisationselemente an. Die wichtigsten Abschnitte des SQSP beschreiben die während des Lebenszyklus' entwickelten Dokumente, nennen die in bestimmten Entwicklungsschritten angewandten Standards und Werkzeuge, definieren die am Ende der einzelnen Schritte durchzuführenden Begutachtungen und Revisionen und definieren die zu Codekontrolle und Konfigurationsverwaltung zu benutzenden Methoden. Die Inhalte dieser grundlegenden Abschnitte können wie folgt zusammengefasst werden [77, 78].

Dokumentation

Dieser Abschnitt eines SQSPs identifiziert die Liste der Dokumente, die die einzelnen Schritte des Lebenszyklus' bestimmen, und legt die Kriterien fest, die zur Überprüfung der Dokumente auf Angemessenheit benutzt werden sollen. Die minimale Menge an Dokumenten, die benötigt wird, um sicherzustellen, dass eine gelieferte Software die Anforderungen erfüllt, sollte folgenden Elemente enthalten.

Software-Anforderungsspezifikation (SAS) die die Funktions-, Leistungs- und Schnittstellenbedingungen für die Software definiert und die Entwurfsbeschränkungen und Entwicklungsstandards identifiziert. Die Anforderungen sollten so definiert sein, dass ihre Erfüllung durch eine vorgeschriebene Methode verifiziert werden kann.

Software-Entwurfsbeschreibung (SEB) die den Entwurf der einzelnen Software-Komponenten beschreibt. Dies beinhaltet die Beschreibung der Strukturierung in Komponenten, Unterkomponenten und Module, externe und interne Schnittstellendefinitionen, die Beschreibungen von Dateien und Datenstrukturen, Definitionen der Kontrollogik und Datenverarbeitungsalgorithmen.

Software-Verfikations- und -Validierungsplan (SVVP) der die Methoden angibt, z.B. technische Begutachtungen, Entwurfs- und Codeinspektionen, statische Analyse, Testen oder Korrektheitsbeweis, die benutzt werden, um zu verifizieren, dass die SAS von einer zuständigen Behörde genehmigt worden ist, dass die SEB die in der SAS ausgedrückten Anforderungen implementiert und dass der Code mit der SEB übereinstimmt; und um zu validieren, dass die implementierte Software die in der SAS definierten Anforderungen erfüllt. Der SVVP enthält die Akzeptanzkriterien für das Software-Produkt und den Testplan.

Software-Verifikations- und -Validierungsbericht (SVVB) beschreibt die Ausführungsergebnisse der im SVVP entwickelten Aktivitäten und gibt Empfehlungen, ob die Software schon für den Betreibergebrauch bereit ist.

Benutzerdokumentation Handbücher, Anleitungen etc., die den beabsichtigten Anwendungsbereich, Schnittstellenabläufe und -protokolle, Datenformate und Optionen der Eingaben, Ausgabedatenformate, Fehlermeldungen und jede andere für die erfolgreiche Ausführung der Software notwendigen Aktivitäten beschreiben. Die Bedienungshandbücher können durch Installations-, Wartungs- und Übungshandbücher ergänzt werden.

Standards, Techniken und Werkzeuge

Dieser Abschnitt nennt die im Entwicklungsprozess anzuwendenden grundlegenden Standards und Techniken. Darin eingeschlossen sind Dokumentationsstandards, Benennungskonventionen, Anforderungsanalysen und Entwurfsmethoden, Programmiersprachen, Konventionen zur Größe und Benennung von Modulen, Testmethoden und Metriken. Darüber hinaus werden Werkzeuge empfohlen, die helfen sollen, die Software-Qualität zu verbessern.

Tabelle 7.1. Dokumentation, Begutachtungen und Revisionen von Software

Lebenszyklusschritt	SQS-Produkte	SQS-Begutachtungen & -Revisionen
Anforderungsanalyse	SQSP SAS SVVP	Gutachten der Anforderungen SVVP-Gutachten
Vorläufiger Entwurf	Vorläufige SEB	Vorläufige Entwurfsbegutachtung
Detaillierter Entwurf	SEB	Kritische Entwurfsbegutachtung
Implementierung	Software-Module mit Dokumentation	
Integration und Test	Testdokumentation	Funktionale Revision
Formale Qualifikation	SVVB Lieferbare Produkte	Physikalische Revision

Begutachtungen und Revisionen

Eine Begutachtung ist der Vorgang der Präsentation eines Produktes, um von Interessenten Kommentare oder Zustimmung einzuholen. Eine Revision ist eine formale und unabhängige Untersuchung eines Produktes, um dessen Übereinstimmung mit Spezifikationen oder vertraglich festgelegten Abmachungen zu beurteilen. Ein SQSP sollte die auszuführenden Begutachtungen und Revisionen definieren, festlegen, was damit zu erreichen ist, und die Kriterien der Produktqualitätsbewertung nennen. Die minimale Menge durchzuführender Begutachtungen und Revisionen ist in Tabelle 7.1 angegeben.

Codekontrolle und Konfigurationsverwaltung

Hier werden die Methoden und technischen Hilfen zur Wartung, Speicherung, Sicherung und Dokumentation einzelner Versionen der Software-Produkte während des Lebenszyklus' eines Projektes und zur Validitätskontrolle des fertiggestellten Codes angegeben. Nach Festlegung eines geeigneten Ausgangspunktes sollte Code unter Verwendung einer Konfigurationsverwaltung in einer Programmbibliothek untergebracht werden. Das Vorgehen zur Kontrolle und Implementierung von Änderungen und zur Aufzeichnung des Status solcher Modifikationen sollte genau definiert werden.

7.2.3 Struktur von Entwicklungsprojekten

In diesem Abschnitt wird ein Katalog von Anforderungen und Maßnahmen aufgestellt, die während des Entwicklungsprozesses von Software für eingebettete Systeme beachtet werden sollten, um größtmögliche Software-Qualität zu erzielen. Dabei müssen folgende Aspekte in Betracht gezogen werden:

- beste verfügbare Entwicklungspraxis,
- automatisierte Entwurfswerkzeuge mit strikter Benutzerführung,
- Entwurf von oben nach unten,
- Modularität,
- extreme Zeitanforderungen und Garantie von Antwortzeiten,
- Verifikation in jeder Phase,
- klare Dokumentation,
- kontrollierbare und überprüfbare Dokumente,
- Validationstests.

Die Implementationsaktivitäten eines Software-Projektes werden von folgenden Faktoren bestimmt.

- Der vollständige Lebenszyklus muss berücksichtigt werden.
- Jede Phase des Lebenszyklus' muss in elementare Teilaufgaben mit wohldefinierten Aktivitäten unterteilt werden.
- Jedes Produkt sollte nach der Beendigung jeder Phase des Lebenszyklus' systematisch überprüft werden.
- Qualitätssichernde Maßnahmen sollten normalerweise parallel zu jeder Entwicklungseinheit durchgeführt werden.
- Jede Phase beinhaltet die Erzeugung geeigneter Dokumente.
- Jede Phase sollte mit einer kritischen Beurteilung abgeschlossen werden.
- Für jeden Verifikationsschritt und jede kritische Beurteilung sollte ein Bericht angefertigt werden, der die durchgeführten Analysen, die gezogenen Schlussfolgerungen und die entsprechenden Intentionen für zukünftige Arbeiten enthalten sollte.

7.2.4 Software-Anforderungsspezifikation

Eine Spezifikation von Software-Anforderungen beschreibt, was, aber nicht wie etwas getan werden muss. Spezifikationen sollten genau und hierarchisch aufgestellt und so formuliert werden, dass sie für alle betroffenen Personen verständlich sind. Für die Spezifikation von Anforderungen und zur Entwicklung ist eine Anzahl von Werkzeugen erhältlich, durch deren Anwendung die Software-Zuverlässigkeit deutlich erhöht werden kann. Die wichtigsten Eigenschaften solcher automatischen Entwicklungswerkzeuge sind die Förderung zuverlässiger Entwurfsmethoden und der Zwang, Entwurfsregeln einzuhalten.

In den Anforderungsspezifikationen eingebetteter Anwendungen muss die Umgebung gesamter Systeme unter allen Umständen berücksichtigt werden, d.h. sowohl in normalen als auch Ausnahmesituationen. Bisher sind in diesem Zusammenhang die sicherheitskritischen Zeiten nicht adäquat beachtet worden, obwohl Sicherheit nur durch zeitgerechte Fehlererkennung und -reaktion erreicht werden kann. Da diese Zeitdauern nur von den Prozesscharakteristika abhängen, müssen sie beim Systementwurf genauso wie das Risikopotential berücksichtigt werden.

Fehlertoleranzzeit ist eine Dauer, während derer ein Prozess falschen Steuersignalen ausgesetzt sein darf, ohne dass er in einen gefährlichen Zustand übergeht.

Fehlerreaktionszeit ist die Dauer vom Auftreten eines Fehlers bis zur Rückkehr in einen sicheren Zustand. Sie besteht jeweils aus der Fehlererkennungszeit und der Rekonfigurations- bzw. Abschaltzeit eines Systems.

Fehlerlatenzzeit ist die Dauer vom Auftreten der Ursache eines Fehlers bis dass sich seine Wirkung zeigt.

Daher ist folgende fundamentale Zeitbedingung für gefährliche Fehler gültig und sollte in der Entwurfsphase eines Systems beachtet werden:

$$Fehlertoleranzzeit \geq Fehlerlatenzzeit + Fehlerreaktionszeit$$

7.3 Prinzipien von Programmentwurf und -codierung

Im Falle eines diversitären Software-Systems ist die Zuverlässigkeit jedes einzelnen Software-Kanals Grundlage dafür, dass die Wahrscheinlichkeit zweier Software-Fehler mit gleicher Auswirkung auf zwei Kanäle vernachlässigbar gering wird. Für einkanalige Software ist ihre Zuverlässigkeit eine Vorbedingung zur Durchführbarkeit von Verifikationen. Konstruktive und analytische Maßnahmen werden allgemein zur Entwicklung möglichst fehlerarmer Programme verwendet. Die folgenden Prinzipien für Programmentwurf und -codierung basieren auf Erfahrungen, die bei der Entwicklung verständlicher Software mit nur wenigen Fehlern gewonnen wurde. Sie dienen als Richtlinien für gute Programmierpraxis und eignen sich nicht nur zur Senkung der Fehlerrate, sondern auch zur Reduzierung des Testaufwandes.

- Software-Entwürfe sollten die Selbstprüfbarkeit von Kontroll- und Datenflüssen berücksichtigen. Sinnvolle Reaktionen auf erkannte Fehler müssen vorgesehen werden.
- Programmstrukturen sind in hierarchischer und modularer Weise mit möglichst einfachen Schnittstellen zu organisieren.
- Programmstrukturen müssen möglichst einfach und leicht verständlich sein, und zwar nicht nur in ihrer Gesamtheit, sondern auch in allen Details. Tricks, Rekursion und unnötige Codekompression sind zu unterlassen.
- Quellprogramme müssen in ihrer Gesamtheit leicht lesbar sein.
- Es sind gute Dokumentationen anzufertigen.

Diese Prinzipien geben Anlass zu folgenden Empfehlungen:

- Als Methode zur Software-Entwicklung wird der Entwurf von oben nach unten dem von unten nach oben vorgezogen.
- Zu Beginn eines jeden Projektes sollte ein konzeptionelles Modell der Systemstruktur erstellt werden.
- Einfache Testbarkeit des Programmcodes ist anzustreben.
- Der Einsatz von Standard-Software sollte vorgezogen werden, vorausgesetzt es kann nach dem Prinzip der Betriebsbewährtheit nachgewiesen werden, dass diese Produkte bereits über hinreichend lange Zeiträume intensiv und erfolgreich eingesetzt wurden.
- Wenn eine höhere Programmiersprache benutzt wird, muss sie vollständig und unzweideutig definiert werden. Andernfalls dürfen nur solche Elemente benutzt werden, die diesen Bedingungen entsprechen. Dies gilt auch analog, sofern Zweifel an der Korrektheit des Übersetzers bestehen.
- Problemorientierte Sprachen sind maschinenorientierten vorzuziehen.

Ausführlichere Richtlinien zum Entwurf sicherheitsgerichteter Software werden in der Norm IEC 880 [74] und in Abschnitt 7.5 gegeben. Zu Beginn eines Programmierprojekts sollten die relevanten Teile dieser Empfehlungen aus den Richtlinien ausgewählt werden. Dieser Auswahlvorgang mag eine Ordnung nach Vordringlichkeit und eine weitere Verfeinerung einiger Regeln beinhalten. Die folgenden Aspekte müssen im Zuge dieses Selektionsprozesses und bei der Modifizierung der Richtlinien berücksichtigt werden.

- Die Sicherheitsrelevanz der Software bestimmt die Auswahl der Regeln.
- Je sicherheitskritischer ein System ist, desto strengere Richtlinien müssen ausgewählt und beachtet werden.
- Programmabschnitte, die die sicherheitskritischsten Funktionen ausführen, sollten durch ihre System- und Datenstruktur klar zu erkennen sein.
- Der Auswahlvorgang muss die geplante Validierungsstrategie berücksichtigen. Wenn zur Programmierung wichtiger Software-Einheiten Diversität angewandt wird, sollte dieses Prinzip auf den Verifikationsvorgang ausgedehnt werden.
- Wenn der Verifikationsvorgang auf Schwierigkeiten stößt, mag es notwendig werden, den Programmierstil rückwirkend zu ändern.

Am Ende der Entwurfsphase sollte ein formales Dokument erstellt werden, und zwar die detaillierte Spezifikation der Anforderungen. Sie dient als Basis für die formale Überprüfung des Entwurfs und später der Codierungsphase. Sie muss so detailliert formuliert werden, dass die Codierung ohne jede weitere Information ausführbar ist. Die detaillierte Anforderungsspezifikation sollte derartig strukturiert sein, dass sie parallel zum Entwurfsprozess ständig erweiterbar bleibt. Zusätzlich zur detaillierten Anforderungsspezifikation können weitere Dokumente zum Zwecke der Programmverifikation verlangt werden. Einige davon beziehen sich auf die ersten Entwurfsschritte und sind von der Spezifikation der Anforderungen abgeleitet. Wenn die in Abschnitt 7.5 gegebenen Empfehlungen befolgt werden, ergibt sich als Nebenprodukt der Programmentwicklung eine angemessene Dokumentation. Das Ziel besteht in der Erstellung eines integrierten Satzes von Dokumenten, die sich eindeutig aufeinander beziehen und sich jeweils mit einem genau festgelegten Themengebiet beschäftigen. Die Dokumentenformate sollten dem speziellen Zweck entsprechen und können Klartext, Formeln, Diagramme und Abbildungen enthalten, wobei graphische Darstellungen zu bevorzugen sind.

7.4 Software-Diversität

Obwohl analytische Techniken notwendig und sinnvoll sind, kann Software-Qualität nicht allein durch Analysen und Verifikationen gewährleistet werden: die Analysetechniken sind so komplex, dass sie selbst fehleranfällig und ihre Kosten häufig untragbar sind und dass eine hochzuverlässige Eliminierung aller Gefahren starke Leistungseinbußen zur Folge haben könnte. Daher müssen Gefahren auch während der Benutzung von Software kontrolliert werden.

Programmfehler sind grundsätzlich systematischer Art. Um ihnen begegnen zu können, ist daher der Einsatz diversitärer Software prinzipiell kein sinnvolles Konzept: Software sollte eigentlich korrekt sein. Auf Grund ihrer hohen Komplexität und der Nichtverfügbarkeit geeigneter Methoden für Korrektheitsnachweise gibt es jedoch oft keinen anderen Weg, als systematische Fehler durch diversitär gestaltete Software erst zur Laufzeit zu entdecken und zu entfernen. Diversitäre oder „mehrkanalige" Software muss nicht durch mehrkanalige Hardware unterstützt werden. Diversität ist wegen der viel niedrigeren Zuverlässigkeit von Software im Vergleich zur Hardware oft auch ein nützliches Konzept in Einkanalsystemen.

Eine auf das Minimum reduzierte Form der zweikanaligen Architektur mit internem Ergebnisvergleich stellt die *Kontroll-/Schutzsystemstruktur* dar. Das Prinzip der Überwachungsfunktion des Schutzsystems können angenommene statische Grenzen, Simulation des Systemverhaltens mit Ergebnisvergleich oder Identifikation der aktuellen Parameter im Vergleich zu den erwarteten darstellen. Daher ist diese Struktur auch eine Form diversitär redundanter Systemimplementation. Sie kann durch die deutliche Trennung von Funktions- und Sicherheitsaufgaben Entwicklungs- und Anschaffungskosten reduzieren.

Die am häufigsten eingesetzte reguläre diversitäre Architektur ist die zweikanalige. Ein zweikanaliges Software-System ist charakterisiert durch:

1. zwei diversitäre, möglichst fehlerarme Software-Einheiten, die dieselbe Funktion realisieren,
2. Vergleich der Ausgabewerte und Zwischenergebnisse beider Software-Einheiten, um Restfehler zu erkennen und deren Auswirkungen sicherheitsgerecht zu beeinflussen.

Auf zwei verschiedenen Rechnern laufen demnach zwei verschiedene, fehlerarme Programme gleicher Funktion. Ihre Ausgaben und Zwischenresultate werden zur Entdeckung noch vorhandener Fehler von einem in einer ausfallsicherheitsgerichteten Technik implementierten Vergleicher überprüft. Bei der Entdeckung von Diskrepanzen schaltet der Vergleicher die Rechner ab und überführt den automatisierten Prozess in einen sicheren Zustand. Es muss beachtet werden, das echt ausfallsicherheitsgerichtetes Verhalten nur in Hinblick auf Hardware-Fehler erzielt werden kann. Wenn ein Prozess keinen sicheren Rückfallzustand (im allgemeinen die Abschaltung) hat, muss beim Systementwurf immer ein Hardware-Kanal mehr als für Prozesse mit sicheren Zuständen vorgesehen werden [71].

Die in beiden Kanälen eines zweikanaligen Systems laufende Software muss fehlerarm sein. Die für einkanalige Lösungen verlangte Fehlerfreiheit braucht hier jedoch nicht erfüllt zu sein. Das bedeutet beträchtliche Kosteneinsparungen, sollte aber nicht zu geringeren Bemühungen bei der Qualitätssicherung führen. Der zusätzliche Aufwand einer zweikanaligen Lösung liegt in der Realisierung zweier diversitärer Software-Einheiten. Da Diversität entweder durchgängig eingesetzt oder nur auf wichtige, spezifische Module konzentriert wird, kann die Diversität beider Programmeinheiten sowohl vollständig als auch gezielt auf bestimmte Aspekte ausgerichtet sein.

7.4.1 Vollständige Diversität

Vollständige Diversität ist durch die Verwendung aller möglichen Diversitätsarten charakterisiert. Die dabei eingesetzten Typen von Diversität sind auf das Erkennen der möglichen verbliebenen Fehler hin ausgerichtet, die als solche identifiziert worden sind. Im allgemeinen verlässt man sich bei der Entwicklung diversitärer Software nicht auf zufällig erzielte Vielfalt, sondern versucht, Vielfalt zu erzwingen. Genauer gesagt können Unterschiede im Hinblick auf folgende Aspekte erzielt werden:

- Entwurfs- und Entwicklungsgruppen an verschiedenen Orten ohne Kontakt untereinander mit unterschiedlichen Testdatenmengen,
- unterschiedliche Spezifikationsmethoden und -sprachen,
- unterschiedliche Beschreibungen derselben Spezifikation,
- unterschiedlicher Entwurf und unterschiedliche Entwurfsbeschreibungen,
- Gebrauch verschiedener Entwicklungswerkzeuge, Programmierumgebungen, Programmiersprachen und Übersetzer,

- Gebrauch unterschiedlicher Rechnertypen,
- unterschiedliche Laufzeit- und Betriebssysteme sowie andere Standard-Software und Software-Hilfsmittel,
- Optimierungskriterien: Laufzeit- oder Speicheranforderungen,
- unterschiedliche Implementierung:
  - unterschiedliche Algorithmen und Methoden,
  - unterschiedliche Datenstrukturen, -formate und -zugriffsmethoden,
  - unterschiedliche Genauigkeitsanforderungen,
  - unterschiedliche Eingabedaten,
  - Auswertung einer Funktion oder ihrer Inversen,
  - unterschiedliches Ablauf- und Zeitverhalten,
  - unterbrechungsgesteuerter Ablauf oder zyklische Ereignisabfrage,
- unterschiedliche Verifikationsmethoden.

Zur Implementierung diversitärer Programmeinheiten sind folgende Methoden aus der Literatur bekannt:

- Gebrauch diversitärer Spezifikationen und diversitärer Prozessmodelle, z.B. Betriebs- und Sicherheitsmodell,
- N-Versionenprogrammierung, d.h. ständig verfügbare Diversität,
- Rücksetzpunktschema, d.h. aufrufbare Diversität,
- Zeitdiversität, d.h. Wiederholung einer Funktion zu verschiedenen Zeitpunkten zur Erkennung transienter Fehler,
- Methode der „ungenauen Ergebnisse", d.h. Diversität verschiedener Qualität zu unterschiedlichen Kosten,
- Vergleich der Realität mit einem Modell, z.B. einem Prozessbeobachter.

7.4.2 Gezielte Diversität

Gezielte Diversität wird durch Anwendung bestimmter Diversitätsarten erreicht. Diese sind auf die Erkennung von Restfehlern hin auszurichten. Restfehler sind durch die verwendeten Entwicklungs- und Testverfahren bestimmt. Wird z.B. ein rechnergestütztes Spezifikations- und Entwurfssystem benutzt, das nur Strukturen nach dem Verfahren der strukturierten Programmierung zulässt, so sind mit anderen Strukturen zusammenhängende Fehler ausgeschlossen. Die Einschränkung der Benutzung höherer Programmiersprachen auf nur ganz bestimmte Typen und Formen von Anweisungen kann hinsichtlich der Restfehler einen großen Vorteil bedeuten. Solche Einschränkungen müssen dann konsequent befolgt werden und ihre Einhaltung kann mit einem Rechner leicht überprüft werden. Beispiele solcher Einschränkungen sind:

- keine Sprunganweisungen,
- keine Programmunterbrechungen in Unterprogrammen,
- keine zwei- und mehrdimensionalem Felder,
- keine Auswahlanweisungen oder
- keine Indexberechnungen durch arithmetische Ausdrücke.

Ist die Kategorie der Restfehler bekannt, d.h. sind die möglichen Restfehler eingekreist, so ist festzulegen, welche Diversitätsarten erforderlich sind, um diese Restfehler zu erkennen. Das ist kein leichtes Problem, weil der Zusammenhang zwischen verwendeter Diversitätsart und der dadurch erkennbaren Fehler sehr komplex ist. Da hier kaum Erfahrungen vorliegen, neigt man sehr schnell dazu, die Kategorie der Restfehler nicht einzuschränken, d.h. alle Fehlerarten als nicht ausschließbar zu betrachten, und daher möglichst viele Diversitätsarten vorzusehen. Diese Strategie ist sicherlich falsch, da man einerseits sehr viel Aufwand für Ausschluss und Behebung von Fehlern während der Entwicklung aufbringt und man andererseits einen ebenso großen Aufwand treibt, um alle möglichen Fehler während des Betriebes rechtzeitig zu erkennen. Durch eine auf gegenseitige Ausgewogenheit bezüglich ausschließbarer und erkennbarer Fehlerklassen bauende Strategie kann man viel Aufwand einsparen. Ausgeschlossene Fehler müssen während des Betriebes nicht mehr erkannt werden. Für während des Betriebes erkannte Fehler brauchen vor dem Betrieb keine aufwendigen Tests mehr durchgeführt zu werden. Eine weitere erhebliche Aufwandseinsparung ergibt sich insbesondere bei gezielter Anwendung von Diversitätsarten, die teilweise automatisch erstellt werden kann.

7.4.3 Übersetzerdiversität

Eine Möglichkeit der gezielten Anwendung von Diversität stellt die Übersetzerdiversität dar. An einem Beispiel sei die Erkennbarkeit von Fehlern durch diversitäre Übersetzer gezeigt.

Beispiel

In Abb. 7.1 sind drei Feldvariablen A, B und C je mit 10 Elementen in unterschiedlicher Reihenfolge der Speicherbelegung dargestellt. Betrachtet man jetzt die folgende Programmanweisung:

$$C[I] := A[I] + B[I];$$

so erhält man für den Fehlerfall, wenn der Index die Indexgrenze überschritten hat, z.B. $I = 11$, verschiedene falsche Ergebnisse:

$$C[11] = A[11] + B[11] = \begin{cases} B[1] + C[1] \text{ in Abb. 7.1(a)} \\ C[1] + A[1] \text{ in Abb. 7.1(b)} \\ 10^{99} + 10^{99} \text{ in Abb. 7.1(c)} \end{cases}$$

Auch die falschen Ergebnisse werden in den drei Fällen unterschiedlich in $C[11]$ gespeichert. Der Fehler „Indexgrenze überschritten" ist keineswegs ein Übersetzerfehler, sondern ein Fehler im Programm. Ein solcher Fehler tritt häufig auf, ist jedoch sehr aufwendig zu testen.

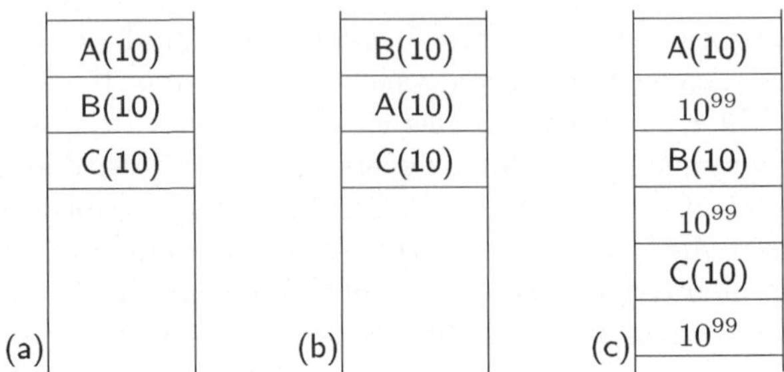

Abb. 7.1. Beispiel zu diversitären Übersetzungen

Fehlererkennbarkeit durch Übersetzerdiversität

Dieses einfache Beispiel zeigt, dass durch die Anwendung diversitärer Übersetzer nicht nur Übersetzerfehler, sondern auch echte Programmfehler erkennbar sind. Diese Erkenntnis kann verallgemeinert werden:

> „Durch Anwendung von α-Diversität lassen sich nicht nur α-Fehler, sondern auch β-Fehler erkennen."

Wird anstelle von „α" „Übersetzer" und anstelle von „β" „Programm" gesetzt, so erhält man ein konkretes Beispiel für obige Aussage.

Beabsichtigte und zufällige Zusammenhänge

Eine durch eine Programm- und Datenstruktur gegebene Software ist nicht nur durch beabsichtigte Zusammenhänge zwischen den Programm- und Datenelementen, sondern auch durch zufällige Zusammenhänge charakterisiert. Die beabsichtigten Zusammenhänge bestimmen das beabsichtigte Verhalten der Software. Die zufälligen Zusammenhänge bestimmen wiederum ihr Fehlverhalten mit. Im obigen Beispiel gibt es zum Element $A[2]$ zwei Nachbarelemente $A[1]$ und $A[3]$. Dieser Zusammenhang ist kein Zufall. Er ergibt sich aus der vorgegebenen Datenstruktur der Feldvariablen A. Dagegen werden $A[10]$ und $B[1]$ durch den Übersetzer zufällig zu Nachbarelementen. Nun ist es wichtig, diese zufälligen Zusammenhänge zwischen Programm- und Datenelementen bei zwei diversitären Übersetzern so weit wie möglich unterschiedlich zu machen, damit Programmfehler, die diese zufälligen Zusammenhänge in die Fehlverarbeitung einbeziehen, zwar falsche, jedoch unterschiedliche Ergebnisse liefern und somit erkannt werden können.

Nutzen von Übersetzerdiversität

Es ist offensichtlich, dass durch Übersetzerdiversität nur eine bestimmte Kategorie von Programmfehlern erkennbar ist. Man kann z.B. den Fehler, dass in der Programmanweisung des obigen Beispiels das Zeichen „+" mit dem Zeichen „-" vertauscht ist, d.h.

$$C[I] := A[I] - B[I];$$

nicht erkennen. Programmfehler solcher Art lassen sich jedoch durch Tests leicht erkennen und beheben. Der Testaufwand ist hier erheblich kleiner als für den Fehler mit der Indexgrenze. Daraus erkennt man eine Möglichkeit zur *sinnvollen Aufteilung des Aufwandes zwischen Test und Diversität:* Fehlerarten, die leicht zu testen sind (oft triviale Fehler), sollen auch durch Tests entdeckt und behoben werden. Fehlerarten, die nur sehr schwierig zu testen sind (oft sehr versteckte, von verschiedenen Faktoren und Zuständen abhängige Fehler), sollen durch Anwendung von Diversität erkannt werden. Unter verschiedenen Diversitätsarten ist eine solche zu wählen, die leicht angewendet oder automatisch generiert werden kann, z.B. Übersetzerdiversität.

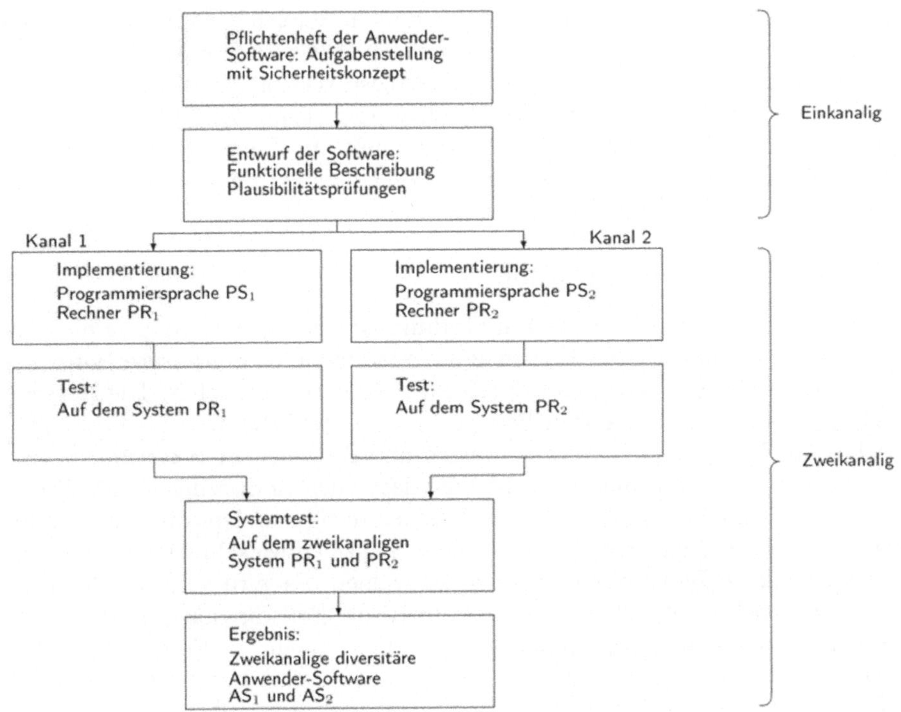

Abb. 7.2. Anwendung von Implementierungsdiversität

7.4.4 Diversitäre Implementierung

Übersetzerdiversität ist eine Form gezielter Anwendung von Diversität, die im Bereich der Implementation liegt. Abb. 7.2 stellt die gezielte Anwendung der Implementierungsdiversität dar. Pflichtenheft, d.h. die Aufgabenstellung einschließlich des Sicherheitskonzeptes, sowie Entwurf, d.h. die funktionelle Beschreibung des Lösungskonzeptes einschließlich vorgesehener Plausibilitätsprüfungen, werden nur einmal erarbeitet. Die Plausibilitätsprüfungen sind auf die Erkennung von Fehlern, die in Aufgabenstellung und Entwurf auftreten können, hin auszurichten. Zweikanaligkeit wird nur auf die Implementierung auf zwei verschiedenen Rechnersystemen beschränkt. Mit der Implementierung zusammenhängende Fehlerarten lassen sich durch gezielte Anwendung der Implementierungsdiversität erkennen. Diese Trennung der Fehlererkennung in der Implementierung auf einer Seite und in Entwurf und Pflichtenheft auf der anderen Seite hat den Vorteil, dass man Aufgabenstellung und Lösungskonzept einschließlich Plausibilitätsprüfungen sicherheitstechnisch in sich geschlossen erarbeiten kann. Fehler aus dem Bereich der Implementierung brauchen hier nicht berücksichtigt zu werden. Ein weiterer Vorzug des Verfahrens liegt darin, dass die Implementierungsdiversität gezielt, systematisch und teilweise automatisch vorgenommen werden kann. Es ist offensichtlich, dass die Erkennung von Fehlern in Pflichtenheft und Entwurf durch Plausibilitätsprüfungen eine teilweise zweikanalige Lösung im Sinne des allgemeinen Prinzips der Fehlererkennung darstellt.

7.4.5 Diversitäre Spezifikation

Ausgangspunkt einer Software-Entwicklung ist eine Spezifikation (Pflichtenheft, Anforderungsprofil). Werden zwei oder mehrere diversitäre Software-Systeme entwickelt, so ist von derselben Spezifikation ausgehen. Die Notwendigkeit derselben Spezifikation liegt in der Durchführbarkeit des Parallelbetriebes mit Vergleich von Ausgabewerten und Zwischenergebnissen.

Da man die Erfahrung gemacht hat, dass auch in Spezifikationen Fehler nicht auszuschließen sind, wurde ein Versuch unternommen, diversitäre Software von unterschiedlichen Spezifikationen aus zu entwickeln. Dabei sind auch unterschiedliche Beschreibungsformen zu wählen. Es wird von derselben, jedoch schriftlich nicht festgehaltenen Aufgabe der Software ausgegangen. Man kann zwei oder mehrere Spezifikationen in unterschiedlichen Beschreibungsformen schriftlich festhalten. Drei unterschiedliche Beschreibungssprachen, OBJ, PDL und Englisch, wurden in [91] verwendet und praktisch erprobt. Die erste, OBJ, ist eine formale Spezifikationssprache, die zweite, PDL, eine halb formale und halb natürliche Sprache und die dritte, Englisch, eine natürliche Sprache. Abb. 7.3 zeigt die Erstellung zweier diversitärer Software-Systeme, die von zwei unterschiedlichen Spezifikation (mit OBJ und PDL) ausgehen. Das Experiment mit den drei Beschreibungssprachen hat gezeigt, dass die wenigsten Fehler mit der Beschreibungssprache PDL gemacht werden, die sowohl formale als auch natürliche Sprachelemente enthält.

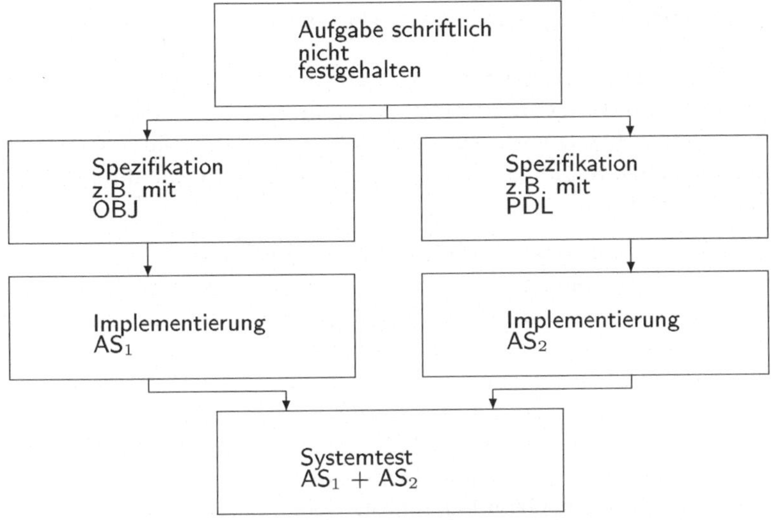

Abb. 7.3. Diversitäre Spezifikation

7.4.6 Funktionelle Diversität

Auch bei der funktionellen Diversität lassen sich Diversitätsarten gezielt anwenden. In der Literatur wurden hierzu viele verschiedene Prüfungen vorgeschlagen und eingehend beschrieben. Einige Verfahren seien hier erwähnt:

1. Prüfung der Verträglichkeit der aktuellen mit den formal definierten Parametern,
2. Prüfung auf endlose Schleife (Maximalwert des Schleifenzählers),
3. Prüfung des Zeitbedarfs bei Rechenprozessen,
4. Prüfung gegen falsche Verzweigung des Kontrollflusses (falscher Sprung),
5. Prüfung der Programmintegrität,
6. Prüfung der Datenintegrität (Inhalt, Struktur),
7. Prüfung eines Programms mit Testdaten,
8. Prüfung auf Anomalien (z.B. zu häufige Unterbrechungen, zu häufige Fehlermeldungen, Überlastung, Leistungsabfall, zu kleiner Datendurchsatz, zu große Reaktionszeit usw.),
9. Redundante Prüfungen bei Verzweigungen (z.B. Prüfung unterschiedlicher logischer Bedingungen),
10. Redundante Prüfung der Schleifenterminierung (z.B. Prüfung einer Laufvariable und einer logischen Bedingung),
11. Prüfung durch Umkehrung einer Transformation. Zum Beispiel liefert ein Programm zur Lösung der Gleichung $f(x) = a$ bei bekanntem a einen Wert x. Das Programm kann durch die Transformation $x = g(a)$ dargestellt werden. Das erhaltene Ergebnis (Wert x) kann dann in die ursprüngliche Gleichung eingesetzt werden. Es entspricht der Umkehrung der Transformation.

7.4.7 Zur Anwendung der Diversitätsarten

Der Einsatz von Diversitätsarten, ob gezielt oder vollständig, ob dieselbe Spezifikation oder unterschiedliche Beschreibungsformen, ob zwei- oder mehrkanalig usw., hängt stark vom Anwendungsfall ab. Ohne diesen näher zu betrachten, können nur die folgenden grundlegenden Empfehlungen und Hinweise gegeben werden.

- Falls möglich sind Software-Fehler zu kategorisieren.
- Für jede Fehlerkategorie muss ein auf der Anwendung zielgerichteter Diversität basierender Mechanismus zur Fehlererkennung bereitgestellt werden.
- Falls möglich sollten zweikanalige Software-Systeme ausreichen.
- Drei- und mehrkanalige Systeme sollten nur eingesetzt werden, wenn es unumgänglich ist. Sie sollten auf spezifizierte Bereiche begrenzt bleiben.
- Einkanalige Bereiche sollten mit Plausibilitätskontrollen sinnvoll geschützt werden, was partielle Zweikanaligkeit darstellt.
- Aus wirtschaftlichen Gründen sollten zielgerichtete und automatisch generierbare Diversität anstelle vollständiger Diversität soweit nur möglich bevorzugt werden.

7.4.8 Mehrkanalige Software-Realisierung

Ein mehrkanaliges Software-System ist hinsichtlich Sicherheits- und Zuverlässigkeitsverbesserung mit Vorsicht zu bewerten. Die Entwicklung diversitärer mehrkanaliger Anwender-Software ist eine schwierige Aufgabe. Die Wirksamkeit mehrkanaliger Software hinsichtlich Fehlererkennung ist wesentlich schwerer abzuschätzen als bei zweikanaliger Software. Die Wahrscheinlichkeit eines Doppelfehlers in mehrkanaliger Software kann u.U. größer sein als in zweikanaliger. Mehrkanalige Realisierung eines Software-Systems birgt die Gefahr in sich, dass viele mit der Diversität zusammenhängenden Probleme nicht mit der notwendigen Sorgfalt gelöst werden oder erst gar nicht lösbar sind. Durch mehrkanalige Realisierung wird dann ein gewisser Sicherheitsgrad nur vorgetäuscht. Er kann u.U. unter dem Wert einer zweikanaligen Lösung liegen. Eine mehrkanalige Lösung soll auf bestimmte Bereiche eines Systems eingeschränkt werden. So stellt ein zweikanaliges Software-System, das verschiedene Plausibilitätsprüfungen enthält, eine teilweise drei- oder mehrkanalige Lösung dar.

7.5 Richtlinien zur Software-Erstellung für eingebettete Systeme

Die folgenden Prinzipien für Programmentwurf und -codierung basieren auf Erfahrungen, die bei der Entwicklung verständlicher Software mit nur wenigen Fehlern gewonnen wurde. Sie dienen als Richtlinien für gute Programmierpraxis und eignen sich nicht nur zur Senkung der Fehlerrate, sondern auch zur Reduzierung des Prüfaufwandes. Die internationale Norm IEC 880 [74] definiert eine Fülle von Regeln, die bei der Programmierung von Automatisierungssystemen für sicherheitsgerichtete Aufgaben beachtet werden müssen. Durch teilweise Zusammenfassung und leichte Verschärfungen wurde daraus das folgende, reduziertes Regelwerk als Richtlinie abgeleitet.

7.5.1 Details von Anforderungsspezifikationen

Systemspezifikation Der Zweck einer Systemspezifikation besteht darin,

- den allgemeinen Zweck einer Software anzugeben, explizite Grenzen zu definieren und festzulegen, was die Software nicht tun darf,
- Erwartungen an Umfang und Leistungen der Software aufzuführen und explizit festzulegen, welche davon allein Zielgrößen oder Ziele sind und welche absolut notwendig sind, und
- qualitative Erwartungen (z.B. verlangte Genauigkeit) an das System, eingeteilt in absolute und ungefähre Ziele, festzusetzen.

Das Spezifikationsdokument sollte Funktions- und Anfangsbedingungen enthalten, und zwar für:

- Notabschaltung,
- andere Sicherheitsfunktionen, notwendige Berechnungen, ihren physikalischen Hintergrund,
- Funktionen, die die Zerstörung der automatisierten Anlage verhindern, notwendige Berechnungen und ihren physikalischen Hintergrund.

Aufbau des Rechensystems Um gleichartige Fehlereffekte zu vermeiden und die Systemzuverlässigkeit zu erhöhen, sind folgende Faktoren bedeutsam:

- allmähliche Leistungsabsenkung,
- funktionale Diversität und, wenn notwendig, Sofware-Diversität,
- Modularisierung, Entkoppelung, räumliche und logische Trennung.

Mensch-Maschine-Dialog Die grundlegenden Prinzipien umfassen:

- kein Fehler des Rechensystems darf angemessene menschliche Kontrolltätigkeiten verhindern,
- es müssen formale Prozeduren und eine eindeutige Syntax für menschliche Interaktionen mit dem Rechensystem definiert werden,
- es müssen die menschlichen Prozeduren innerhalb des Systems identifiziert werden, die möglicherweise Engpässe darstellen oder unberechtigte Probleme mit dem System verursachen könnten, wie z.B. Handbetrieb, durch den Fehler eingebracht werden könnten,
- das Rechensystem soll jegliche manuelle Eingaben auf ihre syntaktische Richtigkeit und semantische Plausibilität hin überprüfen,
- unangemessene Bedienersteuerungen müssen angezeigt werden,
- das gesamte System muss überprüft und analysiert werden, um sicherzustellen, dass die automatisierten Anteile des Systems entworfen worden sind, um den menschlichen Anteilen behilflich zu sein und diese zu unterstützen, und nicht umgekehrt.

Die Anforderungen an menschliche Tätigkeiten am Rechensystem sind:

- der Bediener muss in der Lage sein, grundlegende Systemfunktionen im Betrieb zu kontrollieren,
- während des Anlagenbetriebes sind keine Modifikation der Software zugelassen,
- die Prozeduren zur Eingabe, Modifikation und Anzeige von Parametern müssen exakt definiert, einfach und leicht verständlich sein,
- geeignete Menütechniken sollen verfügbar sein,
- manuelle Interaktion darf die grundlegenden Sicherheitsaktivitäten nicht über bestimmte Grenzen hinaus verzögern.

Die Anforderungen an die Anzeigen von Rechensystemen umfassen:

- ein Rechensystem muss seine eigenen Defekte und Fehler an den Bediener melden,
- die angezeigte Information und ihr Format sollen ergonomischen Prinzipien folgen.

Beschreibung von Systemfunktionen Die funktionalen Anforderungen an die Software sollen in einer Weise dargestellt werden, die für alle Anwendergruppen leicht verständlich ist. Die Darstellung soll hinreichend detailliert und ohne Widersprüche sein und soweit wie möglich auf Redundanz verzichten. Das Dokument soll keine Implementierungsdetails beinhalten, vollständig, konsistent und aktuell sein.

Es soll eine vollständige Liste der Systemfunktionen angegeben werden. Die Anzahl der beschriebenen Einzelheiten hängt von der Komplexität der Funktionen ab. Die Beschreibung soll mindestens folgendes enthalten:

- Zweck jeder Funktion,
- Bedeutung für der Systemzuverlässigkeit,
- alle Ein-/Ausgabevariablen.

Alle zur Ausführung einer Funktion nötigen Variablen müssen bzgl. der folgenden Einzelheiten bestimmt werden:

- Ein- und Ausgabebereich,
- Beziehung zwischen interner Darstellung und entsprechender physikalisch-technischer Einheit,
- Eingabegenauigkeit und Rauschpegel,
- Ausgabegenauigkeit.

Es soll eine detaillierte Beschreibung aller Systemfunktionen gegeben werden, indem diese aufeinander und auf die Systemein- und -ausgaben bezogen werden. Diagramme sind anzugeben, die die funktionalen und die Ein-/Ausgabebeziehungen darstellen. Die Beschreibung solcher Funktionen soll, soweit anwendbar, umfassen:

- Gründe für spezielle Funktionen,
- jede Funktion auslösende Bedingungen (Unfallentdeckung),
- Abfolge von Rechenprozessen, Aktionen und Ereignissen,
- Startbedingungen und Systemstatus bei der Initiierung einer Funktion,
- weitere mögliche Erweiterungen dieser Funktion,
- Details der Verifikationsprozedur.

Die Leistungsfähigkeit des Systems soll einschließlich folgender Angaben dargelegt werden:

- schlimmster Fall, bester Fall, geplanter Leistungsniveau in jeder Hinsicht unter Einschluss der Genauigkeit,
- Zeitverhalten,
- andere vorhandene Beschränkungen und zwingende Bedingungen,
- alle anwendungsspezifischen Berechnungen oder anwendungsabhängige Datenmanipulationen,
- Ein-/Ausgabebedienungsfunktionen, Synchronisations- und Kommunikationsprotokolle,
- Eingabeprüffunktionen, z.B. bzgl. Format, Eingabefeld, Quelle, logische Prüfungen.

Systemdatenstruktur und -beziehungen sind einschließlich folgender Angaben zu beschreiben:

- Charakteristika, Wartung und Aktualisierung von Datenbanken,
- alle Funktionen zur Wiedererlangung von Informationen,
- Identifikation aller Datenelemente, die an einem bestimmten Ausgang ankommen sollen,
- Klassifikation verwandter Datenelemente zu Gruppen,
- Beziehungen zwischen Aktivitäten von Datengruppen sowie zwischen jeder Datengruppe und den Systemein- und -ausgaben,
- Klassifikation von Datengruppen, die bezüglich der Zugriffsbedingungen kritischer als andere sind.

In einigen Systemen kann es ratsam sein, die folgenden Punkte zusätzlich zu den bereits genannten zu beschreiben:

- Zeiteffekte digitaler Verarbeitung,
- Echtzeitmonitore.

Es soll berücksichtigt werden, dass die Systemleistung allmählich herabgesetzt wird, wenn Fehler in der Software erkannt und Hardware-Ausfälle entdeckt werden, inbesondere wenn bestimmte Ein- oder Ausgabegeräte nicht verfügbar sind.

Vollständige Schnittstellenspezifikationen Wenn Software modularisiert wird, verlagert sich die Komplexität auf die Schnittstellen- und Software-Struktur. Um diese Komplexität beherrschen zu können, sind zur Spezifikation eines Moduls folgende Details erforderlich:

- Beschreibung der Aufgaben des Moduls,
- Modultyp,
- Leistungsmerkmale, z.B. Geschwindigkeit, Speichernutzung, Genauigkeit numerischer Funktionen,
- Vorbedingungen für die Anwendung des Moduls,
- nach der Anwendung des Moduls geltende Bedingungen,
- alle verfügbaren Funktionen oder Zugriffsoperationen.

Diese Funktionen oder Zugriffsoperationen sind zu spezifizieren durch:

- die Eingabeparameter, ihre Wertebereiche und Wechselbeziehungen,

- die Wertebereiche der Ausgabeparameter und ihre Abhängigkeit von den Eingabeparametern, anderen Daten und internen Zuständen,
- das Verhalten als Reaktion auf unkorrekte Eingabedaten oder Fehlfunktionen der untergeordneten Basis-Software,
- Auswirkungen der Funktion oder Zugriffsoperation,
- Vorbedingungen für die Anwendung,
- nach der Anwendung geltende Bedingungen,

Die Abhängigkeiten und Beziehungen zwischen den Zugriffsoperationen müssen spezifiziert werden durch:

- statische Beziehungen,
- Bedingungen wechselseitigen Ausschlusses,
- zulässige Aufrufabfolgen.

Selbstüberwachung Geeignete automatisierte Aktionen sollten bei Ausfällen ergriffen werden, wobei die folgenden Faktoren zu berücksichtigen sind:

- Ausfälle sollen bis zu einem sinnvollen Detaillierungsgrad identifiziert und auf die engste Umgebung isoliert werden,
- ausfallsicherheitsgerichtete Ausgabe soll möglichst garantiert werden,
- wenn solch eine Garantie nicht gegeben werden kann, soll die Systemausgabe nur gegen weniger grundlegende Sicherheitsanforderungen verstoßen,
- die Konsequenzen von Ausfällen sind zu minimieren,
- Behebungsmaßnahmen wie z.B. Rückfall auf vorherige Positionen, erneute Versuche oder Systemwiederherstellung sollten zur Verwendung in Betracht gezogen werden,
- Versuche zur Rekonstruktion gelöschter oder unkorrekt geänderter Daten können unternommen werden,
- das Bedienpersonal ist über Ausfälle zu informieren.

Ein System soll so entworfen werden, dass geeignete Selbstüberwachung möglich ist. Die hierbei behilflichen Entwurfsprinzipien umfassen:

- Modularisierung
- zwischenzeitliche Plausibilitätsüberprüfungen,
- Gebrauch von Redundanz und Diversität; letztere kann als funktionale oder Software-Diversität implementiert werden,
- Bereitstellung von ausreichend Bearbeitungszeit und Speicherplatz für Selbsttestzwecke,
- Aufnahme permanenter Testmöglichkeiten,
- Ausfallsimulation kann zum Nachweis der Angemessenheit von Selbstüberwachungsmaßnahmen eingesetzt werden.

Selbstüberprüfungen eines Systems sollen unter keinen Umständen rechtzeitige Systemreaktionen verhindern.

7.5.2 Entwurfsprozeduren

Änderbarkeit Software-Entwürfe sollen leicht Änderungen zulassen. In einem frühen Entwurfsstadium sollte bestimmt werden, welche Charakteristika einer zu entwickelnden Software und welche funktionalen Anforderungen sich möglicherweise im Laufe ihrer Lebensdauer ändern werden. Während weiterer Entwurfsstadien sollten die Module so definiert werden, dass die wahrscheinlichsten Modifikationen nur zur Veränderung eines oder höchstens sehr weniger Module führt.

Strukturierter Entwurf

- Automatische Entwurfswerkzeuge sind einzusetzen.
- Entwürfe sind von oben nach unten anzufertigen.
- Allgemeine Aspekte sollten spezifischeren vorausgehen.
- Auf jeder Verfeinerungsstufe sollte das gesamte System komplett beschrieben und verifiziert werden.
- Schwierigkeiten sollten so weit wie möglich zu einem frühen Zeitpunkt im Entwurfsprozess identifiziert werden.
- Grundlegende Entscheidungen sollten so früh wie möglich diskutiert und dokumentiert werden.
- Nach jeder größeren Entscheidung, die andere Systemteile betrifft, sollten Alternativen betrachtet und ihre Risiken dokumentiert werden.
- Die Konsequenzen für andere Systemteile, die von einzelnen Entscheidungen impliziert werden, sollten bestimmt werden.
- So weit wie möglich sind automatische Entwicklungshilfen zu nutzen.
- Dokumentationen sollten Entwickler in die Lage versetzen, sowohl Entwürfe als auch Programme zu verstehen und zu überprüfen.
- Erst in einem der letzten Schritte sollte codiert werden.

Programmentwurf und -entwicklung sollten unter Verwendung eines (oder mehrerer) beschreibenden Formalismus' hohen Niveaus wie mathematische Logik, Mengenlehre, Pseudocode, Entscheidungstabellen, Logikdiagrammen oder andere graphische Hilfsmittel oder problemorientierte Sprachen durchgeführt werden.

Zwischenverifikation

- Ein Zwischenprodukt soll fortlaufend dokumentiert werden.
- Ein Zwischenprodukt soll fortlaufend verifiziert werden.
- Es sollte gezeigt werden, dass jede Verfeinerungsstufe vollständig und in sich konsistent ist.
- Es sollte gezeigt werden, dass jede Verfeinerungsstufe konsistent mit der vorhergehenden Stufe ist.
- Konsistenzüberprüfungen sollten von neutralem Personal und möglichst mit automatisierten Werkzeugen vorgenommen werden.
- Dieses Personal sollte nur Mängel kennzeichnen, aber keinerlei Aktivitäten empfehlen.

Änderungen während der Entwicklung Änderungen, die während einer Programmentwicklung notwendig sind, sollen zum frühestmöglichen Entwurfsstadium beginnen, das für die Änderung noch relevant ist.

Systemrekonfiguration Es sollte eher versucht werden, Systemteile oder -module mit ausgedehnter Betriebsbewährung zu verwenden, als neue formal zu verifizieren.

7.5.3 Software-Struktur

Kontroll- und Zugriffsstruktur
- Programme und Programmteile sollen systematisch gruppiert werden.
- Bestimmte Systemoperationen sollten von bestimmten Programmteilen durchgeführt werden.
- Software sollte so partitioniert werden, dass Anwendungsprogramme mit gut definierten Schnittstellen von Funktionen folgender Art getrennt werden:
  - rechnerexterne Schnittstellen, z.B. Gerätetreiber, Unterbrechungsbehandlung,
  - Echtzeitsignale, z.B. Uhr,
  - parallele Verarbeitung,
  - Speicherverwaltung,
  - Spezialfunktionen, z.B. Dienstprogramme, oder
  - Abbilden von Standardfunktionen auf spezielle Rechner-Hardware.
- Die Programmstruktur sollte die Durchführung vorhergesehener Veränderungen mit einem Minimum an Aufwand erlauben.
- In einem Prozessor sollte ein Programmsystem so weit wie möglich sequentiell arbeiten.
- Ein Programm(teil) sollte in klar verständliche Module zerlegt werden, wenn es mehr als 100 ausführbare Anweisungen enthält.

Module
- Module sollen klar und verständlich sein.
- Module sollten kontextunabhängig sein.
- Module dürfen keine Seiteneffekte haben.
- Die Form von Modulen sollte einheitlich geregelt sein.
- Jedes Modul sollte einer bestimmten Funktion entsprechen, die in der Problemspezifikation deutlich festgelegt worden ist.
- Ein Modul sollte nur einen Eingang haben. Obwohl mehrfache Ausgänge manchmal nötig sein können, werden einfache Ausgänge empfohlen.
- Kein Modul sollte die Größe überschreiten, die für ein bestimmtes System festgelegt wurde (z.B. maximal eine Seite Code).
- Die Schnittstellen zwischen Modulen sollten so einfach wie möglich, im gesamten System einheitlich und vollständig dokumentiert sein.
- Module dürfen nur über ihre Parameterlisten kommunizieren.
- Die Anzahl der Eingabe- und Ausgabeparameter von Modulen sollte auf ein Minimum begrenzt sein.
- Physikalisch dürfen Module nur einmal innerhalb eines Systems vorhanden sein, bevorzugt in einem ROM.

Betriebssystem
- Die Anwendung von Betriebssystemen ist zu begrenzen, z.B. auf minimale, zertifizierte Betriebssystemkerne.
- Beim Neustart sollen Systeme in sichere Zustände versetzt werden.

Ausführungszeit Der Einfluss des externen, technischen Prozesses auf die Ausführungszeit ist niedrig zu halten. Die Ausführungszeit eines jeden Systems oder -teils unter Spitzenlastbedingungen sollte kurz sein im Vergleich zu einer Ausführungszeit, nach deren Überschreitung die Sicherheitsbedingungen des Systems verletzt werden. Die Ergebnisse, die von einem sequentiellen Programm erzeugt werden, sollen nicht abhängig sein von

- der Zeit, die zur Ausführung des Programms gebraucht wird, oder
- der Zeit (bezogen auf eine unabhängige Uhr), zu der die Programmausführung begonnen wird.

Programme sind so zu entwerfen, dass Operationen in korrekten Abfolgen unabhängig von ihren Bearbeitungsgeschwindigkeiten ausgeführt werden. Bei Bedarf sind explizite Synchronisationsmechanismen einzusetzen.

Unterbrechungen

- Der Gebrauch von Unterbrechungen soll zugunsten zyklischen Abfragens eingeschränkt werden.
- Unterbechungen dürfen nicht geschachtelt werden.
- Unterbechungen sind zulässig, wenn sie ein System vereinfachen.
- Die Behandlung von Unterbrechungen durch Software muss während kritischer Teile (z.B. bzgl. der Zeit oder Datenveränderungen) einer ausgeführten Funktion verboten werden.
- Bei Einsatz von Unterbrechungen sollten nicht unterbrechbare Teile festgelegte maximale Bearbeitungszeiten haben, so dass die Maximaldauern von Unterbrechungssperren bestimmt werden können.
- Die Benutzung und Maskierung von Unterbechungen soll sorgfältig dokumentiert werden.

Arithmetische Ausdrücke So weit wie möglich sollten vereinfachte, vorher verifizierte arithmetische Ausdrücke benutzt werden.

7.5.4 Selbstüberwachung

Plausibilitätsüberprüfungen

- Plausibilitätsüberprüfungen sind durchzuführen (defensive Programmierung).
- Die Richtigkeit oder Plausibilität von Zwischenergebnissen sollte so oft wie möglich überprüft werden, wenigstens im Rahmen eines kleinen Prozentsatzes der Rechnerkapazität (Redundanz).
- Für geeignete Reaktionen auf das Auftreten nicht plausibler Werte ist Sorge zu tragen.
- Sind Ergebnisse sicherheitsbezogen, so sollen sie auf verschiedenen Wegen unter Benutzung unterschiedlicher Methoden ausgearbeitet werden (Diversität).
- Das Verfahren der Wiederholung soll genutzt werden.
- Die Bereiche und Veränderungsraten von Ein-/Ausgabevariablen und Zwischenwerten sollten ebenso wie Feldgrenzen überprüft werden.
- Datenveränderungen sollten überwacht werden.

- Die Plausibilität von Werten ist durch Vergleich mit anderen Daten unter Berücksichtigung gegenseitiger Abhängigkeiten zu überwachen.
- Alle Bearbeitungszeiten von Programmen und alle prozessexternen Operationen wie Ein-/Ausgabe und Synchronisationen sollten zeitlich überwacht werden.
- Die Ausführung von Programmbausteinen soll logisch überwacht werden, z.B. durch Prozeduren, die auf Zählern oder Schlüsseln basieren.
- Es sollen Plausibilitätsüberprüfungen mittels inverser funktionaler Beziehungen durchgeführt werden.

Sichere Ausgabe

- Wenn ein Ausfall entdeckt wird, sollen Systeme wohl definierte Ausgaben erzeugen.
- Sofern möglich, sollten vollständige und korrekte Fehlerbehebungstechniken benutzt werden.
- Selbst wenn korrekte Fehlerbehebung nicht garantiert werden kann, muss eine Ausfallerkennung zu wohl definierter Ausgabe führen.
- Wenn Fehlerbehebungstechniken eingesetzt werden, soll das Auftreten jedes Fehlers gemeldet werden.
- Das Auftreten eines beständigen Fehlers, der ein System beeinträchtigen kann, soll gemeldet werden.

Speicherinhalte

- Speicherinhalte sollen gesichert oder überwacht werden.
- Speicherplatz für Konstanten und Anweisungen soll geschützt oder auf Veränderungen hin überwacht werden.
- Unautorisiertes Lesen und Schreiben sollte verhindert werden.
- Ein System sollte gegen Code- oder Datenveränderungen durch Anlagenbediener sicher sein.

Fehlerüberprüfung

- Auf Fehler soll auf einer bestimmten Codeebene geprüft werden.
- Zähler und andere Plausibilitätsmaßnahmen sollten sicherstellen, dass eine Programmstruktur korrekt durchlaufen wurde.
- Die Richtigkeit jeder Art von Parameterübergabe sollte überprüft werden, was die Verifikation der Parametertypen umfasst.
- Feldadressierungen sind gegen Grenzüberschreitungen zu püfen.
- Die Laufzeit kritischer Teile sollte beobachtet werden.
- Die Auftretenshäufigkeit von Unterbrechungen soll beobachtet werden.
- Zusicherungen sollten benutzt werden.
- Sicherheitskritische Echtzeitsysteme sollten frei von Ausnahmen sein.

7.5.5 Entwurf und Codierung im Detail

Verzweigungen und Schleifen

- Mit Verzweigungen und Schleifen sollte vorsichtig umgegangen werden.
- Die Bedingungen für die Beendigung von Verzweigungen und Schleifen sollten redundant formuliert werden.

- Verzweigungen sollten vermieden werden, sofern sie die Beziehung zwischen Problem- und Programmstruktur unverständlich machen; so viel sequentieller Code wie möglich ist zu benutzen.
- Rückverzweigungen sollten vermieden und statt dessen Schleifenanweisungen benutzt werden.
- Verzweigungen, die in Schleifen, Module oder Unterprogramme führen, müssen verhindert werden.
- Verzweigungen, die aus Schleifen herausführen, sollten vermieden werden, wenn sie nicht genau zum Ende von Schleifen führen. Einzige Ausnahme sind Fehlerausgänge.
- In Modulen mit komplexer Struktur sollten Makros und Prozeduren so benutzt werden, dass die Struktur deutlich hervortritt.
- Berechnete GOTO- oder SWITCH-Anweisungen sind zu vermeiden.
- Wo eine Liste alternativer Zweige oder eine Fallunterscheidung benutzt wird, muss die Liste der Zweige oder Fallbedingungen alle Möglichkeiten umfassen. Das Konzept eines Ausweichzweiges sollte für die Fehlerbehandlung reserviert bleiben.
- Schleifen sollten nur mit konstanten Maximalwerten für ihre Schleifenvariablen benutzt werden.

Prozeduren
- Prozeduren sollten so einfach wie möglich gehalten werden.
- Sie sollten nur eine minimale Anzahl von Parametern haben – vorzugsweise nicht mehr als 5.
- Sie sollten ausschließlich über ihre Parameter kommunizieren.
- Alle Parameter sollten die gleiche Form haben (z.B. keine Vermischung des Aufrufs nach Name oder Wert).
- Parameter sollten nur Basis- oder Feldtypen haben und aus reinen Daten bestehen.
- Unterprogramme sollten nur einen Eingangspunkt haben.
- Unterprogramme sollten bei jedem Aufruf nur zu einem Punkt zurückkehren. Einzige Ausnahme sind Fehlerausgänge.
- Der Rückkehrpunkt sollte unmittelbar dem Aufrufpunkt folgen.
- Rekursive Prozeduraufrufe dürfen nicht benutzt werden.
- Funktionen sollten nicht den Wert ihrer Parameter ändern.

Verschachtelte Strukturen
- Verschachtelungen sollten nur benutzt werden, wo sie die Problemstruktur reflektieren.
- Verschachtelte Strukturen sollen mit Vorsicht gebraucht werden.
- Parameter vom Typ Prozedur sind zu vermeiden.
- Hierarchien von Prozeduren und Schleifen sollten benutzt werden, wenn sie die Systemstruktur verdeutlichen.

Adressierung und Felder
- Einfache Adressierungstechniken sollen benutzt werden.
- Nur eine Adressierungstechnik soll für einen Datentyp benutzt werden.
- Umfangreiche Indexberechnungen sollten vermieden werden.

- Felder sollten festgelegte, vorbestimmte Längen haben.
- Die Anzahl der Dimensionen in jeder Feldreferenz sollte gleich der Anzahl der Dimensionen in seiner entsprechenden Deklaration sein.

Datenstrukturen

- Datenstrukturen und Namenskonventionen sollen in einem System einheitlich benutzt werden.
- Variablen, Felder und Speicherelemente sollten einen einzigen Zweck und eine einzige Struktur haben.
- Der Name einer jeden Variablen sollte folgendes reflektieren:
  - Typ (Feld, Variable, Konstante),
  - Gültigkeitsbereich (lokal, global, Modul),
  - Art (Eingabe, Ausgabe, intern, abgeleitet, Zähler, Feldlänge),
  - Signifikanz.
- Veränderliche Systemparameter sollten identifiziert und ihre Werte an gut definierten, ausgezeichneten Codepositionen zugewiesen werden.
- Konstanten und Variablen sollten an verschiedenen Stellen des Spei-'chers positioniert werden. Vorzugsweise sollten unverändert bleibende Daten in ROMs platziert werden.

Viele Echtzeitprogrammsysteme benutzen eine universell zugängliche Datenbasis oder ähnliche Betriebsmittel. Wenn solch globale Datenstrukturen eingesetzt werden, sollte auf sie mittels Standardprozeduren oder durch Kommunikation mit Standardprozessen zugegriffen werden.

Dynamische Veränderungen Dynamische Instruktionsveränderungen müssen vermieden werden.

Zwischentests Der Testansatz sollte dem Entwurfsansatz folgen (z.B. sollte beim Entwurf von oben nach unten durch Simulation noch nicht existierender Systemteile getestet werden; nach Beendigung der Systementwicklung sollte daraufhin ein Integrationstest von unten nach oben folgen).

- Zwischentests sollen während der Programmentwicklung erfolgen.
- Jedes Modul sollte sorgfältig getestet werden, bevor es in ein System integriert wird, und die Testergebnisse sollten dokumentiert werden.
- Eine formale Beschreibung der Testeingaben und -ergebnisse (Testprotokoll) sollte erstellt werden.
- Während eines Programmtestes entdeckte Codierungsfehler sollten protokolliert und analysiert werden.
- Unvollständiges Testen sollten protokolliert werden.
- Um den Gebrauch von Zwischentestergebnissen während der abschließenden Validierung zu erleichtern, sollte der von den vorherigen Tests erreichte Überdeckungsgrad protokolliert werden (z.B. alle Pfade durch ein getestetes Modul).

7.5.6 Sprachabhängige Empfehlungen

Abfolgen und Anordnungen Detaillierte Regeln zur Anordnung verschiedener Sprachkonstruktionen sind auszuarbeiten, die folgendes beinhalten sollen:

- Abfolge von Deklarationen,
- Abfolge von Initialisierungen,
- Abfolge nicht ausführbaren und ausführbaren Codes,
- Abfolge von Parametertypen,
- Abfolge von Formaten.

Kommentare Beziehungen zwischen Kommentaren und ausführbarem oder nicht ausführbarem Code sollen in detaillierten Regeln festgelegt werden:

- Es sollte deutlich gemacht werden, was zu kommentieren ist.
- Die Position der Kommentare sollte einheitlich sein.
- Form und Stil der Kommentare sollten einheitlich sein.
- Kommentare im Programmtext sollten die Funktion eines jeden Programmteils und jeder Instruktionssequenz auf einem höheren, abstrakten Niveau erklären, d.h. sie dürfen den Quellcode nicht in Worten wiederholen.

Assembler

- Wenn eine Assembler-Sprache benutzt wird, sollen ausführliche Programmierregeln befolgt werden.
- Verzweigungsinstruktionen, die weiterführende Substitutionen benutzen, dürfen nicht benutzt werden.
- Der Inhalt von Verzweigungstabellen sollen Konstanten sein.
- Jedes indirekte Adressieren sollte demselben Schema folgen.
- Indirektes Verschieben sollte vermieden werden.
- Mehrfache Substitutionen oder mehrfache Indizes innerhalb einer einzigen Maschineninstruktion sollten vermieden werden.
- Dieselben Makros sollten immer mit der gleichen Anzahl von Parametern aufgerufen werden.
- Auf Marken sollte eher mit Namen als mit absoluten oder relativen Adressen Bezug genommen werden.
- Unterprogrammaufrufkonventionen sollten in einem System einheitlich sein und durch Regeln festgelegt werden.

Codierungsregeln

- Detaillierte Codierungsregeln sollen vorgelegt werden.
- Es ist deutlich zu machen, wo und wie Codezeilen einzurücken sind.
- Der Aufbau von Modulen sollte einheitlich geregelt sein.

7.5.7 Sprachen und Übersetzer

Allgemeine Aspekte

- Sicherheitsgerichtete, strukturierte Sprachen hohen Niveaus sollten eher als maschinenorientierte eingesetzt werden.
- Die Empfehlungen der vorhergehenden Abschnitte sollten grundsätzlich und so weit wie möglich befolgt werden.
- Lesbarkeit erstellten Codes ist wichtiger als Schreibbarkeit während des Programmierens.
- Sprachen sollten fehleranfällige Merkmale vermeiden.

- Sprachen sollten Konstrukte vorhalten, die die Aktivitäten in technischen Prozessen direkt reflektieren.
- Sprachen sollten Zusicherungen erlauben.

Fehlerbehandlung

- Die Menge der Fehler, die eine Ausnahme während der Bearbeitungszeit verursachen können, sollten folgende umfassen:
  - Überschreitung von Feldgrenzen,
  - Überschreitung von Wertebereichen,
  - Zugriff auf Variablen, die nicht initialisiert sind,
  - Versäumnis, Zusicherungen zu erfüllen,
  - Abschneiden signifikanter Ziffern numerischer Werte,
  - Übergabe von Parametern falschen Typs.
- Parametertypen sollten zur Übersetzungszeit überprüft werden.

Behandlung von Daten und Variablen

- Variablenwertebereiche sollte zur Übersetzungszeit bestimmbar sein.
- Die Genauigkeit jeder Gleitkommavariablen und jedes Gleitkommaausdrucks sollte zur Übersetzungszeit bestimmbar sein.
- Es sollte keine implizite Konversion zwischen Typen stattfinden.
- Der Typ jeder Variablen, jedes Feldes, jeder Verbundkomponente, jedes Ausdrucks, jeder Funktion und jedes Parameters sollte zur Übersetzungszeit bestimmbar sein.
- Variablen, Felder, Parameter usw. sollten einschließlich ihrer Typen explizit deklariert werden.
- Variablentypen sollten zwischen Eingabe, Ausgabe, transient und Unterprogrammparametern unterscheiden.
- Variablennamen beliebiger Länge sollten erlaubt sein.
- So weit wie möglich sollten Typüberprüfungen während der Übersetzungszeit anstatt der Ausführungszeit stattfinden.
- Zur Übersetzungszeit sollte jede einzelne Dateneinheit überprüft werden, ob Zuweisungen an sie erlaubt sind.

Laufzeitaspekte

- Benutzte Rechnerzeit sollte zur Laufzeit überwacht werden.
- Fehler sollten zur Laufzeit erfasst werden.

7.5.8 Systematische Testmethoden

Allgemeine Tests

- Repräsentative Fälle für das Programmverhalten im allgemeinen, seine Arithmetik und sein Zeitverhalten.
- Alle individuell und explizit spezifizierten Anforderungen.
- Alle Eingabevariablen mit extremen Werten.
- Funktion aller externen Geräte.
- Statische Fälle und dynamische Pfade, die repräsentativ für das Verhalten des technischen Prozesses sind.

- Alle Fälle und Pfade, die der technische Prozess in Hinblick auf die Software aufweisen kann.
- Eine formale Beschreibung der Testeingaben und -ergebnisse (Testprotokoll) sollte erstellt werden.
- Auch unzureichende Tests sollten protokolliert werden.
- Um den Gebrauch von Zwischentestergebnissen während der abschließenden Validierung zu erleichtern, sollten die Ergebnisse die entdeckten Codierungsfehler und den erreichten Überdeckungsgrad enthalten.

Pfadtests
- Jede Anweisung ist wenigstens einmal auszuführen.
- Jedem Pfad aus jeder Verzweigung ist wenigstens einmal zu folgen.
- Jeder Prädikatterm in jedem Zweig ist auszuwerten.
- Jede Schleife ist mit minmaler, maximaler und wenigstens einer mittleren Anzahl von Wiederholungen auszuführen.
- Jeder Pfad ist wenigstens einmal auszuführen.

Datenbewegungtests
- Alle Speicherplatzzuweisungen sind wenigstens einmal auszuführen.
- Alle Speicherplatzreferenzen sind wenigstens einmal auszuführen.
- Alle Abbildungen von der Ein- auf die Ausgabe sind wenigstens einmal auszuführen.

Testen des Zeitverhaltens
- Überprüfung aller Zeitbedingungen.
- Maximal mögliche Kombinationen von Unterbrechungsabfolgen.
- Alle bedeutenden Kombinationen von Unterbrechungsabfolgen.
- Zeitstempelung, Aufzeichnung der Identifikationen des verdrängten und des verdrängenden Programmes, des Inhaltes der Warteschlange bereiter Rechenprozesse, der Unterbrechungssignale und der Registerinhalte bei jeder Programmkontextumschaltung.
- Verifikation zeitgerechter Programmausführung.
- Verifikation zeitgerechter Unterbrechungsreaktionen.

Verschiedene Tests
- Überprüfung auf Einhaltung aller Grenzen des Dateneingaberaums.
- Überprüfung auf ausreichende Genauigkeit der arithmetischen Berechnungen an allen kritischen Punkten.
- Test von Modulschnittstellen und -interaktionen.
- Jedes Modul ist wenigstens einmal aufzurufen.
- Jeder Modulaufruf ist wenigstens einmal durchzuführen.
- Überprüfung der Programmsystemausführung gegen Ablaufmodelle.

7.5.9 Hardware-Erwägungen

Peripheriegeräte mit direktem Speicherzugriff dürfen nicht eingesetzt werden. Massenspeichergeräte dürfen auf Grund der Möglichkeit mechanischer Defekte und der Komplexität ihrer Verwaltung und der Zugangs-Software nicht für sicherheitskritische Anwendungen benutzt werden.

7.6 Qualitätssicherung von Dokumentationen

Die Darstellung eines Software-Systems umfasst neben Konzepten, Entwürfen und eigentlichen Programmtexten als formale Objekte auch Dokumentationen, die zur informellen Beschreibung der vorgenannten in natürlicher Sprache dienen. Im Idealfall entstehen Dokumentationen parallel zur Entwicklung ihrer Objekte. Sie sind wie diese selbst der Qualitätssicherung unterworfen. Eine vollständige Dokumentation eines Produktes enthält jeweils für die verschiedenen Rollenträger wie Entwickler, Benutzer oder Wartungstechniker geeignete, spezifische Darstellungen. Sie kann beispielsweise aus Anforderungsdokumentation, Pflichtenheft, Entwurfsdokumentation, Programmlisten sowie Wartungs- und Anwendungsdokumentation (Benutzer- und Bedienerhandbuch) bestehen. Prüfergebnisse und Testprotokolle sollten ebenso in einer Produktdokumentation enthalten sein.

Zur Beschreibung der Qualität von Dokumenten sind die Eigenschaften Änderbarkeit, Aktualität, Eindeutigkeit, Kennzeichnung, Verständlichkeit, Vollständigkeit und Widerspruchsfreiheit als informelle Beschreibungsmittel relevant. Sie beziehen sich teilweise auf den Inhalt und zum Teil auf die Darstellungsform.

Die Prüfung von Dokumentationen entzieht sich weitgehend der Analyse mit formalen Methoden, da es noch keine zur Analyse natürlichsprachiger Texte anwendbare Techniken gibt. Hinzu kommt, dass in Dokumentationen oft Mischungen formaler, tabellarischer und informeller Beschreibungen vorzufinden sind. Deshalb wird man im allgemeinen kaum eine andere Methode als Inspektion zur Prüfung von Dokumentationen einsetzen können.

Produktdokumentationen haben die Aufgabe, zu dokumentierende Objekte in natürlicher Sprache derart zu beschreiben, dass die angesprochenen Rollenträger die für sie relevanten Informationen erhalten. Daraufhin sind entsprechende Prüfungen auszurichten. Die Dokumenteninspektion beinhaltet mithin zwei Prüfaufgaben, und zwar (1) ob Dokumente die dargestellten Objekte (Konzepte, Entwürfe, Programme) korrekt beschreiben und (2) ob Dokumentationen ihren Anforderungen genügen.

Daraus resultiert ein Problem mit $n{:}m$-Beziehungen zwischen n Rollenträgern, für die Software geschrieben wird bzw. die mit ihr umgehen müssen, und m Darstellungen dieser Software. Eine Dokumentation muss der Aufgabe gerecht werden, jedes Objekt auf die n Rollenträger abzubilden. Im Zuge der Inspektion von Software-Dokumentationen müssen die Inspekteure also die Korrektheit dieser Abbildung von Informationen und Aktivitäten, Funktionen und Daten sowie Programmen auf die Aufgaben der Rollenträger prüfen.

Die Effektivität einer Inspektion hängt wesentlich vom Interesse der Beteiligten ab. Im Idealfall werden Dokumentationen von darauf spezialisierten technischen Dokumentatoren verfasst. Entwickler sind daran interessiert, dass ihre Produkte richtig dargestellt werden. Benutzer betrachten Produkte eher von den Aufgabenstellungen her.

Aus alledem folgt, dass sich die Inspektion von Dokumenten wesentlich von der Inspektion formaler Beschreibungen von Konzepten, Entwürfen oder Programmen unterscheidet. Während dort die Richtigkeit einer entwickelten Beschreibung, möglicherweise unter Berücksichtigung anderer formaler Beschreibungen, im Vordergrund steht, geht es hier um die korrekte Darstellung einer formalen Darstellung in einer aufgabenorientierten „Fachsprache". Die Organisation einer Inspektion hat diesen Aufgaben gerecht zu werden, indem sie die Analyse der untersuchten Dokumentationen aus formaler Sicht und aus der informellen Sicht der rollenorientierten Entwickler erzwingt.

Die Bewertung von Dokumenten soll nun exemplarisch anhand der beiden Eigenschaften Korrektheit und Komplexität diskutiert werden. Für Produktdokumentationen wird sicherlich gefordert, dass sie korrekt sind. Dokumente sind als informelle Beschreibungen von Konzepten, Entwürfen und Programmen unbrauchbar, wenn sie das jeweilige Objekt nicht wiedergeben. Die Korrektheit eines Dokumentes kann in Merkmalen wie Eindeutigkeit, Vollständigkeit oder Widerspruchsfreiheit zum Ausdruck kommen. Die Komplexität von Dokumenten sollte stets niedrig sein. Man kann zwischen Komplexität der Struktur und Komplexität des Inhaltes eines Dokumentes, also der Problemstellung, unterscheiden. In der Bewertung drückt sich niedrige Komplexität dadurch aus, dass ein Dokument leicht verständlich und nachvollziehbar sowie gut lesbar und strukturiert ist.

Produktdokumente können mit Hilfe sogenannter Texteindrucksbeurteilungen bewertet werden. Hierzu gehört das Hamburger Modell [100, 133, 137], nach dem Dokumente nach den vier faktorenanalytisch ermittelten Dimensionen Einfachheit, Gliederung-Ordnung, Kürze-Prägnanz und zusätzliche Stimulanz eingeschätzt werden. Jede dieser vier Dimensionen setzt sich aus mehreren Einzelfaktoren wie „einfache Darstellung", „anschaulich" oder „konkret" zusammen. Bewertet wird anhand einer fünfstufigen Skala durch speziell geschulte Beobachter. Die Schätzurteile mehrerer Beurteiler werden nach Dimensionen zu Mittelwerten zusammengefasst.

7.7 Qualitätssicherung von Programmen

Qualitätssicherung sollte bereits ganz am Anfang der Entwicklung beginnen und darf im Grunde erst dann beendet werden, wenn ein Programm nicht mehr benutzt wird. Eine effektive und effiziente Qualitätssicherung muss sorgfältig geplant und gesteuert werden. Zur Projektbeschreibung gehört darum auch die Festlegung, was, wann, wie und von wem geprüft werden soll. Es ist selbstverständlich, dass automatisierbare Analysen auch automatisiert werden sollten. Was automatisiert werden kann, hängt aber auch von den angewendeten Konstruktionsmethoden ab. Somit besteht eine gegenseitige Abhängigkeit von Konstruktion und Qualitätssicherung. Qualität lässt sich nicht im nachhinein in ein Produkt „hineinprüfen". Deshalb kann analytische Qualitätssicherung nur vorhandene Qualität feststellen.

Die Qualitätssicherung von Programmen besteht aus der des Entwurfs, und hier insbesondere der Modularisierung, und jener der Implementierung. Der Entwurf hat entscheidenden Einfluss darauf, welche Schwierigkeiten bei der Fehlerfindung, ihrer Behebung und anderen Änderungen in späteren Entwicklungsschritten auftreten. Modularisierung, d.h. Zerlegung eines Systems in Teile, ist eine anerkannte Methode zur Beherrschung von Komplexität. Sie wirkt sich auf Programmierung und Qualitätssicherung von Programmen in folgender Weise positiv aus:

- modularisierte Programme sind übersichtlicher und leichter verständlich,
- sie lassen sich leichter ändern, anpassen und erweitern,
- bei ihrer Programmierung werden weniger Fehler gemacht,
- sie sind leichter zu testen und
- Fehler sind einfacher zu finden und zu beheben.

Bei der Implementierung werden die Datenstrukturen und Algorithmen jedes Moduls festgelegt. Strukturierte Programmierung hat sich als grundlegendes Konzept der Implementierung durchgesetzt. Sie geht zum einen auf Boehm und Jacopini, die in [18] zeigten, dass die drei Kontrollstrukturen Anweisungsfolge, Auswahl und Wiederholung zum Schreiben sequentieller Programme ausreichen, und zum anderen auf Dijkstra zurück, der sich in [32] gegen die Verwendung von Sprunganweisungen aussprach. Das Konzept hat große Bedeutung hinsichtlich der Prüfbarkeit von Programmen, weil diese durch schlecht strukturierten Kontrollfluss wesentlich erschwert wird.

Aufgabe der Qualitätssicherung von Programmen ist festzustellen, ob sie richtig, d.h. widerspruchsfrei und vollständig, sind – interne Konsistenz – und ob sie das tun, was in ihren vorherigen Beschreibungen festgelegt wurde – externe Konsistenz. Die Prüfung von Entwürfen hat zu klären, ob die Schnittstellen zwischen Modulen vollständig und widerspruchsfrei sind sowie ob gewählte Zerlegungen und Modulspezifikationen plausibel und den Implementierungskonzepten angemessen sind. Außerdem muss gezeigt werden, dass das tatsächliche Zusammenwirken von Systemteilen diesen Konzepten entspricht. Zur Prüfung von Implementierungen zählen Aufbau-, Kontrollfluss- und Datenflussanalysen. Die Aufbauanalyse stellt beispielsweise fest, ob die verwendeten Objekte deklariert sind und die deklarierten Objekte verwendet werden. Zusätzlich kann sie prüfen, ob die Objekte in der deklarierten Form verwendet werden. Mit der Kontrollflussanalyse soll z.B. festgestellt werden, ob alle Anweisungen erreichbar sind und ob es Endlosschleifen geben kann. Aufgabe der Datenflussanalyse kann es schließlich sein zu prüfen, ob Variablen vor ihrer Verwendung Werte zugewiesen werden und ob sie nach Wertzuweisungen verwendet werden. Neben diesen formalen Prüfungen muss festgestellt werden, ob die gewählten Algorithmen und Datenstrukturen angemessen und die Berechnungen und Entscheidungen richtig sind. Zur Aufdeckung in Programmen enthaltener Fehler lassen sich die im folgenden betrachteten Methoden anwenden.

Verifikation ist als projektbegleitende Maßnahme zu sehen. Sie ist ein Überprüfungsvorgang in jeder Phase des Software-Lebenszyklus' zur Entscheidung, ob alle Anforderungen einer Phase korrekt in der nächsten umgesetzt sind. Direkt nach Erstellung einer Spezifikation und vor Beginn der nächsten Phase geht die Verifikation die Angemessenheit der Anforderungsspezifikation nach Erfüllung der Qualitätsanforderungen des geplanten Systems an. Nach der folgenden Entwurfsphase wird die detaillierte Anforderungsspezifikation einer gründlichen Prüfung unterzogen. Ihr Ergebnis dient dann als Basis für die Verifikation der in der Codierungsphase geschriebenen Quellprogramme. In den späteren Phasen wird die modular entwickelte Software nach ihrer Integration unter realen Betriebsbedingungen in Zusammenarbeit mit der Hardware im Hinblick auf ihre Funktionen und ihr Zeitverhalten validiert. Der vollständige Verifikationsprozess zeigt, ob sich eine Software in Übereinstimmung mit der detaillierten Anforderungsspezifikation verhält. Er sollte auch belegen, ob die Software den übernommenen Programmiernormen und Praxisrichtlinien genügt. Der Validierungsprozess zeigt, ob die Software in einer vollständigen Systemumgebung richtig funktioniert. Das beinhaltet verschiedenartige Überprüfungen mit der Absicht, verbliebene Fehler zu finden.

7.7.1 Verifikationsplan

Für jede Phase des Software-Lebenszyklus' sollte ein Verifikationsplan aufgestellt werden, der alle im Verifikationsprozess verwendeten Kriterien, Techniken und Werkzeuge dokumentiert. Zusätzlich beschreibt er alle Aktivitäten, die notwendig sind, um für jedes Software-Modul zu bewerten, ob es seinen Funktionalitäts-, Zuverlässigkeits-, Leistungs- und Sicherheitsanforderungen genügt. Dieser Plan sollte so detailliert sein, dass eine unabhängige Gruppe die Verifikation ausführen und die Software-Qualität objektiv beurteilen kann. Die Verifikation sollte von einer Gruppe oder einer Organisation ausgeführt werden, die von den Entwicklungsgruppen unabhängig ist. Bei der Erstellung eines Verifikationsplans müssen folgende Aspekte berücksichtigt werden:

- Auswahl von Verifikationsstrategien, z.B. systematisches und/oder statistisches Testen, wobei die Auswahl der Testfälle den geforderten Funktionen und/oder speziellen Merkmalen der Programmstruktur entspricht,
- Auswahl und Anwendung eines Testbetts für die Software,
- Art der Durchführung der Verifikationsaktivitäten,
- Dokumentation dieser Aktivitäten,
- Auswertung der entweder direkt mit Verifikationshilfsmitteln oder durch Tests erhaltenen Verifikationsergebnisse und Beurteilung, ob die Zuverlässigkeitsanforderungen erfüllt werden, und
- Auswahl spezifischer Verfahren zum Berichten und Beseitigen von Fehlern.

Nach jeder Verifikation wird ein Verifikationsbericht erstellt. Er zeigt, ob die Software verifiziert werden konnte oder inwiefern dies misslungen ist.

7.7.2 Verifikationstechniken

In der Literatur wurde eine große Anzahl von Methoden zur Software-Verifikation und -Validierung beschrieben. Der Übersichtsartikel [59] gibt einen guten Überblick über alle bekannten Methoden zur Software-Prüfung. Darüber hinaus können auch die grundlegenden Arbeiten von EWICS TC7 [47] herangezogen werden. Prinzipiell gibt es keine Technik, die allein alle Software-Fehler entdecken könnte. Daher müssen verschiedene Techniken immer in Kombination angewendet werden. Man unterscheidet zwischen statischen und dynamischen Methoden der Software-Analyse. Die Gruppe der statischen Analysemethoden besteht aus:

- Nachvollziehen,
- formale Inspektion,
- formaler Korrektheitsbeweise,
- diversitäre Rückwärtsanalyse.

Die am Beginn der Software-Entwicklungsphase stehenden Spezifikationen, nämlich Anforderungsspezifikationen und detaillierte Anforderungsspezifikationen, können nach dem gegenwärtigen Stand der Technik nur mit Methoden wie Inspektion und Nachvollziehen verifiziert werden, die von Gruppen unter Leitung von Moderatoren durchgeführt werden. Die Erfahrung zeigt, dass in jeder Inspektionsrunde ungefähr 80% der Fehler entdeckt werden können. Besonders die Verifikation von Spezifikationen erfordert größten Aufwand, da auf Grund der Komplexität und Verwendung natürlicher Sprachen häufig Fehler auftreten, die sich dann leicht in gesamten Projekten ausbreiten. Um die Richtigkeit von Spezifikationen zu erhöhen, sollten diese möglichst semiformal formuliert werden. Ein gutes Werkzeug dafür sind Entscheidungstabellen, die trotz ihrer allgemeinen Verständlichkeit alle Eigenschaften einer formalen Notation aufweisen. Daher erlauben sie vollständige Überprüfbarkeit. Die Entscheidungstabellentechnik wird oft von Entwurfswerkzeugen unterstützt. Sie erlaubt die Beschreibung logischer Kontrollflüsse von Teilprozessen mit Hilfe ihrer internen Zustände. Für Prüfzwecke werden Software-Entwürfe häufig modelliert und anschließend simuliert. Obwohl dies schnelle Resultate ermöglicht, hat Modellierung den Nachteil, eine Quelle weiterer Fehler zu sein.

Inspektionen und Nachvollziehen sind auch die am weitesten verbreiteten Methoden zur Codeverifikation. Für große Software-Systeme stellen sie die einzig sinnvollen Methoden zur Qualitätssicherung dar. Bis jetzt können formale Korrektheitsbeweise nur auf relativ kleine Module angewendet werden, was jedoch für die meisten sicherheitskritischen Funktionen bereits ausreichend sein sollte. Ebenso können die Entwürfe sequentieller Ablaufpläne manuell verifiziert werden: sie werden als Petri-Netze modelliert und durch die Anwendung der Petri-Netz-Theorie wird versucht, die Richtigkeit ihres Ausführungsverhaltens zu beweisen. Außerdem gibt es bereits verschiedene Werkzeuge für die automatische Analyse und den (partiellen) Korrektheitsbeweis von Programmkomponenten.

Grundsätzlich steht die Entwicklung von Techniken zur Sicherheitsüberprüfung von Rechnerprogrammen jedoch noch in ihrer Anfangsphase. Bisher kann nur die Richtigkeit relativ kleiner Module auf der Objektprogrammebene bewiesen werden. Die sicherheitstechnische Abnahme hochsprachlich formulierter Programme ist immer noch nicht möglich, da es noch keinen Übersetzer gibt, dessen korrekte Funktion nachgewiesen worden wäre. Aus diesem Grund muss man bei der Entwicklung und Anwendung sicherheitsgerichteter Software auf Assembler, Binder und Betriebssysteme verzichten oder die Möglichkeit darin enthaltener Fehler berücksichtigen. Um zu beweisen, dass ein größeres Programm in einem eingebetteten System die Anforderungen an ein Prozessautomatisierungssystem erfüllt, nämlich

- *funktionale Korrektheit* und
- *Rechtzeitigkeit der Ergebnisse bzgl. der Zeitanforderungen der Umgebung,*

steht zur Zeit nur die Technik der diversitären Rückwärtsanalyse als Verifikationsmethode zur Verfügung. Sie wurde gemeinsam von den Technischen Überwachungsvereinen Rheinland und Norddeutschland, der Gesellschaft für Reaktorsicherheit, Garching, und dem Institut für Energietechnik, Halden/Norwegen, entwickelt [96]. Ohne Rechnerunterstützung zu überprüfen, ob eine rückdokumentierte Software ihre ursprüngliche Vorgabe erfüllt, ist außerordentlich umständlich und zeitaufwendig. Das liegt an der semantischen Lücke zwischen mit Begriffen der Nutzerfunktionsebene formulierten Spezifikationen und Maschinenanweisungen, die erstere mit Hilfe von Speicher- und Registerzugriffen und anderen niedrigen Operationen implementieren.

Die dynamischen Analysemethoden umfassen die beiden Testtechniken:

- *Schwarzer-Kasten-Test* und
- *Weißer-Kasten-Test.*

Diese beiden Unterklassen werden danach unterschieden, ob die benutzten Testdaten nur von der Programmspezifikation (Schwarzer-Kasten-Test) oder auch unter Beachtung interner Programmstrukturen abgeleitet werden (Weißer-Kasten-Test). Da Korrektheitsbeweise von Software-Modulen nur in sehr wenigen Fällen mit mathematischer Strenge ausgeführt werden können, sind dynamische Tests immer noch das wichtigste Verifikationshilfsmittel. Ihre Nützlichkeit ist jedoch begrenzt, da sie nur der Fehlererkennung dienen, aber nicht die Abwesenheit aller Fehler nachweisen können. Um so viele Fehler wie möglich erkennen zu können, d.h. um fehlerarme Programme zu erhalten, sollten die folgenden Prinzipien berücksichtigt werden.

Automatische Werkzeuge sollten so weit wie möglich zur Erzeugung den Spezifikationen entsprechender Testfälle eingesetzt werden. Diese Testfälle sollten die Eingabebereiche abdecken und dabei immer die Bereichsgrenzen der Eingabe- und Funktionswerte jedes Moduls beinhalten. Tests sind durch Ausführung der Programme unter Kontrolle realistischer Simulatoren durchzuführen. Parallel dazu laufende Monitore zeichnen die zur späteren Testauswertung nötigen Daten auf. Das Zeitverhalten muss immer systematisch untersucht werden, vor allem für im Echtzeitbetrieb laufende Prozessautomatisierungsprogramme, deren Prozessumgebungen von externen Simulatoren modelliert werden müssen (vgl. Abschnitt 7.9). Mit Hilfe solcher Geräte lassen sich beliebige Schwarze-Kasten-Tests ausführen, deren Ergebnisse auch statistisch ausgewertet werden können, um Annahmen über Fehlerauftrittswahrscheinlichkeiten zu machen. Zusätzlich sind Weiße-Kasten-Tests notwendig, die auf Grund von Programmstrukturanalysen entworfen werden. Das Ziel dieser Testmethode ist zu gewährleisten, dass alle Zweige eines Software-Moduls wenigstens einmal für alle Eingabekombinationen benutzt werden, so dass Programme mit nicht getesteten Teilen nicht an Anwender geliefert werden. Daher wird diese Methode auch Pfadtest genannt.

7.7.3 Anforderungsverifikation

Nach Aufstellung einer Anforderungsspezifikation und vor Beginn der nächsten Phase, dem Entwurf, ist zu verifizieren, ob die detaillierten Software-Anforderungen die in der Anforderungsspezifikation genannten Systemanforderungen, insbesondere die sicherheitsgerichteten, angemessen erfüllen. Weiterhin wird im Rahmen dieser Verifikation die Kompatibilität der Spezifikationen mit den Abnahme- und Systemintegrationstests geprüft.

7.7.4 Entwurfsverifikation

Die Entwurfsverifikation soll eindeutig nachweisen, dass Anforderungen vollständig durch eine Entwurfsspezifkation erfüllt werden. Die Verifikation eines Software-Entwurfs beschäftigt sich mit folgenden Fragen:

- Umsetzbarkeit von Anforderungspezifikationen im Hinblick auf Konsistenz und Vollständigkeit bis hinunter zur Modulebene,
- Zerlegung eines Software-Entwurfs in Funktionsmodule,
- Machbarkeit der geforderten Leistung,
- Testbarkeit im Hinblick auf weitere Verifikation,
- Lesbarkeit für die Entwicklungs- und Verifikationsgruppen,
- Wartbarkeit, um Weiterentwicklung zuzulassen, sowie
- Grad der Einhaltung von Qualitätsanforderungen.

Die Ergebnisse der Entwurfsverifikationsaktivitäten werden in Berichten dokumentiert, die folgendes enthalten müssen:

- mangelnde Übereinstimmungen mit den (detaillierten) Anforderungsspezifikationen,
- bei der Verifikation entdeckte Fehler im Entwurf und darüber hinaus
- den Problemen schlecht angepasste Datenstrukturen und Algorithmen.

7.7.5 Modul- und Codeverifikation

Die Verifizierungsaktivitäten der Codierungsphase beginnen mit dem Testen eines jeden Moduls und werden mit weiteren Tests der gesamten Software von unten nach oben fortgesetzt. Auf der Modulebene ist eine Software noch nicht zu einem System integriert, so dass Module individuell und sehr gründlich getestet werden können. Jedes Modul muss eine Modultestspezifikation haben, gegen die es getestet wird. Modultests sollen zeigen, dass Module ihre intendierten, jedoch keine unbeabsichtigte Funktionen ausführen.

Modulintegrationstests werden so früh wie möglich durchgeführt, um das korrekte Zusammenwirken individueller Module bei der Bereitstellung spezifizierter Funktionen nachzuweisen. Da Module mehr und mehr integriert werden, wird so lange von unten nach oben geprüft, bis die komplette Software als Ganzes getestet worden ist. Das wichtigste Teildokument des Verifikationsplans für die Codierungsphase ist die Testspezifikation. Auf einer gründlichen Analyse der detaillierten Anforderungsspezifikation beruhend, liefert sie detaillierte Informationen über alle für sämtliche Komponenten auszuführenden Tests. Die Testspezifikation wird mit Hilfe einer allgemeinen Software-Beschreibung erstellt, die von der Entwurfsgruppe zur Verfügung gestellt wird und folgende Aspekte berücksichtigen sollte:

- Umgebung, in der die Tests laufen,
- Testverfahren,
- detaillierte Kriterien, die zur Abnahme der Module oder Software-Komponenten erfüllt sein müssen,
- Verfahren für Fehlererkennung und -beseitigung,
- während der Codeverifikationsphase zu produzierende Dokumente.

Die Ergebnisse eines so ausgeführten Testprogrammes werden in einen Testbericht aufgenommen, besonders im Hinblick darauf, ob eine Software die in ihrer detaillierten Anforderungsspezifikation gestellten Anforderungen erfüllt oder nicht. Der Bericht beschreibt alle Entwurfs- und Funktionsmängel. Für die Modulebene und alle höheren Entwurfsebenen enthält der Testbericht folgende Punkte:

- für den Test benutzte Hardware-Konfiguration,
- für den Objektcode benutzte Speichereinheit und Zugriffsmerkmale,
- Listen der Ein- und Ausgabedaten des Tests,
- Angaben bzgl. Zeitverhalten, Eintrittsreihenfolgen von Ereignissen usw.,
- Übereinstimmung mit gegebenen Abnahmekriterien,
- Aufzeichnungen über Fehlerauftritte mit Beschreibung der Fehlercharakteristika und der von der Entwurfsgruppe ergriffenen Gegenmaßnahmen.

7.7.6 Integrationsverifikation von Hard- und Software

Der Prozess der Verifikation der Hard- und Software-Integration dient dazu festzustellen, ob individuell verifizierte Hard- und Software-Module miteinander kompatibel sind, ob die Systemintegration korrekt ausgeführt wurde und schließlich ob ein System wie erwartet arbeitet. Für diesen Funktionstest sollten das System und seine Schnittstellen zum externen Prozess so vollständig wie möglich sein, damit die sich ergebende Konfiguration einer praktischen Situation entspricht. Die ausgewählten Testfälle müssen alle Modulschnittstellen und -funktionen ausprobieren. Auch für die Verifikation eines integrierten Systems wird ein formaler Testplan aufgestellt, der die Testanforderungen für jede Schnittstelle nennt. Solche Integrationstests sollten von Gruppen definiert und durchgeführt werden, die mit der Systemspezifikation gut vertraut sind, aber nicht an der Systementwicklung beteiligt waren. Entwicklungs- und Testgruppen sollten zum Zweck der Behandlung offener Fragen und der Meldung von Fehlern nur schriftlich und so detailliert wie möglich kommunizieren, damit diese Kommunikation auch unabhängig begutachtet werden kann. Testgeräte sind zu eichen. Entsprechend ihrer Wichtigkeit bei der Verifikationsdurchführung werden die bei Tests benutzten Software-Werkzeuge geeigneten Qualitätssicherungsmaßnahmen unterworfen.

7.7.7 Rechensystemvalidierung

Während Integrationstests allgemein dazu dienen, Systemfunktionen zu verifizieren, werden immer noch spezielle Tests verlangt, um zu zeigen, dass Hard- und Software den Sicherheitsanforderungen entsprechen. Solche Tests werden in Übereinstimmung mit einem formalen Validirungsplan ausgeführt, der statische und dynamische Validierungsfälle nennt. Ein vollständiges System wird durch statische und dynamische Simulation seiner Eingabesignale unter normalen Betriebs- sowie angenommenen außergewöhnlichen Bedingungen getestet. Jede sicherheitsrelevante Funktion wird durch repräsentative Tests sowohl individuell als auch in Kombination mit anderen geprüft. Es wird empfohlen, dass die Tests

- die Wertbereiche aller Signale und der berechneten Parameter voll repräsentativ abdecken,
- alle logischen Kombinationen umfassend abdecken,
- Genauigkeits- und Zeitanforderungen repräsentativ abdecken,
- alle typischen (ergonomisch aufbereiteten) Bedieneranzeigen hervorrufen,
- alle typischen Abfolgen von Ausgabesignalen hervorrufen,
- sicherstellen, dass bei allen in den Anforderungen genannten Gerätefehlern oder Fehlerkombinationen korrekte Maßnahmen ergriffen werden, und
- eine Anzahl von Läufen mit zufälligen Signalkombinationen enthalten.

Zusätzlich bestimmt ein Validierungsplan

- geforderte Eingabesignale mit ihren Auftretensabfolgen und Werten,
- erwartete Ausgabesignale mit ihren Auftretensabfolgen und Werten und
- Kriterien zur Testabnahme.

Es sollten wiederum Validierungspläne entwickelt und die Validierungsergebnisse von völlig unabhängigen Gruppen ausgewertet werden. Die zur sicherheitstechnischen Abnahme eines Software-Produktes auszuführenden einzelnen Schritte sind in dem der Norm DIN VDE 0116 [150] entnommenen Abb. 7.7.7 und in Abb. 7.5 zusammengefasst. Die Ergebnisse einer Validierung sollten in einem Validierungsbericht dokumentiert werden, der benutzte Hard- und Software, Geräte und ihre Kalibrierung, Simulationsmodelle und jegliche Diskrepanzen und Korrekturmaßnahmen hinsichtlich der in den Bezugsdokumenten erläuterten Vorgehensweisen nennt. Die Ergebnisse sollten in einer Form bereitgehalten werden, die durch von der Validierung unabhängige Personen überprüfbar ist. Die im Validierungsprozess benutzten Software-Werkzeuge sollten im Validierungsbericht einzeln aufgeführt werden. Die Simulation der Prozessumgebung und das für die Validierung benutzte System sollten dokumentiert werden.

7.8 Verfahren zur Software-Prüfung

7.8.1 Inspektionsverfahren

Inspektionstechniken lassen sich für alle Prüfungen von Programmen verwenden. Unter dem Begriff *Inspektion* fassen wir hier alle „manuellen" Prüfverfahren wie Entwurfs- und Codeinspektion [48], „(strukturiertes) Nachvollziehen" [72] und Arbeitsbesprechnungen [139] zusammen. Das Prinzip dieser Verfahren ist n-Augen-Kontrolle unter der Annahme, dass „vier oder mehr Augen mehr als zwei sehen". Die Verfahren beruhen auf Gruppenbesprechungen zwischen Entwicklern und Inspektoren, in denen die Untersuchungsobjekte analysiert werden. Die Vorgehensweise besteht im Prinzip aus drei Schritten:

1. In einem Vorbereitungsgespräch erklären die Entwickler der Inspektorengruppe das Objekt im Großen. Die notwendigen Unterlagen werden verteilt. Bis zur nächsten Sitzung muss dann jeder Inspektor das Objekt untersuchen.
2. In den eigentlichen Inspektionssitzungen wird danach das Objekt im Einzelnen durchgesprochen. Unklarheiten werden diskutiert und gegebenenfalls als Fehler identifiziert.
3. In Nachbereitungen werden alle Sitzungsergebnisse dokumentiert und die erforderlichen Änderungen veranlasst und durchgeführt.

Inspektionsverfahren nutzen die Möglichkeiten menschlichen Denkens und Analysierens. Auch komplexe Zusammenhänge können erfasst werden. Inspektionen sind prinzipiell für alle Software-Beschreibungen und zur Erhebung und Bewertung jeder Eigenschaft geeignet. Die für jede betrachtete Eigenschaft zu erhebenden Kenngrößen werden in Prüflisten aufgeführt. Da Inspektionsmethoden wesentlich auf den Fähigkeiten des menschlichen Gehirns beruhen, lassen sie sich nicht automatisieren. Man kann sie aber sehr wohl durch Werkzeuge unterstützen. So können viele bei Inspektionen auftretende Fragen, wie z.B.

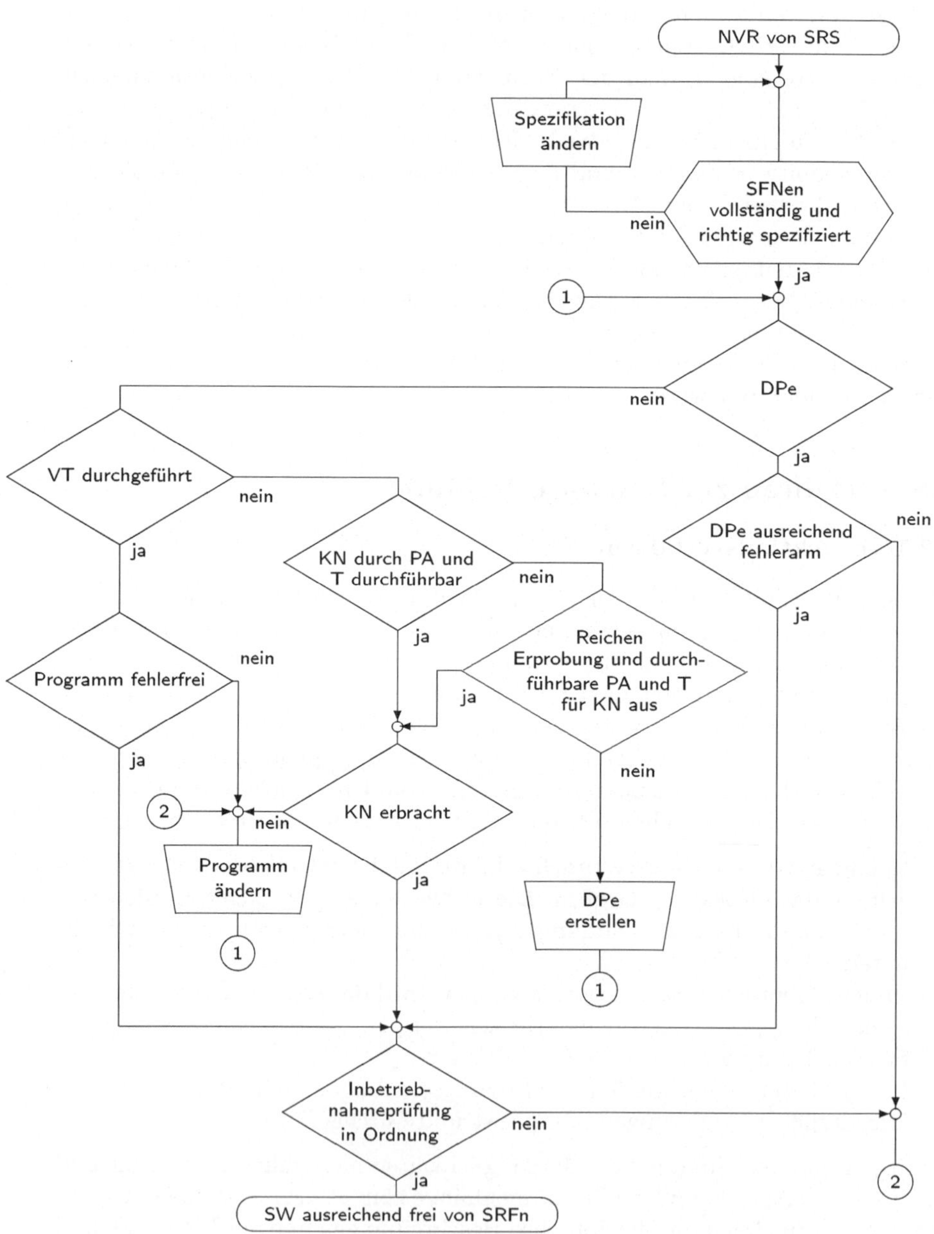

Abb. 7.4. Sicherheitsnachweis von Software gemäß DIN VDE 0116
(Abkürzungen: KN – Korrektheitsnachweis, VT – vollständiger Test, DP – diversitäres Programm, PA – Programmanalyse, NVR – Nachweis der Gültigkeit und Korrektheit, SRF – sicherheitsrelevanter Fehler, SFN – sicherheitsrelevante Funktion, SRS – sicherheitsrelevante Software, SW – Software, T – Test)

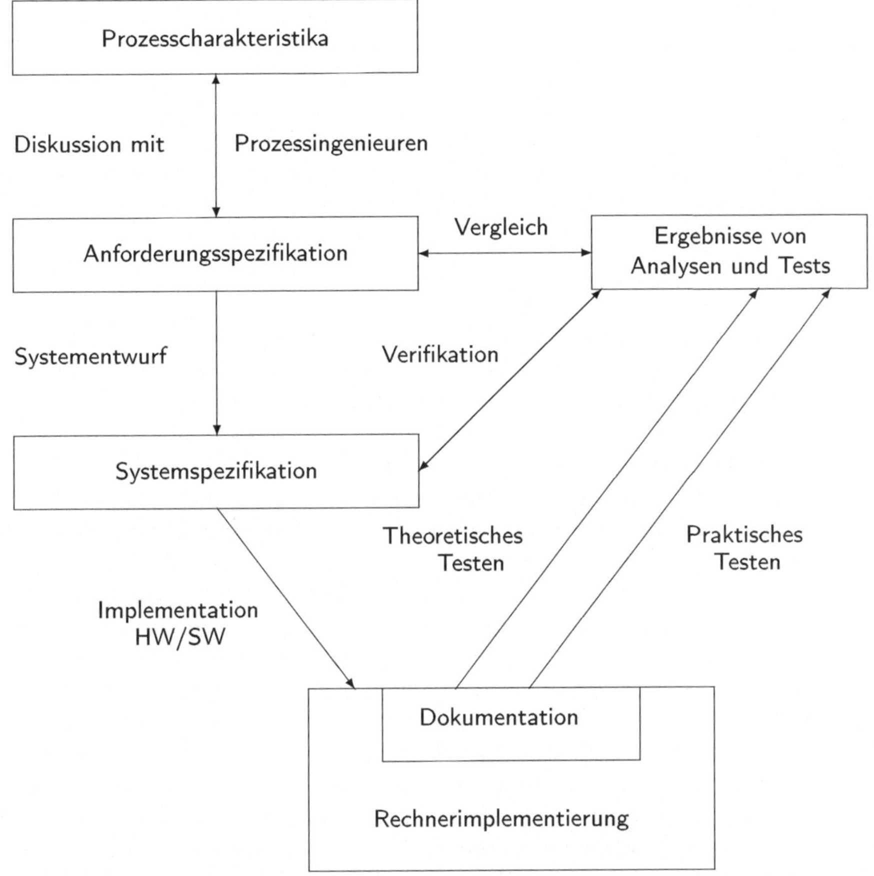

Abb. 7.5. Systemverifikation und -validierung

wo bestimmte Funktionen verwendet werden, durch Werkzeuge zur Quelltextanalyse beantwortet werden. Auch Ergebnisse aus anderen Prüfungen können im Rahmen von Programminspektionen herangezogen werden.

Ein Nachteil von Inspektionsverfahren ist, dass ihr Erfolg wesentlich von den Fähigkeiten der beteiligten Personen abhängt. So werden insbesondere an die Moderatoren große Anforderungen gestellt. Zusammensetzung und Arbeitsweise der Gruppen sind sehr wichtig für den Erfolg von Inspektionen. Die Gespräche dürfen nicht in hektischer oder angespannter Atmosphäre stattfinden und die Entwickler dürfen sich nicht in eine Verteidigungshaltung gedrängt fühlen. Sie dürfen nicht befürchten müssen, dass die Inspektionen und ihre Ergebnisse zur Beurteilung ihrer Leistungen herangezogen werden. Die Erfahrung bei der Anwendung von Inspektionsverfahren zeigt, dass mit ihnen weit mehr erreicht werden kann, als vielfach angenommen wird.

Die Verwendung von Inspektionstechniken für Prüfungen hinsichtlich formaler Kriterien kann nur ein Notbehelf sein, solange geeignete Werkzeuge zur statischen Analyse fehlen. Die eigentliche Aufgabe der Inspektion von Programmen ist die inhaltliche Prüfung ihrer Entwürfe und Implementierungen. Ob eine Zerlegung plausibel und dem Konzept angemessen ist, kann ebensowenig automatisch beantwortet werden wie die Frage, ob spezifizierte Algorithmen und Datenstrukturen angemessen implementiert sind.

7.8.2 Begutachtungen

Das Ziel von Begutachtungen – und auch von Revisionen – im Laufe eines Entwicklungsprojektes ist ein doppeltes. Technisches Ziel ist, die Angemessenheit eines Arbeitsabschnittes und dessen Übereinstimmung mit vorgegebenen Anforderungen und Erwartungen zu bewerten. Administratives Ziel ist, den Arbeitsfortschritt zu bestimmen und den Projektstand einzuschätzen.

Eine Begutachtung wird als formelles Treffen organisiert, bei dem ein Produkt, in diesem Fall eine Anforderungsspezifikation, eine Entwurfsbeschreibung oder ein Programm, untersucht wird. Der Zweck des Treffens ist Identifizierung und Dokumentierung jeglicher Probleme des begutachteten Produkts. Wenn keine kritischen Fehler gefunden werden, kann das Produkt formell abgenommen werden. Es soll jedoch betont werden, dass während des Gutachtertreffens keine Versuche zur Lösung gefundener Probleme unternommen werden. Potentielle Probleme sollten von den Gutachtern schon während der Vorbereitung des Treffens identifiziert worden sein. Es ist den Analytikern oder Entwerfern überlassen, die Fehler nach den Treffen zu beheben.

Ein allgemeines Muster der während des Software-Lebenszyklus' durchzuführenden Begutachtungen wurde in Tabelle 7.1 beschrieben. Empfohlene Listen von Punkten, die in bestimmten Fällen angesprochen werden sollten [78], werden weiter unten zusammengefasst.

Anforderungsbegutachtung

Eine Software-Anforderungsbegutachtung (SAB) erfolgt, um Vollständigkeit, Angemessenheit und Durchführbarkeit einer SAS sicherzustellen. Die Liste kritischer Fragen enthält:

1. Vollständigkeit und Rückverfolgbarkeit der Anforderungen von der Systemspezifikation oder den ursprünglichen (Benutzer-) Anforderungen her,
2. Stichhaltigkeit der Begründung jeder in der SAS genannten Anforderung,
3. Vollständigkeit und Kompatibilität der Definitionen externer Schnittstellen,
4. Vollständigkeit, Angemessenheit und technische Durchführbarkeit der in der SAS entwickelten Algorithmen und Gleichungen,
5. Vollständigkeit und Angemessenheit von Beschreibungen der Mensch-Maschine-Schnittstellen,

6. Testbarkeit der Software-Anforderungen (insbesondere sollten quantitative Angaben immer qualitativen vorgezogen werden),

7. Vollständigkeit, Angemessenheit und Durchführbarkeit für das Software-Produkt definierter Abnahmekriterien,

8. interne Konsistenz im Gebrauch von Namen, Symbolen und Akronymen,

9. Freiheit von unnötigen Entwurfszwängen und ungerechtfertigten Annahmen.

Vorläufige Entwurfsbegutachtung

Eine vorläufige Entwurfsbegutachtung (VEB) wird vor Beginn des detaillierten Entwurfs zur Prüfung der Vollständigkeit, Konsistenz und Angemessenheit der vorläufigen Entwurfsentscheidungen durchgeführt. Die Begutachtung bewertet den Fortschritt eines Entwurfs, überprüft die Kompatibilität mit den Funktions- und Leistungsanforderungen der SAS und verifiziert die Kompatibilität zwischen den Hard- und Software-Komponenten und den Anwenderanforderungen. Die Liste der wichtigsten zu behandelnden Punkte enthält:

1. Vollständigkeit der Zuweisung der in der SAS identifizierten Funktionen zu Software-Komponenten,

2. Vollständigkeit der Definitionen der Schnittstellen zwischen sämtlichen Software-, Hardware- und menschlichen Komponenten,

3. Konsistenz des Entwurfs mit kritischen Zeitanforderungen, Laufzeitschätzungen und Leistungsanforderungen.

Kritische Entwurfsbegutachtung

Eine kritische Entwurfsbegutachtung (KEB) wird abgehalten, um über die Abnehmbarkeit eines in einer SEB dokumentierten detaillierten Software-Entwurfs zu entscheiden, bevor der Implementierungsschritt beginnt. Die Begutachtung bewertet Vollständigkeit und Richtigkeit des detaillierten Entwurfs hinsichtlich der SAS-Forderungen. Die Liste der wichtigsten bei der KEB anzusprechenden Punkte umfasst:

1. Kompatibilität eines detaillierten Entwurfs mit der SAS, d.h. Vollständigkeit und Konsistenz der Zuordnung in der SAS definierter Funktionen zu Software-Komponenten und -Modulen,

2. Kompatibilität und Vollständigkeit der Schnittstellendefinitionen,

3. Konsistenz des detaillierten Entwurfs mit den Zeit- und Leistungsanforderungen,

4. Richtigkeit und Konsistenz in der SEB definierter Algorithmen, logischer Diagramme, Datenstrukturtabellen und Modulspezifikationen.

Begutachtung der Verifikations- und Validierungspläne

Eine Begutachtung der Software-Verifikations- und -Validierungspläne
(BSVVP) wird vor einer VEB durchgeführt, um sicherzustellen, dass die im
SVVP beschriebenen Verifikations- und Validierungsmethoden komplette Be-
wertungsdaten für die Abnahmeentscheidung eines Software-Produktes liefern. Die Liste kritischer Punkte umfasst hier:

1. Zurückverfolgbarkeit der Verifikations- und Validierungsmethoden zu den
   in der SAS angeführten Forderungen,
2. Vollständigkeit des Testplans bezüglich aller in der SAS angeführten Forderungen,
3. Angemessenheit der zu testenden Software-Konfigurationsdefinition einschließlich getesteter Software als auch Software- und Hardware-
   Werkzeuge zur Testunterstützung.

7.8.3 Revisionen

Eine *Funktionalrevision* ist die letzte Prüfung, die vor einer Software-
Auslieferung abgehalten wird, um zu entscheiden, ob – oder ob nicht
– ein Software-Produkt alle in der SAS aufgestellten Anforderungen
erfüllt. Zur Funktionalrevision vorzulegende Dokumente sind Software-
Anforderungsspezifikation, Software-Verifikations- und -Validationsbericht
und Aufzeichnungen über den Software-Verifikations- und -Validierungsplan.

Eine *physikalische Revision* ist eine formelle Überprüfung der Konsistenz
zwischen Software-Code und Entwurfs- und Codedokumentation. Ihr werden
die Software-Entwurfsbeschreibung und die Programmauflistungen zusammen
mit den entsprechenden Dokumentationen zugrundegelegt.

7.8.4 Strukturiertes Nachvollziehen

Strukturiertes Nachvollziehen [155, 109] ähnelt Begutachtungen insofern, als
dass sich Personengruppen treffen, um Arbeitsergebnisse zu begutachten. Sl-
che Treffen ist jedoch informell und ihr primäres Ziel besteht nicht darin, Arbeiten zu beurteilen, sondern den Entwerfern oder Programmierern zu helfen,
so viele Fehler wie möglich in ihrer Arbeit zu finden. Führungskräfte nehmen
normalerweise an diesen Treffen nicht teil, da dies die ihre Arbeit präsentieren-
den Personen einschüchtern und eine freie Diskussion verhindern könnte. Treffen können organisiert werden, um Software-Spezifikationen, Programment-
würfe, Code, Testpläne, Testergebnisse oder Software-Dokumentationen nach-
zuvollziehen. Anders als formale Begutachtungen beschäftigen sich solche Treffen jedoch nicht mit kompletten Produkten, sondern mit kleinen Arbeitsein-
heiten. Eine Anzahl von Treffen kann analog zu jedem Schritt des Software-
Lebenszyklus' organisiert werden.

Beim strukturierten Nachvollziehen werden Programme „am Schreibtisch im Kopf" ausgeführt. Dazu werden Testfälle ausgewählt, mit denen die Programme im Rahmen der Prüfsitzungen durch Verfolgung der Kontroll- und Datenflüsse anhand der Quelltexte durchgespielt werden. Das Adjektiv „strukturiert" in der Bezeichnung dieser Technik soll „gut organisiert" bedeuten und beinhaltet, dass vor einem Treffen geeignete Vorbereitungen getroffen werden müssen, um seinen Erfolg sicherzustellen. Die Teilnehmer sollten noch vor dem Treffen mit Kopien des zu prüfenden Materials versorgt werden. Die Erfahrung zeigt, dass die Menge zu begutachtenden Materials nicht das Äquivalent von hundert Quellprogrammzeilen oder fünf bis zehn Seiten geschriebener Spezifikation oder Beschreibung überschreiten sollte. Um lange und chaotische Diskussionen zu vermeiden, sollte die Teilnehmerschaft an einem Treffen auf höchstens sechs Personen und die Dauer auf eine halbe (oder höchstens eine dreiviertel) Stunde begrenzt sein. Es ist wichtig, dass sich die Teilnehmer eines Treffens auf das Produkt und nicht deren Autoren konzentrieren. Das trägt zu einer produktiven und freundlichen Arbeitsatmosphäre bei.

Die Vorteile strukturierten Nachvollziehens sind vielfältig. Unternehmen, die seit mehreren Jahren diese Technik anwenden, verzeichnen Verbesserungen bezüglich folgender Aspekte:

- Software-Qualität,
- Fachkenntnisse der Entwerfer und Programmierer,
- Produktivität der Entwerfer und Programmierer und
- Einhaltung von Fristen und Kostenrahmen.

Die Verbesserung der Software-Qualität ergibt sich aus einer dramatischen Senkung der Fehleranzahl in Anforderungsspezifikation, Software-Entwurf und resultierendem Programmcode. Es ist ebenfalls wichtig, dass Fehler relativ früh entdeckt werden und dass der Korrekturvorgang nicht fast fertige und schon optimierte Software-Strukturen ruiniert. Das erleichtert systematische Programmtests und verbessert die gesamte Software-Zuverlässigkeit. Weiterhin kann die gemeinsame Konstruktion von Testplänen und Testdaten den Testablauf effektiver machen.

7.8.5 Entwurfs- und Codeinspektionen

Entwurfs- und Codeinspektionen [48] liegen irgendwo zwischen formellen Begutachtungen und informellem Nachvollziehen. Es sind formelle Treffen, die an zwei Stellen im Software-Entwicklungszyklus stattfinden: nach dem detaillierten Entwurfsschritt und nach der Implementierung. Ihre Ziele sind, so viele Fehler wie möglich in einem begutachteten Projekt zu entdecken und die Produktivität von Entwerfern und Programmierern zu beurteilen. Die Inspektionen konzentrieren sich i.w. auf Prüfungen nach formalen Kriterien und kompensieren so Schwächen verwendeter Sprachen und Werkzeuge (einschließlich Übersetzer). Es ist aber prinzipiell möglich, diese Methode an gewünschte Prüfungen anzupassen, indem man die Prüflisten geeignet ändert.

An einem Treffen nehmen normalerweise nur vier Personen teil:

- den Vorsitzenden, der die Aktivitäten kontrolliert,
- den Entwerfer der zu inspizierenden Komponente,
- den Programmierer dieser Komponente und
- den Tester, der für das Testen der Komponente verantwortlich sein wird.

Die Ergebnisse einer Inspektion, d.h. die entdeckten Fehler, werden klassifiziert und aufgezeichnet. Führungskräfte sind normalerweise nicht bei Inspektionstreffen anwesend; sie werden jedoch über die Ergebnisse informiert.

Diese Technik ist von IBM stark gefördert worden. Laut Unternehmensberichten sind Inspektionen von größerem Nutzen für Programmqualität und Programmiererproduktivität als strukturiertes Nachvollziehen.

7.8.6 Programmtests

Testen ist eine der Verifikations- und Validierungsaktivitäten zur Entdeckung von Fehlern in Software-Komponenten. Es besteht aus Ausführen des Maschinencodes der Komponenten mit ausgesuchten Eingabedaten unter spezifizierten Bedingungen, Aufzeichnen der Ergebnisse und deren Auswertung.

Ziel von Tests ist festzustellen, ob sich die zu prüfenden Programme erwartungsgemäß verhalten und die erwarteten Ergebnisse produzieren. Fehlerlokalisierung und -behebung gehören nach dieser Definition nicht zum Test. Das Prinzip von Tests beruht auf Stichproben: ein Untersuchungsobjekt wird mit ausgewählten, möglichst repräsentativen Werten auf einem Rechner ausprobiert. Damit kann festgestellt werden, ob sich das Objekt in diesen speziellen Situationen wie erwartet verhält. Voraussetzung für Tests sind ausführbare Beschreibungen. Als alleiniges Mittel zur Identifizierung von Fehlern oder Mängeln sind Programmtests jedoch zu aufwendig. Sie sind im Entwicklungsprozess erst viel zu spät einsetzbar und für einige Analyseaufgaben ungeeignet. Trotzdem sind Programmtests eine wertvolle Analysetechnik, da sich mit ihr in recht effektiver Weise Fehler entdecken lassen und Fehlerfreiheit bzw. geforderte Qualität für ausgewählte Situationen gezeigt werden kann. Weil Tests wegen der großen oder gar unendlichen Anzahl abzudeckender Fälle meistens nicht erschöpfend sind, können sie jedoch allgemeine Korrektheit nicht nachweisen. Meistens wird mit sehr viel Aufwand getestet, was dazu führt, dass die Wirksamkeit des Verfahrens häufig überschätzt wird. Zwar liefern Tests auf rationelle Weise sichere Aussagen über Objekte mit kleinen Wertebereichen – bei großen Wertebereichen vermitteln sie allerdings keine Sicherheit.

Der typische Ansatz zu Komponententests umfasst Entwurf und Ausführung einer Menge von Testfällen. Ein *Testfall* ist als eine Menge von Eingabedaten, einer Beschreibung von Ausführungsbedingungen und einer Menge erwarteter Ergebnisse definiert. Wenn ein Test durchgeführt wird, wird die Komponente mit den Eingabe(test)daten versorgt, unter den spezifizierten Bedingungen ausgeführt und die Ergebnisse werden mit den in der Testfalldefinition genannten Ergebnissen verglichen.

Es werden zwei Ansätze für Software-Tests unterschieden. Der *Schwarzer-Kasten*-Ansatz setzt keine Kenntnisse der internen Struktur einer untersuchten Programmkomponente voraus, wohingegen der *Weißer-Kasten*-Ansatz Kenntnisse über deren interne Funktion verwendet. Die ideale, beim Schwarzer-Kasten-Test anzuwendende Methode besteht darin, alle möglichen Werte der Eingabedaten zu benutzen. Leider ist schon die Anzahl aller Werte, die eine einfache ganze Zahl von 32 Bits Länge annehmen kann, rund 4 Milliarden, was sofort verdeutlicht, dass vollständige Tests in den meisten praktischen Fällen nicht durchführbar sind.

Jede praktische Methode muss deshalb eine Auswahl von Eingabedaten treffen. Das einfachste – jedoch wegen mangelnder Reproduzierbarkeit überhaupt nicht zufriedenstellende – Verfahren besteht darin, Testdaten zufällig auszuwählen. Eine wesentlich bessere Methode untersucht die Modulspezifikation, die die normalen Ausführungsbedingungen beschreibt und spezielle Fälle und ungültige Eingabesituationen definiert, wie z.B. Werte außerhalb der Definitionsbereiche oder Bedingungen, die zur Beendigung einer Dateiverarbeitung führen. Eine dringend zu empfehlende allgemeine Regel besteht darin, Testdaten zu benutzen, die alle Fälle abdecken und alle Aktionen mit einbeziehen, die das Programm ausführen soll.

Für Weiße-Kasten-Tests gibt es drei Typen systematischer Testentwürfe:

Anweisungstests: jede Anweisung der getesteten Software-Komponente wird
  wenigstens einmal ausgeführt,
Zweigtests: jede Alternative nach jedem Entscheidungspunkt in der Komponente wird wenigstens einmal ausgeführt,
Pfadtests: jeder Pfad in der Komponente wird wenigstens einmal ausgeführt.

Anweisungstests erfordern den geringsten, Pfadtests jedoch den größten Aufwand. Zur Verdeutlichung dient das Programm in Abb. 7.6. Vollständiges Anweisungstesten erfordert allein die Ausführung des einzelnen Programmpfades 1-3-5, womit jede Anweisung des Programms bereits einmal ausgeführt wird. Um vollständiges Zweigtesten sicherzustellen, müssen wenigstens drei Pfade ausgeführt werden, und zwar 1-2-4, 1-2-5 und 1-3-4. Es gibt insgesamt vier Pfade im Programm: 1-2-4, 1-2-5, 1-3-4 und 1-3-5, und sie alle müssen ausgeführt werden, um Vollständigkeit beim Pfadtesten garantieren zu können.

Zur Beurteilung der Güte von Tests werden die folgenden Metriken [77] verwendet. Mit den ersten beiden wird die Vollständigkeit von Tests in den Integrations- und Testphasen des Software-Lebenszyklus' evaluiert, während die beiden anderen hauptsächlich auf die abschließenden Tests in den Bewertungs- und Abnahmeschritten angewendet werden.

Domänenmetrik ist definiert als das Ergebnis der Division der Anzahl der Module, in denen ein gültiger Satz jeder Klasse von Eingabedatenelementen (externe Botschaften, Bedienereingaben und lokale Daten) richtig verarbeitet wurde, durch die Gesamtanzahl an Modulen.

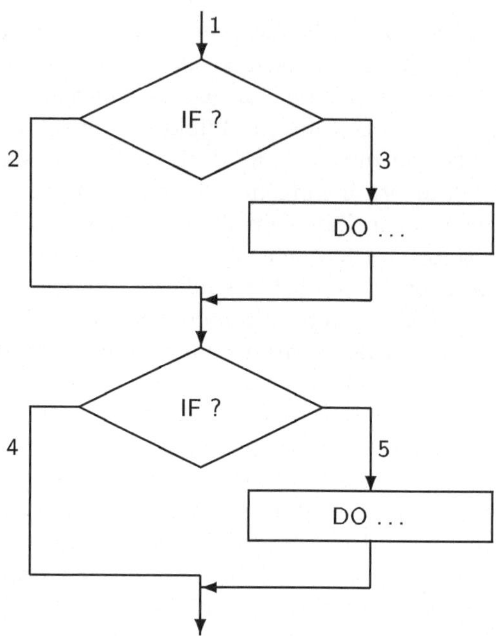

Abb. 7.6. Beispiel einer Programmstruktur

Zweigmetrik ist definiert als das Ergebnis der Division der Anzahl der Module, in denen jeder Zweig wenigstens einmal ausgeführt wurde, durch die Gesamtanzahl an Modulen.

Anforderungsdemonstrationsmetrik ist definiert als das Ergebnis der Division der Anzahl einzeln identifizierter Anforderungen in der Software-Anforderungsspezifikation (SAS), die erfolgreich demonstriert wurden, durch die Gesamtanzahl einzeln identifizierter Anforderungen in der SAS.

Fehlernachrichtenmetrik ist definiert als das Ergebnis der Division der Anzahl der angezeigten Fehlernachrichten durch die Gesamtanzahl der Fehlernachrichten.

Eine im vorläufigen und detaillierten Entwurfsschritt angewandte traditionelle Entwurfsstrategie ist die Zerlegung einer Software-Einheit von oben nach unten in Komponenten, Subkomponenten, ..., und Module. Die traditionelle Teststrategie kehrt diesen Ansatz um und geht von unten nach oben vor, beginnend mit den Modulen niedrigsten Niveaus, über aus Modulen zusammengesetzte Komponenten, Komponenten höheren Niveaus usw., bis die vollständige Konfiguration schließlich zusammengetragen und getestet ist. Somit kann man beim Testen von Programmen Testphasen unterscheiden, die den Entwicklungsschritten entsprechen. Jeder Entwicklungsschritt liefert ein Ergebnis, das die Vorgabe zu einer Testphase darstellt. Unterschieden werden sollte zumindest zwischen:

Modultest Für jedes Modul wird analysiert, ob sich seine Implementierung bei Ausführung seiner Beschreibung entsprechend verhält.

Integrationstest Module werden schrittweise zu größeren Systemteilen zusammengefügt und es wird geprüft, ob sie entwurfsgemäß zusammenwirken.

Systemtest Ein System wird gegen seine Spezifikation geprüft.

Jede dieser Testphasen besteht ihrerseits aus folgenden drei Schritten.

Vorbereitung Testfälle sind zu bestimmen und Testdaten zu erzeugen. Für die Auswahl von Testfällen gibt es verschiedene Ansätze. So können Zufallswerte generiert und Testfälle aus Spezifikation oder Quelltext bestimmt werden. Zufallswerte können zwar automatisch erzeugt werden, jedoch ist diese Methode i.a. keine befriedigende Lösung, da auch bei sehr vielen Testläufen häufig nur wenige Programmteile ausgeführt werden. Testfallableitung aus Spezifikationen ist bisher nur manuell möglich, für die Ableitung aus Quellcode lassen sich Werkzeuge zur symbolischen Programmausführung nutzen. Die Generierung von Testdaten lässt sich durch Testspezifikationen unterstützen. Dieser Ansatz erscheint vielversprechend, denn er reduziert nicht nur die Schreibarbeit bei der Testdatengenerierung, sondern unterstützt auch die anderen beiden Testschritte. Allerdings muss man die ausgewählten Testfälle spezifizieren.

Ausführung Die Umgebungen der Testobjekte sind für Testläufe zu simulieren. Bei Modul- und Integrationstests sind diese Umgebungen nicht oder nur unvollständig vorhanden. Selbst wenn es einzelne Teile bereits gibt, ist es oft besser, diese Teile auch zu simulieren, um aus der Umgebung eines Testobjekts stammende Probleme vom Test fernzuhalten. Die Umgebung eines Testobjekts, ein Testbett, besteht aus einem Treiber und Ersatzfunktionen. Der Treiber ruft das Testobjekt auf, versorgt es mit Parametern und übernimmt die berechneten Ergebnisse. Die Ersatzfunktionen simulieren nicht vorhandene Funktionen sowie Dateizugriffe. Der manuelle Aufbau eines Testbetts für jedes Testobjekt erfordert sehr viel Aufwand. Andererseits ist aber auch die Nutzung mancher Testwerkzeuge recht aufwendig. Eine mögliche Lösung dieses Problems besteht in der Verwendung einer Testspezifikation, die die Schnittstelle eines Testobjekts zu seiner Umgebung beschreibt.

Auswertung Es soll festgestellt werden, wie wirksam vorhergehende Testläufe waren und ob Fehler aufgedeckt wurden. Ein Fehler kann ein falsches (Zwischen-) Ergebnis oder ein falscher Programmdurchlauf sein. Neben der Fehleranalyse muss abgeschätzt werden, welche Programmsituationen getestet wurden. Testläufe werden „manuell" ausgewertet, was jedoch erheblich durch Werkzeuge unterstützt werden kann. Insbesondere sind solche Werkzeuge hilfreich, die aus den im Zuge von Testläufen gesammelten Informationen spezielle Berichte erzeugen, welche z.B. über beim Test durchlaufene Programmteile, über erreichte Abdeckung von Kontrollfluss und Datenverwendung oder über Abweichungen zwischen spezifizierten und tatsächlich berechneten Werten Auskunft geben.

Jedes Modul oder jede Komponente wird in einem geeigneten Testbett einzeln getestet. Ein Testbett ist eine Menge von Hard- und Software-Elementen, die zur Durchführung eines Tests benutzt werden. Die Rolle eines Testbetts besteht in der Simulation der Betriebsbedingungen der getesteten Komponente, der Bereitstellung der notwendigen Testdaten und dem Aufruf der Komponente in Übereinstimmung mit den im Zielsystem geltenden Konventionen.

Die oben beschriebene *Testmethode von unten nach oben* versucht ganz natürlich, einfachere Komponenten zuerst zu testen, bevor die komplexeren zusammengestellt und getestet werden. So werden die Komponenten höheren Niveaus aus, wenigstens prinzipiell, korrekten Modulen konstruiert. Die Methode leidet jedoch unter folgenden Nachteilen.

- Die Konstruktion von Testbetten und -daten für jede Komponente ist sehr zeitaufwendig. In den meisten Fällen können sowohl das Testbett als auch die Testdaten nur für einen einzigen Zweck benutzt werden, da sie auf den Test einer bestimmten Software-Komponente zugeschnitten sind (sie können jedoch auch für Wartungszwecke nützlich sein).
- Fehler in den komplexesten Komponenten und in den Software-Einheiten selbst werden ganz am Ende des Entwurfs, der Implementation und des Testprozesses gefunden. Wenn Fehler die Überarbeitung eines Entwurfs auf hoher Hierarchiestufe notwendig machen, müssen normalerweise auch Module niedrigen Niveaus modifiziert und nochmals getestet werden. Zeit und Aufwand, die zusätzlich erforderlich sind, können enorm sein.
- Die erste Arbeitsversion eines Systems in einem den Anwendern vorzeigbaren Zustand ist erst nach dem gesamten Entwicklungszyklus verfügbar. Dies verhindert, die in der Anforderungsspezifikation dokumentierte Systemfunktionalität frühzeitig validieren zu können.

Die andere Methode des *Testens von oben nach unten* versucht, allgemeine Entwurfsentscheidungen hinsichtlich Untergliederung und Komponentenschnittstellen zuerst zu testen, bevor Details niedrigen Niveaus codiert werden. Zum Zeitpunkt des Tests von Komponenten höheren Niveaus nicht verfügbare Module werden durch Platzhalter ersetzt, die Simulationen ausführen, z.B. einfache Botschaften ausgeben oder Konventionen des Komponentenaufrufs verifizieren. Die Vorteile der Testmethode von oben nach unten sind folgende.

- Auch frühe Arbeitsversionen eines sich im Test befindlichen Systems können wie das endgültige erscheinen. Obwohl sie nicht die volle Funktionalität des fertigen Systems besitzen, können sie als Systemprototypen benutzt werden, um den Anwendern präsentiert und von ihnen bewertet zu werden.
- Die Konstruktion von Testbetten und -daten kann normalerweise erheblich vereinfacht werden, da die Komponenten höheren Niveaus wenigstens teilweise als Testbetten für die niedrigen Niveaus dienen können.
- Größere Fehler im Entwurf auf der höchsten Hierarchieebene (von Komponenten und Schnittstellen) können relativ frühzeitig zu Beginn der Testschritte aufgedeckt werden. Das kann den für Überarbeiten und Neuschreiben von Programmen benötigten Aufwand einsparen.

Der Ansatz von oben nach unten passt gut in das Prototypenkonzept der Software-Technik. In den meisten praktischen Fällen können beide Testmethoden gut kombiniert werden. Es ist oft einfacher, eine Komponente isoliert anstatt als Teil einer größeren Komponente oder Struktur zu testen.

Gründliche Tests nach den oben vorgestellten Methoden schließen den gesamten Prozess der Erstellung und Verifikation jeder Software ab. Dabei dienen sie nicht als Nachweismittel für Korrektheit, sie sollen auch weder eine bestimmte Funktionalität nachweisen noch widerlegen. Stattdessen sollen sie helfen, das gesamte Verfahren auf unvorhergesehene Verfahrenslücken hin zu durchleuchten, d.h. sie dienen zur Untermauerung der Richtigkeit der Spezifikation. Wird im Test ein Fehler entdeckt, so muss dieser nicht nur behoben, sondern der gesamte Prozess der Entwicklung und Nachweisführung überprüft und auf Lücken bzw. Schwächen hin analysiert werden. Wenn zum Beispiel ein durch Test entdeckter Fehler auf Missverständnisse oder Informationslücken zurückzuführen ist, muss geklärt werden, warum diese aufgetreten sind. Durch die Kenntnis der Fehlerursachen können einerseits erkannte Fehlerquellen beseitigt (Fehler derselben Kategorie treten dann nicht mehr auf) und andererseits Hinweise zu weiteren Tests für bisher nicht erkannte Fehler gegeben werden, die von denselben Fehlerquellen stammen können.

7.8.7 Diversitäre Rückwärtsanalyse

Descartes' Auffassung klarer und eindeutiger Verständlichkeit [31] ist der Schlüssel, die Natur der Verifikation zu verstehen, die weder ein wissenschaftlicher noch ein technischer, sondern ein *sozialer Prozess* ist. Dies gilt auch für mathematische Beweise, deren Korrektheit auf dem Konsens der Mitglieder der mathematischen Gemeinschaft beruht, dass bestimmte logische Folgerungsketten zu gegebenen Schlussfolgerungen führen. Für die Anwendung auf sicherheitsgerichtete Systeme und unter Berücksichtigung ihrer Bedeutung für Leben und Gesundheit von Menschen, aber auch für die Umwelt und Kapitalinvestitionen heißt das, dass dieser Konsens so breit wie möglich sein sollte. Daher müssen Systeme einfach und geeignete Software-Verifikationsmethoden auch für Nichtexperten leicht verständlich sein – ohne dabei jedoch Abstriche an Strenge hinzunehmen.

Formale Methoden werden immer mehr als Ansatz befürwortet, verlässliche Software zu erzielen, besonders im Sicherheitsbereich. Für den strengen Nachweis von Software-Korrektheit nutzen sie mathemathische Verfahren. Dies ist jedoch auch der Grund für ihre Hauptnachteile: die Anwendung formaler Verifikationstechniken verlangt spezielles Fachwissen und die üblicherweise ziemlich langen Programmkorrektheitsbeweise können Fehler enthalten, die auch bei Begutachtung unentdeckt und so für lange Zeit bestehen bleiben können. Im Sinne des oben eingenommenen Standpunktes, den Menschen in den Mittelpunkt zu stellen, ist die Anwendung formaler Methoden im allgemeinen Falle somit ein ungeeigneter Ansatz.

Eine ergonomische Kriterien erfüllende und als mächtigste, allgemein anwendbar geltende Software-Verfikationsmethode ist die im Rahmen eines OECD-Projektes am experimentellen Kernkraftwerk im norwegischen Halden vom TÜV Rheinland entwickelte und von den Zulassungsinstitutionen anerkannte diversitäre Rückwärtsanalyse [96]. Sie besteht darin, geladenen Objektcode aus Zielmaschinen auszulesen und ihn an verschiedene Prüfergruppen zu geben, die ohne Kontakt untereinander arbeiten (Diversität). Diese Gruppen disassemblieren und rückübersetzen den Code i.w. ohne Rechnerunterstützung und versuchen, durch Rückkonstruktion zu einer Spezifikation zu gelangen. Ein Sicherheitszertifikat wird erteilt, sofern die von den einzelnen Gruppen erarbeiteten Rückspezifikationen sowohl untereinander als auch mit der ursprünglichen Spezifikation übereinstimmen. Da sie auf Objektcode fußt, umgeht die diversitäre Rückwärtsanalyse elegant das bisher noch nicht gelöste Problem, einen Übersetzer als korrekt nachzuweisen.

Obwohl die diversitäre Rückwärtsanalyse als recht unelegante, rohe Methode betrachtet werden kann, ist sie besonders ergonomisch. Sie ist nicht formal und deshalb leicht verständlich und ohne Ausbildung direkt anwendbar. Daher ist sie sehr gut für Personen mit äußerst heterogenem Ausbildungshintergrund geeignet. Diese Eigenschaften fördern inhärent auch die fehlerfreie Anwendung der Methode. Dies ist insbesondere unter Berücksichtigung der rechtlichen Qualität von Sicherheitsabnahmen wichtig, da Richter in entsprechenden Prozessen somit nicht allein auf den Rat von Experten angewiesen sind, sondern ihre eigenen Schlüsse ziehen können.

Zur diversitären Erschließung der Aufgabenstellung eines Programms sind bei einer Verifikation gemäß Abb. 7.8.7 folgende, den Programmentwurfsphasen in umgekehrter Reihenfolge entsprechende Arbeitsschritte durchzuführen:

- Parametrierung eines Rückübersetzers mit einer rechnerspezifischen Zuordnungstabelle, um den Objektcode interpretieren zu können,
- Übernahme eines Speicherabzugs des zu prüfenden Programmes,
- Gewinnung einfachen Quellcodes durch Rückübersetzung,
- Erschließung der Aufgabenstellung aus dem Programm sowie
- Nachweis der Übereinstimmung von wiedergewonnener Aufgabenstellung (gelöste Aufgabe) und Spezifikation (gestellte Aufgabe).

Ausgehend von einer Anforderungsspezifikation, also einer gestellten Aufgabe, werden beim Programmentwurf ein oder mehrere Programmablaufpläne entworfen. Dabei stellt PAP1 einen Programmablaufplan auf dem obersten Abstraktionsniveau dar, ..., PAPn ist dann ein Programmablaufplan, der dem Maschinencode bereits sehr nahe kommt.

Der Verifikation wird ein Speicherabzug zugrundegelegt, der das rechnerintern tatsächlich abgelegte Programm wiedergibt. Letzteres wird in mnemonischen Code umgeformt und daraus wird der erste Programmablaufplan konstruiert, der als nullte Reduktionsstufe bezeichnet wird, weil aus ihm durch Zusammenfassungen und Ersetzungen weitere Reduktionsstufen entstehen. Von Reduktionsstufe zu Reduktionsstufe erhalten die Programmablaufpläne

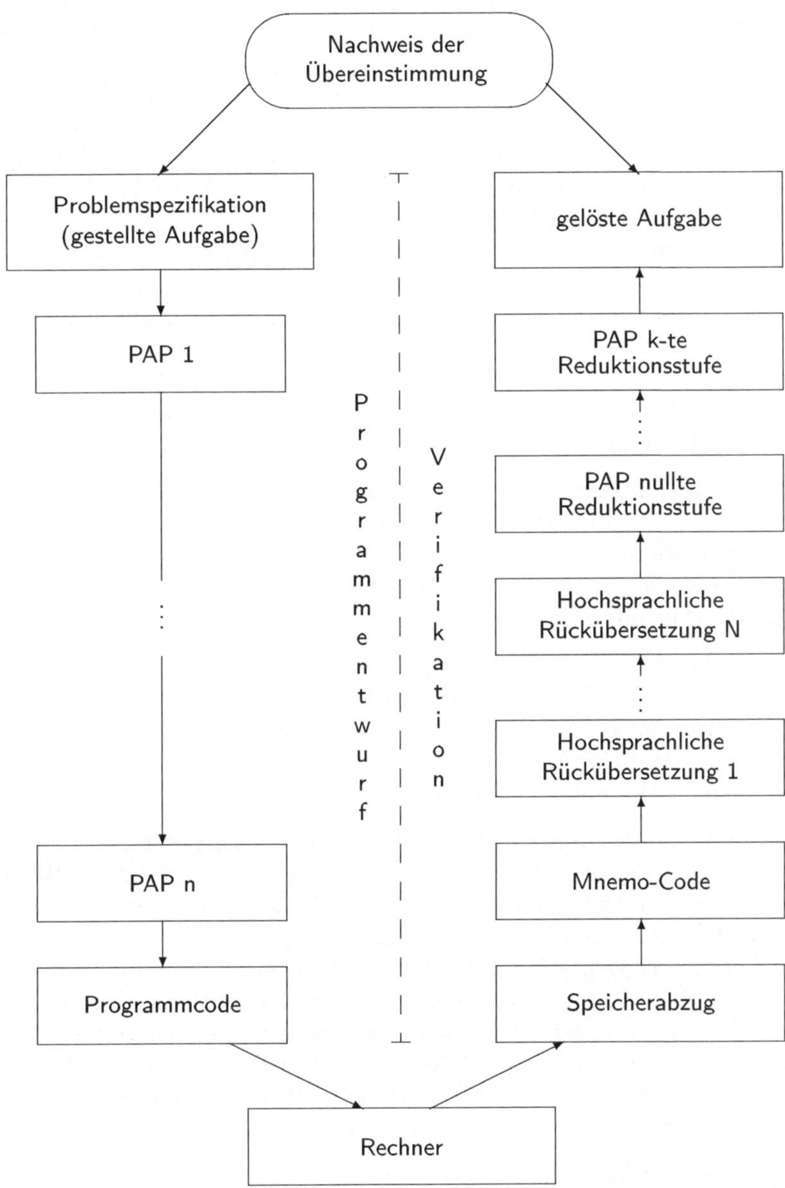

Abb. 7.7. Diversitäre Rückwärtsanalyse nach TÜV Rheinland

immer komplexere Elemente und werden immer kürzer und übersichtlicher. Jede Zusammenfassung von Elementen in einem PAPj wird unmittelbar in PAP$j + 1$ ausführlich dokumentiert.

Aus dem PAP der letzten (k-ten) Reduktionsstufe wird schließlich die gelöste Aufgabe abgeleitet. In diesem Stadium der Bearbeitung liegt die Problemspezifikation in zwei Ausprägungen vor, nämlich als gestellte und als gelöste Aufgabe. Es verbleibt nun noch der Nachweis der inhaltlichen Übereinstimmung gestellter und gelöster Aufgabe.

Da die gelöste Aufgabenstellung auf diversitärem Wege ohne Rücksicht auf die Dokumentation des Programmentwurfs gewonnen wurde, ist selbst bei Fehlerfreiheit eine formale Übereinstimmung von Problemspezifikation und gelöster Aufgabe nicht zu erwarten. Zum Nachweis der inhaltlichen Übereinstimmung sind daher im allgemeinen formale Umformungen erforderlich.

Vier wichtige Eigenschaften kennzeichnen dieses sehr wirkungsvolle Verifikationsverfahren der diversitären Rückwärtsanalyse:

- der Verifikationsprozess ist zum Programmentwurf diversitär,
- der Verifikationsprozess hat Beweischarakter,
- alle Verifikationsstufen sind streng dokumentiert und nachprüfbar sowie
- Verifizierer sind eventuellen systematischen Fehlern des Verifikationsverfahrens nicht hilflos ausgeliefert.

Der vierte Punkt stellte eine wichtige Forderung dar, da stets Zweifel angebracht sind, ob bei der Entwicklung eines Verfahrens alle Fälle bedacht worden sind, die später auftreten können. Solche nicht berücksichtigten Fälle können zu systematischen Fehlern eines Verfahrens führen. Die vierte Anforderung ist wegen folgender Besonderheiten der Verifikationsmethode erfüllt.

- Es werden Programmiertechniken verwendet. Verifizierer überblicken daher in jeder Phase den Programmierungsprozess in diversitärer Weise.
- Die Verifizierer selbst müssen volle Korrektheitsnachweise erbringen, da das Verfahren keinen anwendungsunabhängigen Nachweisteil besitzt, auf den Verifizierer sich stützen könnten. Ein solcher anwendungsunabhängiger Nachweisteil liegt bereits dann vor, wenn Verifizierer Formalismen zu benutzen haben, deren Richtigkeit während der Entwicklung eines Verifikationsverfahrens ein für alle Male bewiesen wurde. Verifizierer haben also die volle Chance, Nebeneffekte besonderer Programme oder Rechner, die bei der Entwicklung des Verfahrens nicht bedacht wurden, zu erkennen.

Diversitäre Rückwärtsanalyse ist eine sehr wirkungsvolle Verifikationsmethode, da sie in der Lage ist, alle Abweichungen zwischen Programm und Spezifikation aufzudecken. Vor allem werden auch durch Assembler, Übersetzer, Lader u.ä. erzeugte Fehler entdeckt. Das Verfahren ist so mächtig, weil verschiedene Personen (Programmierer und Gutachter) eine Aufgabe in unterschiedlichen Darstellungsformen in unterschiedlicher Richtung behandeln. Nach erfolgreicher Rückwärtsanalyse *„darf angenommen werden, dass die untersuchte Software (nach dem Stand der Technik) frei von Fehlern ist"*.

7.9 Validierung von Echtzeitsystemen

7.9.1 Ereignissimulation

Bei der Entwicklung von Automatisierungsprogrammen muss nicht nur die Korrektheit der Software im Sinne mathematischer Abbildungen wie in der allgemeinen Datenverarbeitung bewiesen werden; auch ihr beabsichtigtes Verhalten in der Zeitdimension und die Interaktion gleichzeitig aktiver Rechenprozesse benötigen Verifikation. Während der erstere Richtigkeitsbeweis effektiv mit den oben beschriebenen Methoden durchgeführt werden kann, bedarf es weiterer Maßnahmen, um das Echtzeitverhalten von Software zu überprüfen. Insbesondere ist für eine nachfolgende Fehleranalyse aufzuzeichnen, wann die Ereignisse auftreten, die die einzelnen Aktivitäten einer zu prüfenden Menge von Rechenprozessen beeinflussen. Hierbei muss auch die Ausführungszeit des verwendeten Betriebssystems berücksichtigt werden. Auf diese Weise wird das zeitliche Programmausführungsverhalten vorhersagbar, sofern es von externen Ereignissen unabhängig ist. Wenn darüber hinaus mit Hilfe von Simulationen auch zufällig auftretende externe Ereignisse in die Betrachtung mit einbezogen werden, kann man mit einer rechnerunabhängigen Methode überprüfen, ob eine gegebene Menge von Rechenprozessen ihre Anforderungen korrekt erfüllt. Dieser an harten Echtzeitumgebungen orientierte Testablauf erzielt genaue Ergebnisse, ob Zeitbedingungen beachtet und entsprechende Termine garantiert werden können, und erlaubt so, die für eine bestimmte Anwendung benötigte adäquate Rechnerkapazität zu bestimmen.

Um das Verhalten eines Echtzeitsystems zu verstehen, muss bekannt sein, wann die zu Zustandsübergängen von Rechenprozessen führenden Ereignisse eingetreten sind. Die dabei zu beachtenden Arten von Ereignissen sind:

- Unterbrechungen, Ausnahmesignale und Maskierungsänderungen,
- Zustandsübergänge von Rechenprozessen und Synchronisationsvariablen,
- Erreichen und aktuelle Ausführung von Rechenprozess- und Synchronisationsoperationen.

Diese Ereignisse oder spezifizierte Teilmengen davon sind auf Massenspeichergeräten aufzuzeichnen. Die sich ergebenden Dateien repräsentieren die von in der Testphase ausgeführten Simulationsläufen erwarteten Ausgaben. Diese Aufzeichnungen sind auch während späterer Routineanwendungen von Software-Paketen sehr nützlich, weil sie dann die Post-Mortem-Analyse von Programmfehlfunktionen erleichtern können.

Wenn die oben beschriebenen Möglichkeiten zur Ereignisaufzeichnung und zum Nachvollziehen von Ereignissen zur Verfügung stehen, können Programmsimulationen folgendermaßen durchgeführt werden. Formale Beschreibungen der Testanforderungen werden in Form von in ausführbaren Echtzeitsprachen geschriebenen Testplänen bereitgestellt, die die Ereignisse, auf die die Testlinge zu reagieren haben, gemäß Maximalanforderungen generieren. Falls nötig werden geeignete Testdaten als Eingaben zur Verfügung gestellt. Für den Fall, dass diese Daten nicht von den Originalgeräten eingelesen werden können, sind sie durch speziell geschriebene Unterprogramme bereitzustellen. Zu verifizierende Software wird jeweils zusammen mit einem Testprogramm unter Kontrolle des Betriebssystems ausgeführt, das später auch in der Routineumgebung eingesetzt werden soll. Eine Aufzeichnung der bei einer solchen Verarbeitung auftretenden Ereignisse liefert dann automatisch alle Ergebnisse, die von einem Simulationslauf erwartet werden.

Normalerweise benötigt eine Simulation mehr Zeit als der eigentliche Ablauf. Daher muss die Systemuhr während der Ausführung von Testroutinen immer angehalten werden. Der gesamte Zeitbedarf kann aber durch Neufestsetzung der Systemzeit auf den nächsten eingeplanten Zeitpunkt, sobald der Prozessor leer zu laufen beginnt, reduziert werden. Die beiden genannten sind die einzigen Zuteilungsfunktionen, die ein Simulationsmonitor bereitstellen muss. Der Zeitbedarf von Simulationen kann auch durch Verwendung eines schnelleren Prozessors der gleichen Art wie das Zielsystem verkürzt werden.

7.9.2 Externe Umgebungssimulation und Ausgabeverifikation

Wie wir bereits gesehen haben, ist Software-Qualitätssicherung ein schwieriges und bisher noch nicht zufriedenstellend gelöstes Problem. Es verschärft sich für – insbesondere verteilte – Echtzeitanwendungen, bei denen nicht nur Programmkorrektheit im Sinne klassischer Datenverarbeitung, sondern auch das Zeitverhalten integrierter Hardware- und Software-Systeme verifiziert werden muss. Dies gilt umso mehr für sicherheitsgerichtete Systeme, die sicherheitstechnisch abgenommen werden müssen.

Die beim Nachweis richtigen Echtzeitverhaltens auftretenden Probleme sind vielfältig. Nur in trivialen Fällen und bei Verzicht auf Betriebssysteme mag es möglich sein, das Zeitverhalten durch Programmanalyse vorherzusagen. Sehr akkurate Messungen des Echtzeitverhaltens eines Systems können in der Regel nicht von einer Simulationseinrichtung geliefert werden. Die weit verbreitete Praxis, Programme zu Testzwecken mit Ausgabeanweisungen zu instrumentieren, um so Angaben über Zwischenzustände zu erhalten, ist für die Zeitanalyse unbrauchbar, da sie das zu studierende Zeitverhalten ändert. Weiterhin erweisen sich Tests in realen Anwendungsumgebungen häufig als zu teuer, zu gefährlich oder aus anderen Gründen als ganz unmöglich. Deshalb müssen solche Umgebungen nachgebildet werden, und zwar nach dem Prinzip des schwarzen Kastens, d.h. die zu untersuchenden Systeme dürfen unter keinen Umständen modifiziert werden. Um maximale Objektivität sicherheitstechnischer Abnahmen zu garantieren, beschränkt sich die (externe) Beobachtung allein darauf zu prüfen, ob die Zeitpunkte und Werte erzeugter Ausgaben den gegebenen Anforderungen entsprechen.

In diesem Abschnitt wird gezeigt, dass sich die Umgebung eines Testlings effektiv nachbilden lässt und dass dessen Zeitverhalten mit herkömmlichen Prozessrechnern erfasst und überwacht werden kann, sofern letztere um einige Hard- und Software-Elemente ergänzt werden. Die auf dem Testling implementierte Software wird durch Testpläne überprüft, die externe Stimuli und deren Auftrittszeitpunkte vorgeben. Diese Testpläne beruhen allein auf der Spezifikation und sind von der untersuchten Software völlig unabhängig. Sie werden auf anderen Rechnern ausgeführt. Da somit

- die Hard- und Software zur Testdatengenerierung und -auswertung völlig unabhängig von der Implementierung der Testlinge ist, was eine Erstellung durch Dritte – und das sogar gleichzeitig mit der Implementierung – erlaubt, und
- die Tests an den in den Spezifikationen festgelegten externen Schnittstellen ansetzen, was den Einsatz universeller Testumgebungen nahelegt,

ist dieser Ansatz für sicherheitstechnische Abnahmen besonders geeignet.

Funktionen einer Testumgebung

Gemäß oben genannter Anwendungsbedingungen muss eine für sicherheitstechnische Abnahmen taugliche Testumgebung folgende Dienste bereitstellen:

- Simulation der Umgebung (einbettendes System), in der ein Testling (eingebettetes System) arbeitet, durch – *reproduzierbare* – Erzeugung an typischen und Maximalanforderungen orientierter Eingabemuster,
- Überwachung, ob die vom Testling erzeugten Ausgaben korrekt sind und innerhalb gegebener Zeitschranken auftreten,
- keinerlei Beeinflussung des Testlings, insbesondere keine Verlängerung seines Programmcodes und seiner Ausführungszeit,
- Verwendung derselben Hardware-Schnittstellen zum Testling wie in der eigentlichen Prozessumgebung,
- Zugang zur *gesetzlichen Zeit* (Universal Time Co-ordinated) zur genauen Zeiterfassung von Ereignissen, zur zeitgenauen Simulation externer Ereignisse und um bei der Untersuchung verteilter Systeme erfasste Daten direkt miteinander in zeitliche Beziehung setzen zu können,
- einfache Programmierung (Konfigurierung) beliebiger Testpläne,
- Erzeugung leicht lesbarer, knapper Berichte über die Testergebnisse.

Hardware-Architektur der Testumgebung

Ein Überblick über die Hardware-Struktur der Testeinheit ist in Abb. 7.8 gegeben. Entlang des internen Ein-/Ausgabebusses eines handelsüblichen Prozessrechners gruppiert sind ein Bildschirmgerät zum Betrieb der Einheit, ein Drucker für Berichte und ein Massenspeichergerät vorgesehen. Letzeres kann außer den intern benötigten Dateien auch größere Datenmengen vorhalten, die als Eingaben für den Testling benötigt werden. Gemäß der Ankopplung des Testlings an seine Umgebung ist die Simulationseinheit mit Prozessperipheriegeräten wie digitalen Schnittstellen und analogen Umsetzern, aber auch verschiedenen Feldbus- und seriellen Schnittstellen ausgestattet. Da Anzahl und Typ dieser Verbindungen je nach den untersuchten Systemen variieren, gibt es die Möglichkeit, entsprechende Peripheriegeräte als E/A-Einschübe in der Einheit bereitzustellen. Alle externen Leitungen werden auf geeignete Normstecker geführt, um den einfachen Anschluss an verschiedene Testlinge zu ermöglichen.

Im Gegensatz dazu sind die jetzt erwähnten weiteren Zusatzgeräte immer vorhanden. Eine bidirektionale Schnittstelle am E/A-Datenbus der Testumgebung erlaubt die Simulation anderer Peripheriegeräte. Ihre Adressen sind frei wählbar. Es wird eine Anzahl unabhängig und parallel arbeitender Register bereitgestellt, in denen der Prozessrechner zu beobachtende Adressen ablegen kann. Die Ausgänge dieser Register und die überwachten E/A-Adressbusleitungen des Testlings werden durch entsprechende Hardware-Komparatoren verglichen, die im Falle von Übereinstimmungen Signale an den Prozessrechner senden.

Eine ähnliche Baugruppe wird mit der Systemuhr kombiniert, um genau zu den in den Testplänen spezifizierten Zeitpunkten Signale zu erzeugen, mit denen dann die Unterbrechungseingänge des Testlings angeregt werden. Der Prozessrechner lädt immer die nächste dieser Unterbrechungszeitpunkte in das Vergleichsregister der Baugruppe. Bei Gleichheit mit der Uhr löst der Komparator ein Signal aus, das an den Prozessrechner, wo es eine zugehörige Reaktion auslöst, und an alle Unterbrechungsleitungen, deren entsprechende Bits im Maskenregister gesetzt sind, weitergeleitet wird. Diese Funktionseinheit zur zeitgenauen Unterbrechungsgenerierung ist für ein Gerät zur Software-Validierung unentbehrlich, da die Umgebung eines Testlings so genau wie möglich nachgebildet werden muss. Letzteres können konventionelle Rechneruhren, die immer einen Software-Anteil aufweisen, nicht leisten, weshalb ihr Einsatz i.a. zu fehlerhaften Testergebnissen führt. Die Baugruppe wird nicht nur eingesetzt, um Unterbrechungssignale in einen Testling einzugeben, sondern auch, um Dateneingaben nach vorgegebenen zeitlichen Verteilungen auszulösen.

Software-Komponenten der Testumgebung

Die Simulationseinheit ist mit einem Echtzeitbetriebssystem für den Mehrprozessbetrieb und einer Programmierumgebung ausgestattet, die als Hauptkomponente eine höhere, durch einige Elemente erweiterte Ablaufkontrollsprache enthält, die es erlauben, die spezielle Hardware anzusprechen. In dieser Sprache werden Testpläne geschrieben, die die von den Testlingen zu erfüllenden Bedingungen formal spezifizieren. Testpläne enthalten für jede zu simulierende Unterbrechungsquelle einen Zeitplan, der periodische oder sporadisch verteilte Unterbrechungen gemäß Maximalanforderungen erzeugt. Die Identifizierungen und Auftretenszeitpunkte dieser Unterbrechungen werden für den späteren Gebrauch in Ausführungsberichten festgehalten. Gemäß der zeitlichen Muster dieser Unterbrechungssignale stellt der Testplanprozessor geeignete Daten an den verschiedenen Eingabeschnittstellen des Testlings bereit.

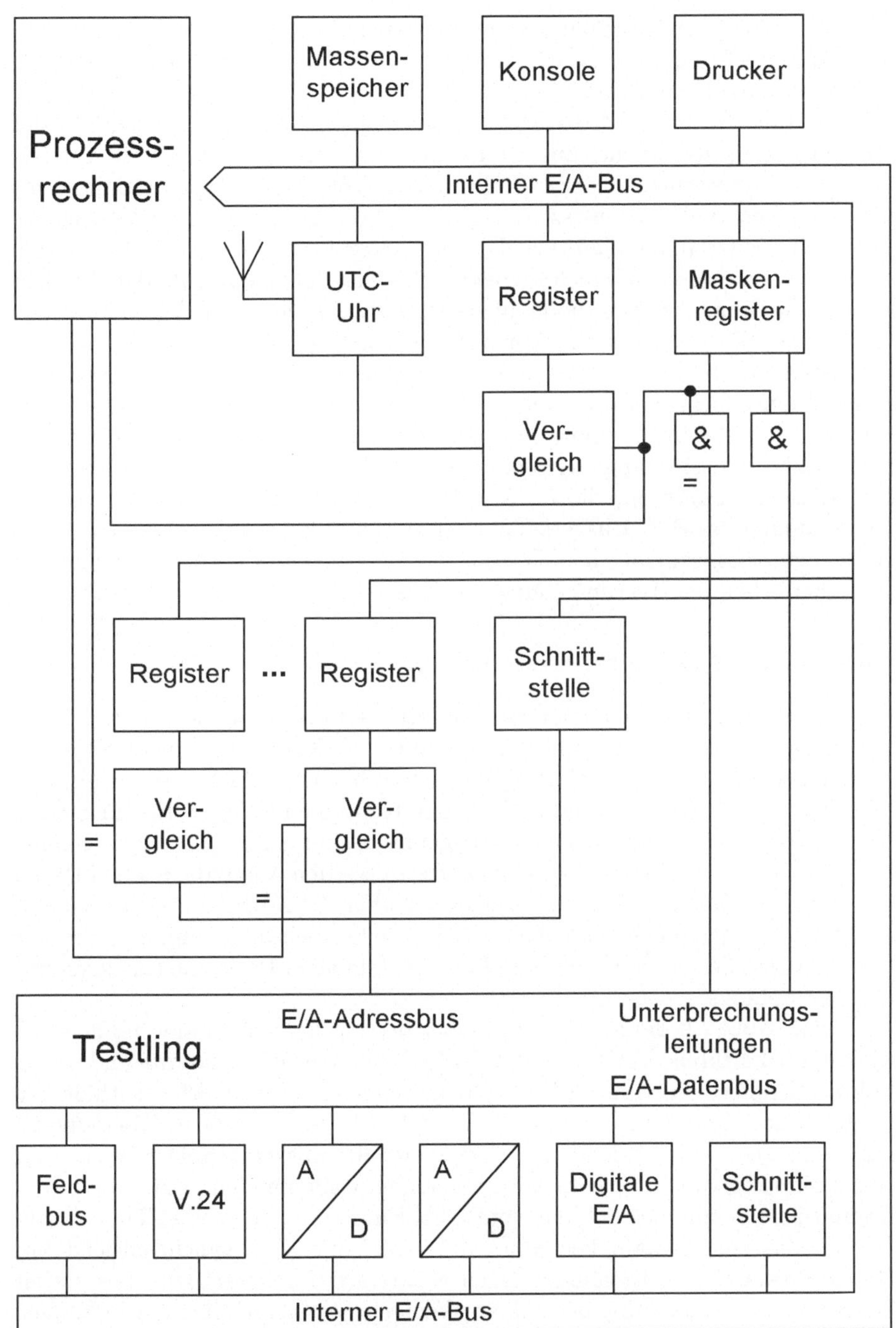

Abb. 7.8. Architektur der Testumgebung

Analog spezifizieren Testpläne, wann und welche von den untersuchten Systemen erzeugte Ereignisse erwartet werden und welche Reaktionen nach ihrem Auftreten auszuführen sind.

Mit Hilfe der E/A-Adressvergleichsbaugruppen werden die Eingänge der Testumgebung überwacht, um die Reaktionszeiten des Testlings zu bestimmen und festzustellen, ob er korrekte Ausgabewerte liefert. Zusammen mit ihren Quellen und Ankunftszeiten werden diese Daten auch aufgezeichnet, um für die Abfassung endgültiger Berichte ausgewertet zu werden. Da nur die externen Reaktionen auf eine gegebene Arbeitslast betrachtet werden, berücksichtigt die Simulationsmethode auch den Aufwand des einer Anwendung unterliegenden Betriebssystems. Mit der möglichen Verbindung der E/A-Busse des testenden und des getesteten Rechners können alle Arten von Peripheriegeräten, einschließlich Einheiten mit direktem Speicherzugriff, simuliert werden. Zur Durchführung muss ein Testplan nur eine geeignete Datenquelle oder -senke und eine angemessene Übertragungsrate spezifizieren. Eine weitere nützliche Funktion, die in Testplänen aufgerufen werden kann, ist die Aufzeichnung des E/A-Busverkehrs oder einzelner E/A-Aktivitäten nach vorgegebenen Zeitspezifikationen. Die dabei erfassten Daten werden in geeigneten Pufferbereichen der Testumgebung bereitgestellt.

Untersuchung verteilter Systeme

Die in den vorigen Abschnitten vorgestellte Testumgebung ist für die Untersuchung eines einzelnen Rechners und damit eines Knotens in einem verteilten System geeignet. Das Testprinzip lässt sich in höchst einfacher Weise auf verteilte Systeme übertragen, indem für jeden Knoten eine eigene Testumgebung bereitgestellt wird. Die gewonnenen Ergebnisse sind genau dann aussagefähig und können miteinander in Beziehung gesetzt werden, wenn die lokalen Uhren der einzelnen Testumgebungen synchron laufen. Dies wird durch Bereitstellung eines hochgenauen Zeitgebers [153] in jeder Testumgebung erreicht, der UTC-Zeitsignale z.B. von den Satelliten des Globalen Positionierungssystems (GPS) empfängt.

Der in Abb. 7.9 dargestellte Zeitgeber besteht aus einem anwendungsspezifischen Schaltkreis (ASIC), einem GPS-Empfänger mit Antenne und einem Mikrocontroller. Die vom GPS-Empfänger gelieferte Information enthält u.a. die gesetzliche Zeit UTC mit einer Genauigkeit besser als 100 ns. Über eine serielle Schnittstelle wird sie an den Mikrocontroller übertragen. Der Wecker hat eine Auflösung von 100 μs. Er wird von einem freilaufenden Oszillator getaktet und jede Sekunde durch das vom GPS-Empfänger gelieferte „Time-Mark-Signal", das eine Genauigkeit von ± 1 μs hat, mit UTC synchronisiert. Zur Durchführung des in Testumgebungen notwendigen Zeitstempelns besitzt der Zeitgeber eine Signalempfangseinheit. Wenn ein Signal auf einer der Leitungen $I_1 \ldots I_n$ eintrifft, wird aus der Ankunftszeit und der codierten Leitungsnummer ein Zeitstempel erzeugt. Dieser wird in den Ereignis-FIFO eingegeben und dann an den Mikrocontroller zur Weiterverarbeitung übertragen.

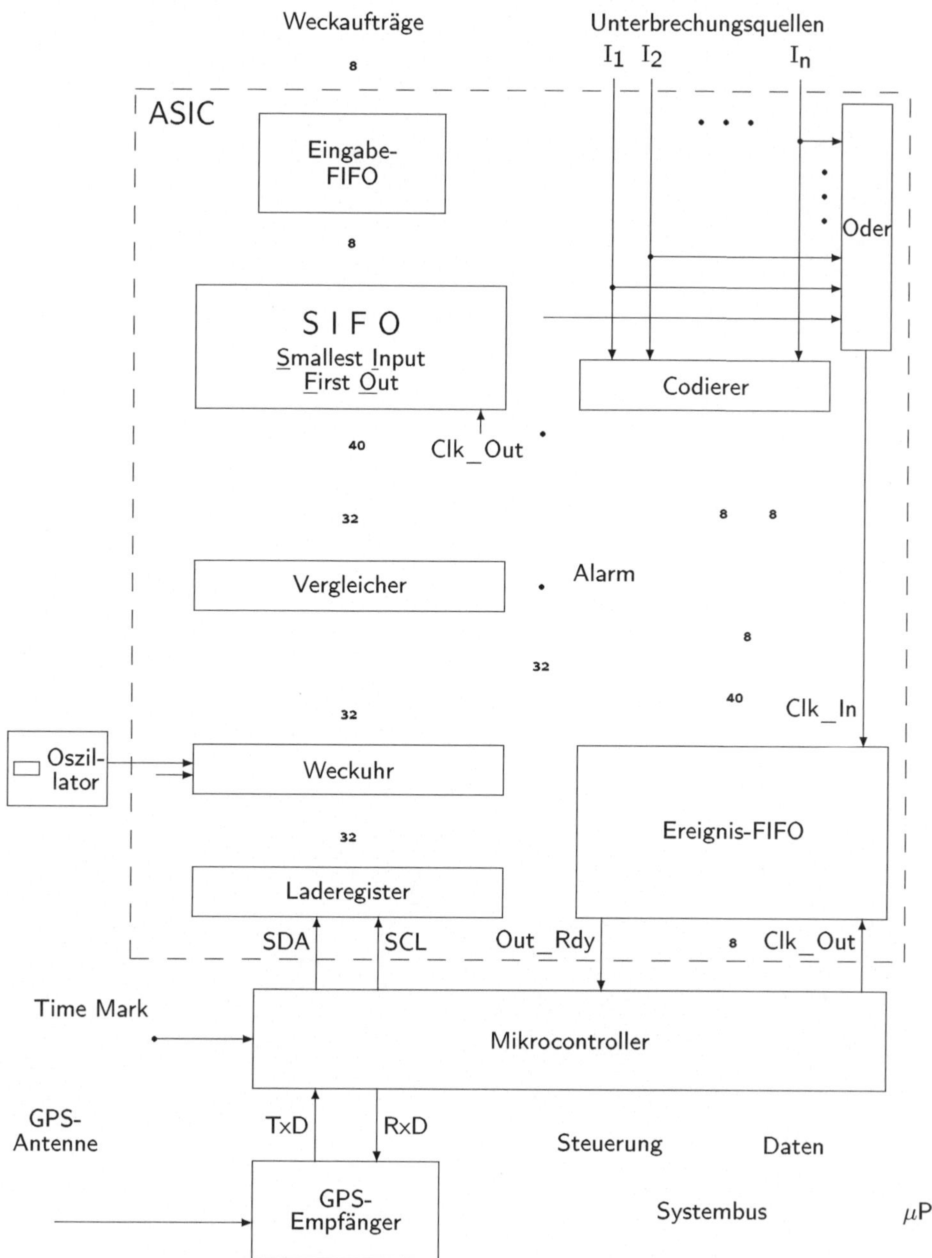

Abb. 7.9. Blockschaltbild des Zeitgebers

Leistungsbewertung und Dienstqualität von Echtzeitsystemen

8.1 Leistung von Echtzeitsystemen

Immer öfter werden wir mit der Notwendigkeit konfrontiert, Entscheidungen hinsichtlich der Vor- und Nachteile beim Einsatz von Datenverarbeitungssystemen zu treffen. Für diese Aufgabe muss man sich über geeignete Bewertungskriterien im Klaren sein, die für jede Anwendung unterschiedlich sind. Während früher immer die Rechengeschwindigkeit als wichtigstes Kriterium galt, legen die Nutzer schon seit den 1980er Jahren immer mehr Wert auf andere Kriterien, wie z.B.:

- Benutzerfreundlichkeit (Erlernbarkeit, Ergonomie, Hilfefunktion u.ä.)
- Wartbarkeit (klar strukturierter Aufbau, gut definierte Schnittstellen u.ä.)
- Flexibilität (Programm- und Parameteränderungen, Erweiterbarkeit u.ä.)
- Dienstleistungsangebot (verfügbare Dienste, Anschlussmöglichkeiten u.ä.)
- Sicherheit (Robustheit, Korrektheit u.ä.)
- Datenschutz (Autorisierungs- und Verschlüsselungsmechanismen, Datenschutzmechanismen gegen fremde Zugriffe)
- Leistungsfähigkeit (Geschwindigkeit, Antwortzeiten, Echtzeitverhalten, Speicherbedarf u.ä.)

Einige dieser Kriterien können mit Hilfe von Bewertungs- oder Monitorprogrammen überprüft werden. Es ist jedoch empfehlenswert, für jede Anwendung ein gesondertes Anforderungsprofil zu entwickeln und eine spezifische Bewertung vorzunehmen. Die genannten Bewertungskriterien können dabei als Orientierungshilfe dienen. Da man gewöhnlich mit mehreren alternativen Lösungen konfrontiert wird, möchte man auf der Basis der „gemessenen" Bewertungskriterien Entscheidungen treffen und verschiedene Lösungen miteinander vergleichen. Basierend auf den Resultaten der Evaluierung möchte man die Systemlösungen, die anwendungsrelevante Kriterien erfüllen, mit einem Zertifikat auszeichnen.

Welche Bedeutung sollte der Leistungsfähigkeit von Echtzeitsystemen zugewiesen werden? Nach [143] spielt dabei nicht nur die Schnelligkeit von Berechnungen eine Rolle, sondern auch höhere Ein-/Ausgabebandbreiten und schnellere Reaktionszeiten, als man sie bei Systemen für allgemeine Nutzung vorfindet (siehe Abb. 8.1). Sind aber CPU-Taktfrequenz oder E/A-Übertragungsraten als Kriterien wirklich relevant und/oder ausreichend? Würde mehr Speicherkapazität die Datenverarbeitungsleistung steigern? Wie wir schon vorher angedeutet haben, ist es nicht leicht, generell über Systemleistung zu sprechen – ganz zu schweigen davon, dass man bei Echtzeitsystemen die Zeitpunkte von Task-Aktivierungen und -Ausführungen als entscheidend betrachten sollte.

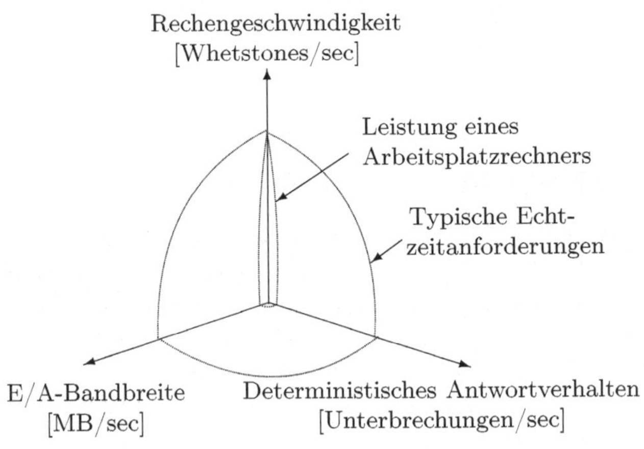

Abb. 8.1. Anforderungen an Echtzeitanwendungen

Die Definition des Echtzeitbetriebs impliziert die Notwendigkeit, für Echtzeitsysteme eigene Leistungskriterien zu formulieren [136]: „Teilnehmerbetriebssysteme oder nur einfach schnelle Systeme sind keine Echtzeitsysteme". Rechtzeitiger Task-Ablauf ist viel wichtiger als (durchschnittliche) Geschwindigkeit. Stattdessen treten Aspekte wie schlimmstmögliche Szenarien, maximale Ausführungszeiten und maximale Verzögerungen in den Vordergrund. Verklemmungen müssen grundsätzlich verhindert und Fristen auf jeden Fall eingehalten werden. Bei der Realisierung sicherer Echtzeitsysteme mit vorhersehbarem Ausführungsverhalten ist die Berücksichtigung physischer Beschränkungen essentiell.

Die Anwendungen stellen viele und diverse Anforderungen an die verschiedenen Komponenten eines Echtzeitsystems. Basisanforderung ist die Fähigkeit, nach kurzen, deterministischen Fristen auf externe Ereignisse zu reagieren. Daher müssen Echtbetriebssysteme unter anderen die folgenden Merkmale aufweisen: jederzeit unterbrechbarer Kern, zeitgerechte Zuteilung und allmähliche Leistungsabsenkung als Reaktion auf Fehlfunktionen. Außerdem sollten wegen ihrer Bedeutung für die Synchronisation von Betriebsmittelzugriffen die Antwortzeiten, oder obere Schranken davon, der Systemaufrufe im voraus bekannt sein.

Besondere Anforderungen werden auch an Echtzeitprogrammiersprachen gestellt. Unter anderem müssen sie Mechanismen zur Kommunikation mit der Umgebung und zwischen Tasks untereinander (auch in verteilten Umgebungen) besitzen. Sie müssen Zeitverwaltung sowie zeitbedingte Task-Ausführung ermöglichen. Um die Zuverlässigkeit zu erhöhen, müssen sie Redundanzmaßnahmen unterstützen. Die Übersetzer von Echtzeitprogrammiersprachen müssen ausführbare Programme mit zeitlich vorhersehbarem und deterministischem Ausführungsverhalten erzeugen. Zu diesem Zweck müssen Sprachkonstrukte so eingeschränkt werden, dass Nichtdeterminismus verhindert wird. Um realistische Laufzeitabschätzungen zu erhalten, empfiehlt es sich, die Analysatoren in die Übersetzer zu integrieren, weil dort die internen Programmstrukturen bekannt sind. Programme für Echtzeitanwendungen sollten auch die Behandlung von Überlastungs- und Fehlersituationen, z.B. durch allmähliche Leistungsabsenkung, ermöglichen.

Nach der Erläuterung der Problematik stellen wir nun zuerst einige Methoden vor, die zur Leistungsbewertung von Echtzeitsystemen entwickelt wurden. Dann tragen wir die relevanten Leistungskriterien zusammen, die wir wegen ihrer qualitativen Natur unter dem Begriff „Dienstqualität" subsummieren. Es wird auf kritische Punkte hingewiesen, wo diese Kriterien bei der Entwicklung eines Systems erfüllt werden müssen. Außerdem werden die Standards erwähnt, die Dienstqualität unterstützen und Zertifizierung von Echtzeitsystemen auf Dienstgüte hin ermöglichen sollen.

8.2 Leistungsbewertung von Echtzeitsystemen

Das Deutsche Institut für Normung hat in der Norm DIN 19242 [37] messbare Leistungsparameter für Prozessrechner zusammengetragen. Dafür geeignete Messmethoden stellte Uhle in [149, 10] detailliert dar und definierte 14 Programmbeispiele in C, FORTRAN, Pascal und PEARL zur Messung der Parameter. Die Tests umfassen Programmsegmente für Multiplikation, bedingte Verzweigungen, Sinus-Berechnung, Matrizeninvertierung, Bitmustererkennung, Unterbrechungsbehandlung mit Programmstart, E/A-Operationen mit externen Speichern, digitale E/A, Bediendialog, nachrichtenorientierte Synchronisation zwischen zwei Tasks, Lesen/Schreiben von Datensätzen aus/in Dateien mit direktem Zugriff, Datenübertragung über eine fehlerfreie Strecke und Erzeugung ausführbaren Codes mit anschließendem Programmstart. In der Norm DIN 19243 [38] wurden schließlich Methoden der Mess-, Steuerungs- und Regelungstechnik, geeignete analoge und binäre Größen sowie Datenerfassung, -verarbeitung und -ausgabe definiert.

Die Laufzeitmessmethode (siehe Abb. 8.2) nach DIN 19242 basiert auf folgenden Annahmen:

- der untersuchte Prozessrechner besitzt ein Mehrprozessbetriebssystem;

- zwei Programme konkurrieren um den Rechner, und zwar ein Prozess niedriger Priorität (NP), der eine rechenintensive Aufgabe bearbeitet und außer dem Prozessor keiner weiteren Betriebsmittel bedarf, und ein Prozess hoher Priorität (HP), der die Ausführung des niedrig priorisierten Prozesses blockiert;
- die Laufzeit des niederprioren Prozesses (t_{LP}) wird genau um die Ablaufzeit des hochprioren Prozesses (t_{HP}) verlängert.

Die Messmethode erfasst zuerst die Ablaufzeit des niederprioren Prozesses. Dann wird diejenige beider Prozesse (T) gemessen. Die Differenz der gemessenen Ablaufzeiten (T_{diff}) stellt die Laufzeit des hochprioren Prozesses dar und umfasst zugleich die notwendigen Kontextwechsel.

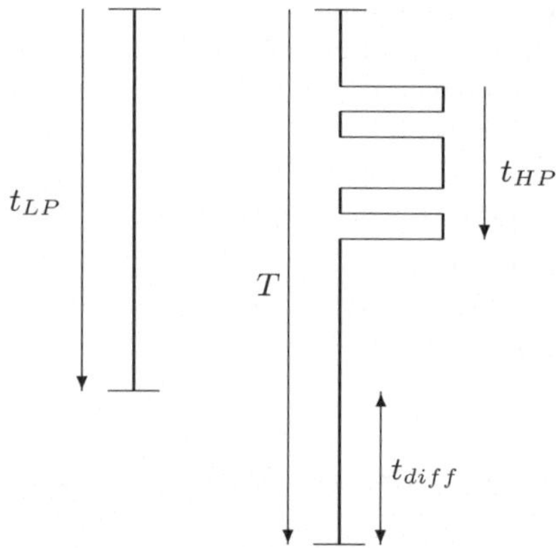

Abb. 8.2. Laufzeitmessung nach DIN 19242

Einen weiteren Anwendungsbereich deckt DIN 66273 [43] ab. Diese Norm definiert Datenverarbeitungsaufgaben, Messmethoden und Bewertung von Rechensystemen nach ihrer Datenverarbeitungsleistung mit besonderem Augenmerk auf erfass- und messbare Kenngrößen wie z.B. Antwortzeiten.

Zur Bewertung von Prozessrechensystemen werden also zum einen erfass- und messbare Leistungskenngrößen und zum anderen Messmethoden benötigt, die zusammen mit Testprogrammen auch „Benchmarks" genannt werden. Benutzt man ein Anwendungsprogramm selbst als Testprogramm und trennt die Messdatenerfassung davon ab, so werden dieses Verfahren „Monitoring" und die dazu benötigte Hard- und Software *Monitor* genannt.

8.2.1 Beispiele für Benchmark-Programme

Der **Rhealstone**-Benchmark [88, 89, 90] besteht aus sechs C-Programmen, mit denen folgende Charakteristika von Echtzeitbetriebsystemen gemessen werden können:

mittlere Umschaltzeit (t_1) zum Kontextwechsel zwischen zwei unabhängigen
aktiven Prozesse gleicher Priorität;

mittlere Verdrängungszeit (t_2) die ein hochpriorer Prozess benötigt, um von
einem Prozess niedrigerer Priorität die Kontrolle über das System zu übernehmen;

mittlere Unterbrechungslatenzzeit (t_3) vom Auftreten eines Unterbrechungssignals bis hin zur Ausführung der ersten Instruktion der zugeordneten
Unterbrechungsbedienroutine;

mittlere Wartezeit bei Synchronisationen (t_4) zwischen der Anforderung eines von einem anderen Prozess belegten Semaphors und der Zuweisung
des zugeordneten Betriebsmittels;

mittlere Auflösungszeit von Verklemmungen (t_5) wenn ein Prozess niedriger
Priorität, der ein Betriebsmittel belegt hat, durch einen dasselbe Betriebsmittel anfordernden Prozess höherer Priorität verdrängt wird;

mittlere Nachrichtenlatenzzeit (t_6) bei der Übermittlung von Nachrichten
zwischen zwei Prozessen.

Die gemessenen Zeiten werden zu einem einzigen Wert $t' = \frac{1}{6}(t_1 + t_2 +
t_3 + t_4 + t_5 + t_6)$ ausgedrückt in Sekunden zusammengefasst. Der sogenann-
te Rhealstone-Wert ist als dessen Kehrwert $\frac{1}{t'}$ definiert. Die Leistung eines
Echtzeitsystems gilt als umso höher, je größer dieser Wert ist. Die Haupt-
schwächen dieser Bewertungsmethode sind, dass sie durchschnittliche Zeiten
anstatt der wichtigeren maximal möglichen misst und dass diese Zeiten mit
gleichen Gewichten in einem Wert zusammengefasst werden, ohne die Auswahl
der Gewichte zu bedenken.

MiBench [55] ist eine in sechs Gruppen eingeteilte Sammlung aus 35
Anwendungsprogrammen, von denen jede einen spezifischen Einsatzbereich
eingebetteter Systeme abdeckt: (1) Steuerung und Regelung in Automobilen
und Industrie, (2) Endverbrauchergeräte, (3) Büroautomatisierung, (4) Netze, (5) Sicherheit und (6) Telekommunikation. Für harte Echtzeitsysteme ist
nur die erste Gruppe von Nutzen. Alle Programme sind in Standard-C-Code
verfügbar. Für gewisse Fälle bietet MiBench kleine und große Datenbestän-
de an, denen eher Testanwendungen bzw. ganz realer Einsatz entsprechen.
Trotz vieler Ähnlichkeiten handelt es sich bei MiBench und EEMBC [44] um
unterschiedliche Benchmarks.

8.2.2 Laufzeitanalysatoren

Die Ablaufzeit von Programmen wird sowohl statisch als auch dynamisch
analysiert. Mit ersterem Verfahren sollen im übersetzten Code Engpässe gefunden und a priori zeitgerechte Ausführbarkeit geprüft werden – die Methode hat Beweischarakter. Im Rahmen dynamischer Analysen werden dagegen
Ablaufzeiten von Anwendungs- oder Benchmark-Programmen mit bekannten
Eigenschaften gemessen – eine Methode mit der Qualität von Tests.

Wegen der Komplexität von Echtzeitanwendungen und der eingesetzten
Prozessoren ist es äußerst schwierig, exakte Programmlaufzeiten statisch zu

bestimmen – auch auf Maschinensprachniveau. Um nicht zu pessimistische oder nur für Spezialfälle oder kleine Teilsysteme zutreffende Schätzungen zu erhalten, ist es deshalb unvermeidlich, die Nutzung bestimmter hochsprachlicher Konstrukte einzuschränken und möglichst einfache Prozessoren ohne Gleitkommaarithmetik, Caches oder Pipelining zu benutzen. Aus diesen Gründen werden Echtzeitanwendungen in der derzeitigen Praxis nur sehr selten statisch analysiert. Statt dessen beschränkt man sich trotz höheren Sicherheitsrisikos und geringerer Genauigkeit auf Messungen.

Als ein Beispiel für Laufzeitanalysatoren sei hier zunächst die **Papa-Bench**-Suite [111] genannt, die unter der GNU-Lizenz verbreitet wird. Sie basiert auf den im Rahmen des *Paparazzi*-Projekts für verschiedene unbemannte Flugkörper entwickelten Echtzeitanwendungen. Der Analysator dient zur Bestimmung längstmöglicher Ausführungszeiten (Worst-Case Execution Time, WCET) und zur Zuteilbarkeitsanalyse. Seine Programme sind von einfacher Struktur: mit Ausnahme zweier while-Schleifen bestehen sie nur aus nicht geschachtelten Zählschleifen mit konstanten oberen Grenzen. Das vereinfacht die Laufzeitanalyse deutlich und lässt abgeschätzte WCETs realen sehr nahe kommen.

Der **Hartstone**-Analysator [135] besteht aus einer Reihe von Anforderungen an ein synthetisches Anwendungsprogramm zum Testen harter Echtzeitsysteme. Er wurde an der Carnegie Mellon-Universität in Ada geschrieben. Diese Anforderungen definieren mehrere Testserien für verschiedene Typen von Prozessen, und zwar periodische mit harten Fristen, aperiodische mit weichen oder harten Fristen und Synchronisationsprozesse ohne Fristen. Kritisch dabei sind die Laufzeiten von Synchronisationsprozessen, die periodische und aperiodische Klientenprozesse bedienen. Ein Test gilt als bestanden, wenn die ihm gesetzte Zeitschranke eingehalten wird. Für periodische Prozesse sieht der Hartstone-Analysator folgende Testserien vor:

1. periodische Prozesse, harmonische Frequenzen;
2. periodische Prozesse, nicht-harmonische Frequenzen;
3. periodische Prozesse, harmonische Frequenzen mit aperiodischer Ausführung;
4. periodische Prozesse, harmonische Frequenzen mit Synchronisation;
5. periodische Prozesse, harmonische Frequenzen mit aperiodischer Ausführung und Synchronisation.

Für jede Testserie gibt es eine Grundprozessmenge mit exakt definierten Parametern Rechenlast, Zeitschranken und Periodenlängen. Ein Test fängt mit dieser Menge an und stellt fest, ob die Zeitschranken eingehalten werden. In jedem nachfolgenden Test wird je ein Parameter der Prozessmenge geändert. Ein Test wird solange wiederholt, bis eine Fristverletzung festgestellt wird. Das Ergebnis einer Testserie ist der Zustand der Parameter der Prozessmenge bei Eintritt von Fristverletzungen unter größter Rechenlast. Anstatt eines Anwendungsprogramms kann als synthetische Rechenlast der Whetstone-Benchmark [29] benutzt werden.

8.2.3 Leistungsmonitore

Es gibt mehrere Gründe, die Leistung von Echtzeitsystemen fortlaufend zu erfassen, z.B. um Lastcharakteristika zu bestimmen, Korrektheit zu verifizieren oder um Zuverlässigkeit festzustellen. Leistungsmonitore erfassen die Betriebsdaten eines Systems und bereiten sie in einer zur Interpretation geeigneten Form auf. Man unterscheidet Monitore für Hard-, Soft- und Firmware sowie hybride Monitore [101]. Benchmarks könnte man als Software-Monitore betrachten. Um genauere Resultate zu erzielen, werden oft externe Hardware-Monitore eingesetzt oder Zeiten auf niedrigem Niveau beobachtet (Firmware-Monitore). Wir sprechen von hybriden Monitoren, wenn Hardware-Monitore über interne Logik zur Datenaufbereitung und -interpretation verfügen.

Der Monitor **Real-Time Space-Time Adaptive Processing (RT_STAP)** [27] wird zur Bewertung skalierbarer Hochleistungsrechner eingesetzt, die in flugzeuggestützten Radar-Geräten Störsignale und Interferenzen entfernen sollen. Aus Gründen der Skalierbarkeit verfügt RT_STAP über adaptive Algorithmen variabler Komplexität und unterschiedlichen Verfeinerungsgrades. Der Monitor bietet harte, mittelschwere und leichte Anwendungsfälle basierend auf drei adaptiven Algorithmen zur Verarbeitung dem Doppler-Effekt unterliegender Signale an.

8.3 Kriterien der Dienstqualität von Echtzeitsystemen

Die Qualität eines Echtzeitsystems muss ganzheitlich bewertet werden – als Gesamtheit seiner Eigenschaften im Vergleich mit den Nutzererwartungen. Dabei werden Entwicklungsmethodik, Architektur, Betriebssystem, Zuteilungsstrategie und Programmiersprache mit in Betracht gezogen.

8.3.1 Vorhersehbarkeit und Verlässlichkeit

Die Hauptqualitätsmerkmale von Echtzeitsystemen sind die Vorhersehbarkeit ihres Ausführungsverhaltens und ihre Verlässlichkeit. Eine vereinfachte Definition bezeichnet Verlässlichkeit als funktional-korrekte und Vorhersehbarkeit als zeitgerechte Arbeitsweise.

Vorhersehbarkeit ist der Grad des Vertrauens darin, dass korrekte, qualitative oder quantitative Prognosen über den Zustand eines Systems gemacht werden können. Sie stellt, sogar in Fehlersituationen, den Grad des Verhaltensdeterminismus und der Zeitgerechtheit des Systems dar. Dabei werden funktionale und zeitliche Vorhersehbarkeit als eine integrale Eigenschaft betrachtet.

Aussagen über die Vorhersehbarkeit eines Systems werden auf Grund des Anteils der Fälle gemacht, in denen es sich wie vorhergesagt verhält; so ist es auch möglich, zwei Systeme hinsichtlich ihrer Vorhersehbarkeit zu vergleichen. Als

Beispiel für „Messung" und Vergleich von Vorhersehbarkeit sei ein Monitor genannt, der die Raten von Ausfällen und Fristverletzungen in verschiedenen Lastsituationen und Szenarien misst. Die gewonnenen Ergebnisse lassen sich dann mit den Spezifikationen vergleichen.

Verlässlichkeit ist der Grad der Vertrauenswürdigkeit eines Systems, die es erlaubt, sich auf dessen Dienste/Funktion begründet zu verlassen. Verlässlickeit wird nach [12] als kumulative Eigenschaft aus Verfügbarkeit, Zuverlässigkeit, funktionaler Sicherheit, Betriebsschutz, Integrität und Wartbarkeit betrachtet. Je nach Anwendungsfall verschiebt sich die relative Bedeutung dieser Komponenten.

Im Folgenden werden wir im Detail die erwähnten Eigenschaften behandeln, die zusammengenommen Vorhersehbarkeit und Verlässlichkeit definieren.

8.3.2 Qualitativ-exklusive Kriterien

Funktionale Korrektheit (X1)

Funktionale Korrektheit ist für Echtzeitanwendungen genau so wichtig wie für jede andere Anwendung. Es ist schwer, sie formal nachzuweisen. Oft werden Tests aller Art durchgeführt, wodurch die meisten funktionalen Fehler entdeckt werden können, vorausgesetzt, die Spezifikation ist präzise genug. Solche Tests können funktionale Korrektheit zwar nicht beweisen, sind aber meist ausreichend, um ein System „korrekt in Bezug auf die Spezifikation" nennen zu können. Danach sollten keine Änderungen mehr gemacht werden, da sie neue Fehlerquellen darstellen. Die Korrektheit hängt aber bei Echtzeitanwendungen auch von zeitgerechter Verarbeiung ab.

Zeitgerechtheit (X2)

Zeitgerechtheit ist die Fähigkeit, alle Fristen einzuhalten. In harten Echtzeitumgebungen ist dies ein exklusives Kriterium, d.h. die Fristen werden entweder überschritten oder nie verletzt. Fristen nicht einhaltende Systeme sind für harte Echtzeitanwendungen nicht einsetzbar.

Wie funktionale Korrektheit ist Zeitgerechtheit als solche schwer nachzuweisen. Zu diesem Zweck wurden diverse Monitore, Benchmarks sowie Laufzeitanalysatoren entworfen. Diese agieren auf verschiedenen Niveaus, von Hochprogrammsprachen- über das Maschinensprachen- bis zum Hardware-Niveau, um Zeitanalysen zu ermöglichen. Wegen der Komplexität höherer Programmiersprachen und der hoch parallelen Architektur moderner Prozessoren, für die sogar die Ausführungszeiten einzelner Instruktionen nicht mehr genau angegeben werden können, liefern die genannten Werkzeuge allerdings keine genauen Resultate. Im Allgemeinen erhält man nur obere Zeitschranken, die oft zu pessimistisch sind. Deswegen gibt man sich in der Praxis meist mit *zeitlich deterministischem Verhalten* zufrieden. Um es festzustellen, werden mit Monitoren alle denkbaren und spezifizierten Ablaufszenarien auf ihr Antwortzeitverhalten hin überprüft.

Permanente Bereitschaft (X3)

Permanente Bereitschaft bedeutet ununterbrochene Verfügbarkeit zeitgerechter und korrekter Dienste. Sie beinhaltet deterministisches Verhalten, d.h. Abwesenheit unzulässiger Zustandswechsel, unbeschränkter Verzögerungen oder beliebig langer Ablaufzeiten.

Permanente Bereitschaft wird durch Verklemmungsfreiheit und Fehlertoleranz unterstützt. Außer hoher Verfügbarkeit bedeutet permanente Bereitschaft auch, dass sich die Reaktionszeiten eines Systems während seiner gesamten Betriebszeit innerhalb vorgegebener Schranken bewegen. Zur Gewährleistung permanenter Bereitschaft ist mit den Vorgängen in der Umgebung schritthaltender Systembetrieb erforderlich. Um dies zu erleichtern, bedarf es Mechanismen zur dynamischen Rekonfiguration, die deterministisches Entfernen und Inbetriebnehmen von Systemkomponenten nach wohldefinierten Bedingungen mit minimalen und vorhersehbaren Auswirkungen auf die Laufzeit zulassen.

Einhaltung physikalischer Einschränkungen (X4)

Physikalische Einschränkungen sind durch die eingesetzten Hardware-Plattformen, E/A-Schnittstellen sowie die Strukturen der Anwendungsprogramme gegeben. Um zu gewährleisten, dass diesen Einschränkungen Rechnung getragen wird, sollten die System- und Anwendungskomponenten perfekt aufeinander abgestimmt werden. Gegebenenfalls sind nur statische Datenstrukturen und reale Werte zu benutzen. Nichtberücksichtigung dieser Richtlinien kann zu Sicherheitsrisiken führen, die dann adäquat behandelt werden müssen, um deterministischen und sicheren Betrieb aufrecht zu erhalten.

Zertifizierbarkeit (X5)

Um die Qualität eines Systems zertifizieren zu können, muss es gemäß eines genormten Schemas entwickelt worden sein, z.B. nach dem Capability Maturity Model (CMM) für Software [117], das die Voraussetzungen zur Zertifizierung eines Software-Projekts nach ISO 9001 darstellt. Wird eine Zertifizierung auf Systemebene angestrebt, so sollte man Komponenten von nach ISO 9001 zertifizierten Herstellern wählen, die sich dann einfach in das eigene Qualitätssystem integrieren lassen. Zertifikate nach den Normen der Familie ISO 9000 bescheinigen nicht die Qualität einzelner Produkte, sondern nur deren qualitätsbewusste Entwicklung. Bei der Zertifizierung von Sicherheit müssen die relevanten Normen, z.B. IEC 61508, berücksichtigt und die der jeweiligen Anwendung angemessene Sicherheitsanforderungsklasse bestimmt werden. Ähnlich verfährt man bei der Zertifierung von Daten- und Zugriffsschutz, wofür es analog Vertraulichkeitsklassen, z.B. laut [113], gibt. Zertifikate werden immer für einen Bereich oder eine Anwendung auf der Grundlage von Prüfungen gegen geltende Normen erteilt.

8.3.3 Qualitativ-graduelle Kriterien

Obwohl wir einige graduelle Kriterien auch analytisch darstellen und statistisch verarbeiten könnten, lassen sie sich generell nicht quantifizieren – meistens nehmen sie Werte wie *hoch, mittel, niedrig* an oder man sagt, dass ein System ein Kriterium zu einem höherem Grade als ein anderes erfülle.

Zeitgerechtheit (G0)

Obwohl Zeitgerechtheit für harte Echtzeitumgebungen ein exklusives Kriterium ist, ist es für die meisten Echtzeitsysteme eher ein graduelles und wird dementsprechend unterschiedlich kritisch berücksichtigt. Auf Basis des Kriteriums X2 wird ein System nicht zugelassen, falls es Fristen überschreitet. Auf Basis des Kriteriums G0 wird es zugelassen, sofern ein bestimmter Anteil von Fristverletzungen oder ein bestimmter Spielraum dabei nicht überschritten werden. Nach Anzahlen von Fristüberschreitungen oder nach zugelassenen Spielräumen lassen sich dann Systeme miteinander vergleichen und als „mehr oder weniger zeitgerecht" einstufen.

Verfügbarkeit (G1)

Verfügbarkeit ist der Anteil der Zeit, in dem sich ein System in einem funktionierendem Zustand befindet. Sie repräsentiert auch die Bereitschaft zur korrekten Diensterbringung oder den Grad, zu dem es durch aufgetretene Fehler daran gehindert wird. Ihr exklusives Äquivalent ist permanente Bereitschaft (X3).

Systemverfügbarkeit kann durch allmähliche Leistungsabsenkung ergänzt werden. *Allmähliche Leistungsabsenkung nach Ausfällen stellt das Maß an Funktionalität dar, das ein System in Fehlersituationen noch erbringt.* Wenn die Dienstqualität des Systems überhaupt nachlässt, so soll dies proportional zur Schwere der Fehler erfolgen. Mechanismen aus dem Bereich der Fehlertoleranz werden eingesetzt, um dieses Ziel zu erreichen. *Fehlertoleranz stellt den Grad der Befähigung eines Systems dar, seinen Betrieb im Falle von Komponentenausfällen ordnungsgemäß fortzusetzen.*

Zuverlässigkeit (G2)

Zuverlässigkeit ist der Grad der Fähigkeit eines Systems, seine geforderte Funktionalität unter gegebenen Umständen während einer spezifizierten

Zeit bereitzustellen. Zuverlässigkeit bedeutet Kontinuität korrekter (funktional und zeitgerecht) Diensterbringung und ist dabei auch von anderen Verlässlichkeitskriterien abhängig.

Zuverlässigkeit wird während des Systementwurf am besten durch Fehlervermeidung unterstützt und während des Betriebs durch Fehlertoleranz- und Sicherheitsmechanismen gewährleistet.

Funktionale Sicherheit (G3)

Funktionale Sicherheit stellt den Grad des Schutzes gegen durch Fehler verursachte Risiken dar. Sie hängt eng mit Zuverlässigkeit und Robustheit zusammen, die beide die Sicherheit eines Systems fördern.

Eine Anwendung wird als sicherheitskritisch bezeichnet, wenn Fehlfunktionen Leben oder Gesundheit von Menschen oder die Umwelt gefährden oder aber materielle Schäden am System selbst oder in seiner Umgebung hervorrufen können. Um die Risiken von Fehlern zu mindern, sieht sicherheitsgerichteter Entwurf eine Reihe von Strategien und Mechanismen vor. Abhängig von einer entsprechenden Bewertung können Aussagen über den Grad der Sicherheit eines Systems (auch formal in Form von Sicherheitsanforderungsklassen [75]) in Bezug auf die Anforderungen aus der Systemspezifikation gemacht werden.

Betriebsschutz (G4)

Betriebsschutz stellt den Grad des Schutzes gegen Konsequenzen von Fehlern dar, die von der Systemumgebung hervorgerufen werden. Betriebsschutz wird nach [12] als kumulative Eigenschaft aus *Verfügbarkeit, Vertraulichkeit* und *Integrität* im Sinne der Abwesenheit nicht autorisierter Zustandsänderungen betrachtet, wobei Vertraulichkeit den Grad des Schutzes vor nicht autorisierter Offenlegung von Informationen bezeichnet.

Wie bei der funktionalen Sicherheit hängt der Grad erreichten Betriebsschutzes von den angewendeten Strategien und Methoden ab. Die Fragen, die sich bei der Bewertung vom Betriebsschutz stellen, beziehen sich auf diese Strategien und Mechanismen. Aussagen über Betriebsschutz werden hinsichtlich der Erfüllung gegebener Richtlinien, wie z.B. [113, 112], gemacht.

Integrität (G5)

Integrität stellt die Abwesenheit unzulässiger Systemzustandsänderungen dar. [12]

Sie ist Voraussetzung für Sicherheit, Verfügbarkeit und Zuverlässigkeit und wird selten als eigenständiges Attribut betrachtet. Ein gutes Beispiel einer Umgebung zur Gewährleistung von Integrität sind *Sicherheitsschalen* nach

[95]. Den darin enthaltenen Monitoren obliegt es, die Integrität der Anwendungen sicherzustellen. Wann immer ein Systemparameter droht, einen unsicheren oder unzulässigen Wert anzunehmen, wird eine Korrektur initiiert, um ihn wieder in den sicheren Bereich zurückzuführen. Integrität wird mittels Fehlertoleranzmaßnahmen erreichter Robustheit und durch Einfachheit des Systementwurfs unterstützt. Mit hoher Wahrscheinlichkeit stellt ein komplizierter Entwurf ein hohes Risiko für die Integrität eines Systems dar.

Robustheit (G5.1)

Robustheit ist der Grad der Widerstandsfähigkeit eines Systems, wenn es mit hohen Belastungen, ungültigen Eingaben oder Veränderungen in seiner internen Struktur oder in seiner Umgebung konfrontiert wird.

Robustheit unterstützt Integrität und ist eng mit Zuverlässigkeit verbunden. Im Gegensatz zu letzterer bezieht sich Robustheit mehr auf die Anzahl von Veränderungen, Fehlern oder Fristüberschreitungen, die ein System intakt „überlebt".

Komplexität (G5.2)

Die zeitliche Komplexität eines Problems ist durch die Anzahl der zur Lösung eines seiner Instanzen mit Hilfe des effizientesten Algorithmus erforderlichen Schritte als Funktion des Eingabeumfangs definiert. Damit lassen sich Probleme in Komplexitätsklassen einteilen. Analog wird auch die räumliche Komplexität, d.h. der Speicherbedarf, von Algorithmen betrachtet.

Mittel zum Ausdrücken von Komplexität sind z.B. die Anzahl logischer Pfade durch ein Anwendungsprogramm oder die Anzahl der Zustände in dessen äquivalenter Implementierung als endlicher Automat. Man könnte Komplexität auch als Anzahl der zur Hardware-Implementierung (z.B. in einem FPGA) des Programms benötigten Gatterfunktionen sehen. Generell gilt, dass (unnötige) Komplexität die Integrität mindert, Einfachheit letztere dagegen (indirekt) unterstützt.

Wartbarkeit (G6)

Wartbarkeit stellt den Grad der Eignung eines Systems für Reparaturen und Modifikationen dar.

Wartbarkeit ist eine gesamtheitliche Eigenschaft, die durch Portabilität und Flexibilität unterstützt wird.

Portabilität (G6.1)

Portabilität stellt den Grad des nötigen Aufwandes zur Übertragung eines (Software-) Systems auf eine andere Plattform oder Umgebung dar.

Portabilität wird von der Komplexität des (Software-) Systems und der Anzahl/Komplexität der zu ändernden bzw. auszutauschenden Komponenten beeinflusst. Sie wird auch durch die Anzahl der Plattformen bestimmt, auf denen die Anwendung laufen soll. Dieses Kriterium kann auf Anpassungsfähigkeit im Sinne der Anzahl der Änderungen hin übertragen werden, die zur Ermöglichung von Portierungen erforderlich sind.

Flexibilität (G6.2)

Flexibilität stellt den Grad der Anpassungsfähigkeit eines Systems an eine neue Umgebung dar. Sie kann auch als dessen Widerstandsfähigkeit gegen Beeinflussungen von der oder Störungen durch die Umgebung gesehen werden.

Ähnliches wie für Portabilität gilt auch für Flexibilität, die ein Maß an Aufwand zur Erzielung von Anpassungsfähikeit im Sinne von Portabilität und späterer Aktualisierbarkeit darstellt. Der Grad an Flexibilität ist für solche Anwendungen am höchsten, bei deren Entwurf Portabilität und Anpassungsfähigkeit von Anfang an berücksichtigt wurden.

8.3.4 Quantitative Kriterien

In diesem Abschnitt werden quantifizierbare Kriterien vorgestellt. Dabei werden auch die quantitativen Aspekte schon erwähnter exklusiver und gradueller Kriterien betrachtet.

Zeitgerechtheit (Q0)

Die schon als qualitativ exklusives (X2) und graduelles (G0) Kriterium erwähnte Zeitgerechtheit besitzt auch quantitative Aspekte. Generell könnte man Zeitgerechtheit T in Abhängigkeit von Leistung E und Last B in der Form $T = \frac{E}{B}$ darstellen. Mit Leistung ist hier funktional-korrekte rechtzeitige Ausführung gemeint. Umfang oder Frequenz der Eingangsdaten wird als Last bezeichnet. Sobald der Quotient unter 1 fällt, werden Fristen überschritten. Es ist Sache der Anwendungsspezifikation, eine untere Schranke -– erforderlicher „Grad an Zeitgerechtheit" – oder eine obere für „Höchstbelastung" zu definieren. Wenn für ein System gemäß seiner Betriebsumgebung eine maximale Anzahl von Fristenüberschreitungen oder ein maximaler Spielraum dafür angegeben werden, so können diese quantitativen Daten dazu benutzt werden, auf die Eignung des Systems für eine Anwendung zu schließen. Nach DIN 66273 wird Zeitgerechtheit in ähnlicher Weise bewertet und als quantivatives Kriterium ausgedrückt. Auf der Grundlage messbarer Leistungsparameter lassen sich die drei folgenden Benchmark-Kriterien definieren:

Durchsatz $L_1 = \frac{B}{B_{ref}}$,

Verarbeitungszeit $L_2 = \frac{t}{t_{ref}}$, und

Termintreue $L_3 = \frac{E}{B}$ ($L_3 \leq 1$).

wobei B die aktuelle Last, E die erbrachte Leistung sowie B_{ref} und t_{ref} aus anderen Implementierungen, Simulationen oder durch Expertenschätzungen gewonnene Referenzwerte seien.

Die nachfolgenden Kriterien stellen verschiedene Aspekte der Zeitgerechtheit als (Benchmark-) Kriterien dar.

Antwortzeiten auf Ereignisse (Q1)

Antwortzeiten beziehen sich auf Ereignisse, denen bei korrekter Funktionsweise einzuhaltende Zeitschranken zugeordnet sind. Werden die entsprechenden Reaktionen rechtzeitig beendet, so spricht man von Echtzeitverhalten. Im Rahmen der Betrachtung von Antwortzeiten spielen die folgenden Kenngrößen von Echtzeitbetriebssystemen eine große Rolle:

Unterbrechungslatenzzeit ist der Zeitraum vom Auftreten eines Unterbrechungssignals bis hin zum Beginn der Ausführung eines anwendungsspezifischen Bedienprozesses,

Bedienzeiten von Systemaufrufen müssen nach oben hin beschränkt und unabhängig von der Anzahl im System (aktiver) Objekte sein,

Maskierungszeit, d.h. die maximale Dauer der Maskierung und mithin der Nichtbeachtung ankommender Unterbrechungssignale durch das Betriebssystem und seine Gerätetreiber, muss beschränkt und so kurz wie möglich sein.

Dauer bis zur Fehlererkennung und -behebung (Q2)

Die Zeiten zur Erkennung und Behebung von Fehlern beziehen sich auf die Aktivitäten, die z.B. zur Datenübertragung oder Signalfilterung verantwortlich sind. Diese Zeiten stellen die Antwortzeiten zugehöriger Aktivitäten dar, die beschränkt sein müssen, da ihre Überschreitung ebenfalls zum Fristverletzungen oder Systemfehlfunktionen führen kann.

Rauschunterdrückung (Q3)

Bei Signalfilterung und -erkennung muss der Rauschpegel innerhalb bestimmter Schranken gehalten werden. Deshalb muss auch die Zeit zur Anpassung an Interferenzen, die extreme Signal-/Rauschverhältnisse darstellen, begrenzt sein. Die entsprechenden Schranken stellen Grenzen der funktionalen (X1) sowie zeitlichen Korrektheit (Q1) dar.

MTBF, MTTF und MTTR (Q4)

Die mittleren Zeiten zwischen Ausfällen (MTBF), bis zum Auftreten von Ausfällen (MTTF) und bis zur Behebung von Ausfällen (MTTR) sind Kenngrößen, die während des Systembetriebs gewonnen und dann statistisch ausgewertet werden können. Da es sich um Mittelwerte handelt, sind sie nur in weichen Echtzeitumgebungen anwendbar. Für harte Echtzeitanwendungen haben diese Größen nur sehr begrenzten Wert, weil die von ihnen ausgedrückten Zeitdauern nicht garantierbar sind.

Kapazitätsreserven (Q5)

Benchmarks wie Rhealstone und insbesondere anwendungsspezifische wie Hartstone sehen Leistungsindikatoren vor, aus denen man auf zeitgerechtes Verhalten schließen kann. Die entsprechenden Messwerte sind auch hilfreich bei der Bestimmung von Kapazitätsreserven für die Antwortzeiten einzelner Aktivitäten. Bei Betriebsmitteln sind Kapazitätsreserven in Form freier Einsteckplätze für Platinen, Unterschieden zwischen benötigter und verfügbarer Speicherkapazität, Rechengeschwindigkeit, maximaler Anzahl aktiver Prozesse usw. zu finden.

Gesamtkosten (Q6)

In vielen Projekten ist der Preis die alles überwiegende Bewertungsgröße, weshalb Gesamtkostenminimierung ein allgemeines Optimierungsziel ist. Da sich Kosten additiv zusammensetzen, bestehen viele Möglichkeiten gegenseitigen Austauschs und für Kompromisse bei der Komponentenauswahl unter Beachtung der spezifizierten Randbedingungen.

8.4 Schlussbemerkung

Leistungsbewertung sowie die wichtigsten Dienstgütekriterien eingebetteter Echtzeitsysteme wurden detailliert erläutert. Nutzer erwarten von einem Echtzeitsystem vorhersehbares und verlässliches Verhalten. Die Kosten eines solchen Systems sind im Kontext des zu automatisierenden Prozesses zu sehen. Wenn für ein eingebettetes System keine Garantien für die Einhaltung spezifizierter Reaktionszeiten gegeben werden können, ist es möglich, dass gewisse und insbesondere gefährliche Situationen nicht zeitgerecht behandelt werden, was den Sicherheitsanforderungen des zu automatisierenden Prozesses zuwider läuft. Normalerweise ist der Preis des eingebetteten Systems im Vergleich zu dem des umgebenden technischen Prozesses sehr gering – insbesondere, wenn man die Folgekosten einer Fehlfunktion mit einbezieht. Daher sind die Kosten eines solchen Rechensystems vor allem in Anbetracht der noch immer weiter fallenden Hardware-Preise eher zu vernachlässigen.

Literaturverzeichnis

1. N. Abramson: Development of the ALOHANET. *IEEE Transactions on Information Theory* 31(2):119–123, 1985.
2. Ada Europe: Ada Resources. `http://www.ada-europe.org/resources.html`
3. Aicas: JamaicaVM – Java Technology for Realtime.
   `http://www.aicas.com/jamaica.html`
4. ANSI/IEEE 730-1984: *IEEE Standard for Software Quality Assurance Plans.* New York: ANSI 1984.
5. ANSI/IEEE 829-1983: *IEEE Standard for Software Test Documentation.* New York: ANSI 1983.
6. ANSI/IEEE 830-1984: *IEEE Guide to Software Requirements Specifications.* New York: ANSI 1984.
7. Aonix: Perc Pico. `http://www.aonix.com/`
8. Apogee: AphelionTM – Java-Technologie für kritische Embedded Systeme.
   `http://www.apogee.com/aphelion.html`
9. E. Armengaud, A. Steininger und A. Hanzlik: The Effect of Quartz Drift on Convergence-Average Based Clock Synchronization. Proc. *IEEE Conf. on Emerging Technologies and Factory Automation,* S. 1123–1130, 2007.
10. atp-Gespräch: Leistungstest für Prozeßrechner nach DIN 19 242. *Automatisierungstechnische Praxis atp* 31(6), 1990.
11. C. Ausnit-Hood, K.A. Johnson, R.G. Pettit IV und S.B. Opdahl (Hrsg.): *Ada 95, Quality and Style.* Guidelines for Professional Programmers. Lecture Notes in Computer Science, Vol. 1344. Berlin-Heidelberg-New York: Springer-Verlag 1997.
12. A. Avizienis, J.-C. Laprie und B. Randell: *Fundamental Concepts of Dependability.* LAAS-CNRS Research Report N01145, 2001.
13. J. Barnes: *Ada 95 Rationale: The Language, The Standard Libraries.* Lecture Notes in Computer Science, Vol. 1247. Berlin-Heidelberg-New York: Springer-Verlag 1997.
14. J. Barnes: *Programming in Ada 2005.* Harlow: Addison-Wesley 2006.
15. J. Barnes: *Ada 2005 Rationale: The Language, The Standard Libraries.* Lecture Notes in Computer Science, Vol. 5020. Berlin-Heidelberg-New York: Springer-Verlag 2008.
16. K. Bender: *PROFIBUS – Der Feldbus für die Automation.* Carl Hanser Verlag 1990.

17. M.F. Bloos: *Echtzeitanalyse der Kommunikation in KFZ-Bordnetzen auf Basis des CAN-Protokolls*. Dissertation, Technische Universität München, 1999.

18. C. Boehm und G. Jacopini: Flow Diagrams, Turing Machines and Languages with only Two Formation Rules. *Comm. ACM* 9(5), 1966.

19. G. Bollella, B. Brosgol, P. Dibble, S. Furr, J. Gosling, D. Hardin und M. Turnbull: *The Real-Time Specification for Java*. Addison-Wesley 2000

20. R. Bosch GmbH: CAN Specification 2.0. 1991.

21. P. Brinch Hansen: *Operating System Principles*. Englewood Cliffs: Prentice-Hall 1973.

22. P. Brinch Hansen: Distributed Processes. *Comm. ACM* 21:934–941, 1978.

23. U. Brinkschulte und H. Wörn: *Echtzeitsysteme*. Berlin-Heidelberg: Springer-Verlag 2005.

24. A. Burns und A.J. Wellings: *Real-Time Systems and Programming Languages: Ada 95, Real-Time Java and Real-Time POSIX*. Harlow: Addison-Wesley 2001.

25. A. Burns, B. Dobbing und T. Vardanega: Guide for the Use of the Ada Ravenscar Profile in High Integrity Systems. Technical Report. University of York 2003.

26. A. Burns und A.J. Wellings: *Concurrent and Real-Time Programming in Ada*. Cambridge: Cambridge University Press 2007.

27. K.C. Cain, J.A. Torres und R.T. Williams: RT_STAP: Real-Time Space-Time Adaptive Processing Benchmark. MITRE Technical Report MTR 96B0000021, 1997.

28. F. Cristian: Probabilistic Clock Synchronization. *Distributed Computing* 3(3):146–158, 1989.

29. H.J. Curnow und B.A. Wichman: A Synthetic Benchmark. *Computer Journal* 19(1), 1976.

30. A. Danthine: 10 Years with OSI. Proc. *Conf. on Information Networks and Data Communication*, 1990.

31. R. Descartes: *Meditationen*. Hamburg: Felix Meiner Verlag 1960.

32. E.W. Dijkstra: Goto Statement Considered Harmful. *Comm. ACM* 11(3), 1968.

33. E.W. Dijkstra: Co-operating sequential processes. In *Programming Languages*, F.Genuys (Hrsg.), S. 42–112. London-New York: Academic Press 1968.

34. E.W. Dijkstra: Guarded Commands, Nondeterminacy, and Formal Derivation of Programs. *Comm. ACM* 18:453–457, 1975.

35. E.W. Dijkstra: Java's Insecure Parallelism. *ACM SIGPLAN Notices* 34(4):38–45, 1999.

36. P.C. Dibble: Real-Time Java(TM) Platform Programming. 2008.

37. DIN 19242 Teile 1–14: Leistungstest von Prozeßrechensystemen: Zeitmessungen. 1987.

38. DIN 19243 Teile 1–4: Grundfunktionen der prozeßrechnergestüzten Automatisierung. 1987.

39. DIN 44300: Informationsverarbeitung No. 9.2.11. 1985.

40. DIN 66253 Teil 3: *Mehrrechner-PEARL*. Berlin-Köln: Beuth Verlag 1989.

41. DIN 66253-2: *Echtzeitprogrammiersprache PEARL*. Berlin-Köln: Beuth Verlag 1998.

42. DIN 66272: Bewerten von Softwareprodukten – Qualitätsmerkmale und Leitfaden zu ihrer Verwendung. 1994.

43. DIN 66273 Teil 1: Messung und Bewertung der Leistung von DV-Systemen – Meß- und Bewertungsverfahren. 1991.

44. EEMBC Real-Time Benchmarks. http://www.eembc.com

45. P. Elzer: Anmerkungen zur (Früh-) Geschichte von PEARL. *PEARL-News* 2:3–8, 2005.

46. Ethernet Powerlink Standardization Group: http://www.ethernet-powerlink.org

47. EWICS TC7 Software Sub-Group: Techniques for the Verification and Validation of Safety-related Software. *Computer and Standards* 4:101–112, 1985.

48. M.E. Fagan: Design and Code Inspection to Reduce Errors in Program Development. *IBM Systems Journal* 15(3):182–211, 1976.

49. L. Frevert: *Echtzeit-Praxis mit PEARL*. 2. Auflage. Stuttgart: B.G. Teubner 1987. http://www.real-time.de/misc/PEARLFrev.pdf

50. B.O. Gallmeister: *POSIX.4 – Programming for the Real World*. Sewastopol: O'Reilly 1995.

51. P. Gerdsen und P. Kröger: *Kommunikationssysteme 1 – Theorie, Entwurf, Meßtechnik*. Berlin-Heidelberg: Springer-Verlag 1994.

52. W. Gerth: RTOS-UH. 2006. http://www.irt.uni-hannover.de/pub/rtos-uh/HANDBUCH/Aktuelle%20Arbeitsversion/rtosh.pdf

53. GI-Fachgruppe 4.4.2 Echtzeitprogrammierung und PEARL: *PEARL90 – Sprachreport*. Version 2.0. Bonn: GI Gesellschaft für Informatik e.V. 1995.

54. J. Gosling, B. Joy, G. Steele und G. Bracha: *The Java(TM) Language Specification*. 3. Auflage. Addison-Wesley 2005.

55. M.R. Guthaus, J.S. Ringenberg, T. Mudge und R.B. Brown: MiBench: A Free, Commercially Representative Embedded Benchmark Suite. Proc. *4th Workshop on Workload Characterization*, Austin, TX, 2001.

56. A. Hadler: RTOS-UH – Ein Überblick. 2004. http://www.iep.de/Downloads/deutsch/RTOSstart.pdf

57. W.A. Halang und A.D. Stoyenko: *Constructing Predictable Real Time Systems*. Boston-Dordrecht-London: Kluwer Academic Publishers 1991.

58. W.A. Halang und B.J. Krämer: PEARL als Spezifikationssprache. In: *PEARL 93 – Workshop über Realzeitsysteme*, P. Holleczek (Hrsg.), S. 43–51, Reihe „Informatik aktuell", Berlin-Heidelberg: Springer-Verlag 1993.

59. H.L. Hausen, M. Müllerburg und M. Schmidt: Über das Prüfen, Messen und Bewerten von Software. *Informatik-Spektrum* 10:132–144, 1987.

60. J. Heidepriem: *Prozessinformatik 2 – Prozessrechentechnik und Automationssysteme*. München: Oldenbourg 2004.

61. B. Heimann, W. Gerth und K. Popp: *Mechatronik*. München: Carl Hanser 2006.

62. R. Henn: *Deterministische Modelle für die Prozessorzuteilung in einer harten Realzeit-Umgebung*. Dissertation, Technische Universität München 1975.

63. R. Henn: Zeitgerechte Prozessorzuteilung in einer harten Realzeit-Umgebung. *GI – 6. Jahrestagung*. Informatik-Fachberichte 5, S. 343–359. Berlin-Heidelberg: Springer-Verlag 1976.

64. R. Henn: Antwortzeitgesteuerte Prozessorzuteilung unter strengen Zeitbedingungen. *Computing* 19:209–220, 1978.

65. R. Henn: Feasible Processor Allocation in a Hard-Real-Time Environment. *Real-Time Systems* 1(1):77–93, 1989.

66. R. Henn und B. Schönhoff: Antwortzeitgesteuerte Prozessorzuteilung. *Automatisierungstechnische Praxis atp* 31(10):496–498, 1989.

67. R.G. Herrtwich: Echtzeit – Zur Diskussion gestellt. *Informatik Spektrum* 12(2):93–96, 1989.

68. R.G. Herrtwich und G. Hommel: *Kooperation und Konkurrenz – Nebenläufige, verteilte und echtzeitabhängige Programmsysteme*. Berlin-Heidelberg: Springer-Verlag 1989.

69. C.A.R. Hoare: Monitors: An Operating System Structuring Concept. *Comm. ACM* 17:549–557, 1974.

70. C.A.R. Hoare: Communicating Sequential Processes. *Comm. ACM* 21:666–677, 1978.

71. H. Hölscher und J. Rader: *Mikrocomputer in der Sicherheitstechnik*. Köln: Verlag TÜV Rheinland 1984.

72. J.K. Hughes und J.I. Michtom: *Strukturierte Software-Herstellung*. München-Wien: R. Oldenbourg Verlag 1980.

73. IBM: WebSphere Real Time V 1.0.
http://www-01.ibm.com/software/webservers/realtime/

74. IEC 880: *Software for computers in the safety systems of nuclear power stations*. Genf: Internationale Elektrotechnische Kommission 1986.

75. IEC 61508: Funktionale Sicherheit sicherheitsbezogener elektrischer/elektronischer/programmierbarer elektronischer Systeme. Genf: International Electrotechnical Commission 1998.

76. IEEE/ANSI 610: *Glossary of Software Engineering Terminology*. 1990.

77. IEEE/ANSI 730: *Software Quality Assurance Plans*. 1989.

78. IEEE/ANSI 983: *Guide for Software Quality Assurance Planning*. 1986.

79. IEEE: Carrier Sense Multiple Access with Collision Detection (CSMA/CD) Access Method and Physical Layer Specifications. ANSI/IEEE Std. 802.3, New York, 2000.

80. IEEE: A Precision Clock Synchronization Protocol for Networked Measurement and Control Systems. Std. 1588. Piscataway: IEEE 2005.

81. International Electrotechnical Commission: Digital Data Communication for Measurement and Control – Fieldbus for Use in Industrial Control Systems. Norm IEC 61158, Typ 8 (Profibis-DP), Genf, 2001.

82. International Electrotechnical Commission: Digital Data Communication for Measurement and Control – Fieldbus for Use in Industrial Control Systems. Norm IEC 61158, Typ 8 (Interbus), Genf, 2001.

83. International Standardization Organization: Information Processing Systems – Open Systems Interconnection – Basic Reference Model: The Basic Model. Norm ISO/IEC 7498-1, 1994.

84. International Telecommunication Union: Transmission Systems and Media – General Recommendation on the Transmission Quality for an Entire International Telephone Connection. Recommendation G.114, Genf, 1993.

85. J. Jasperneite und E. Elsayed: Investigations on a Distributed Time-triggered Ethernet Realtime Protocol used by PROFINET. Proc. *3rd Intl. Workshop on Real-Time Networks*, 2004.

86. J. Jasperneite: Echtzeit-Ethernet im Überblick. *Automatisierungstechnische Praxis atp* 47(3):29–34, 2005.

87. H.H. Johnson und M. Maddison: Deadline Scheduling for a Real-Time Multiprocessor. *Proc. Eurocomp Conf.*, pp. 139–153, 1974.

88. R.P. Kar und K. Porter: Rhealstone, a real time benchmark proposal; an independently verifiable metric for complex multitaskers. *Dr. Dobb's Journal*, Februar 1989.

89. R.P. Kar: Implementing the Rhealstone real time benchmark, where a proposal's rubber meets the real time road. *Dr. Dobb's Journal*, April 1990.

90. G. Kasten, D. Howard und B. Walsh: Rhealstone recommendations. *Dr. Dobb's Journal*, September 1990.

91. J.P.J. Kelly und A. Avizienis: A Specification-oriented Multi-version Software Experiment. *13th Intl. Symp. on Fault-Tolerant Computing*, pp. 120–126, 1983.

92. E. Kienzle und J. Friedrich: *Programmierung von Echtzeitsystemen*. München: Carl Hanser 2008.

93. H. Kopetz: Event-triggered Versus Time-triggered Real-time Systems. Proc. *Intl. Workshop on Operating Systems of the 90s and Beyond*, pp. 87–101. London: Springer-Verlag 1991.

94. H. Kopetz: *Design Principles for Distributed Embedded Applications*. Boston: Kluwer Academic Publishers 1997.

95. A.J. Kornecki und J. Zalewski: Software Development for Real-Time Safety – Critical Applications. Proc. *29th Annual IEEE/NASA Software Engineering Workshop – Tutorial Notes*, pp. 1–95, 2005.

96. H. Krebs und U. Haspel: Ein Verfahren zur Software-Verifikation. *Regelungstechnische Praxis rtp* 26:73–78, 1984.

97. J. Labetoulle: *Ordonnancement des Processus Temps Reel sur une ressource pre-emptive*. These de 3me cycle, Université Paris VI 1974.

98. J. Labetoulle: Real Time Scheduling in a Multiprocessor Environment. IRIA Laboria, Rocquencourt 1976.

99. L. Lamport: Time, Clocks, and the Ordering of Events in a Distributed System. *Comm. ACM* 21(7):558–565, 1978.

100. I. Langer, F. Schulz v. Thun und R. Tausch: *Verständlichkeit in Schule, Verwaltung, Politik und Wissenschaft*. München-Basel: Reinhardt 1974.

101. C.H.C. Leung: *Quantitative Analysis of Computer Systems*. 1988.

102. L. Litz, Th. Gabriel, M. Groß und O. Gabel: Networked Control Systems (NCS) -– Stand und Ausblick. *Automatisierungstechnik at* 56(1):4–10, 2008.

103. C.L. Liu und J.W. Layland: Scheduling Algorithms for Multiprogramming in a Hard-Real-Time Environment. *JACM* 20:46–61, 1973.

104. Manufacturing Automation Protocol, Specification 3.0, 1988.

105. B. Meyer: Applying Design by Contract. *IEEE Computer* 25(10):40–51, 1992.

106. D.L. Mills: Internet Time Synchronization: the Network Time Protocol. *IEEE Tranactions of Communications* 39(10):1482–1493, 1991.

107. D. Mills: Network Time Protocol (Version 3) Specification, Implementation ans Analysis. IETF, 1992.

108. A.K. Mok: *Towards Mechanization of Real-Time System Design*. Foundations of Real-Time Computing: Formal Specifications and Methods. Dordrecht: Kluwer Academic Publishers 1991.

109. G.J. Myers: A Controlled Experiment in Program Testing and Code Walkthroughs/Inspections. *Comm. ACM* 21:760–768, 1978.

110. M. Nagl: *Softwaretechnik und Ada 95 – Entwicklung großer Systeme*. 5. Auflage. Wiesbaden: Vieweg-Verlag 2003.

111. F. Nemer, H. Cassé, P. Sainrat, J.P. Bahsoun und M. De Michiel: PapaBench: a Free Real-Time Benchmark. Proc. *Workshop on Worst-Case Eexecution Time Analysis*, Dresden, 2006.

112. National Institute of Standards and Technology: Engineering Principles for Information Technology Security.
http://csrc.nist.gov/publications/nistpubs/800-27/sp800-27.pdf

113. National Institute of Standards and Technology: Federal Information Processing Standards Publication 197: Announcing the Advanced Encryption Standard. 2001.

114. Object Management Group: UML 2.0 Superstructure Specification, 2004. http://www.omg.org/cgi-bin/doc?ptc/04-10-02

115. Object Management Group: UML Profile for Schedulability, Performance, and Time Specification 1.1 (formal/05-01-02), 2005.

116. D.L. Parnas, J. van Schouwen und S.P. Kwan: Evaluation of Safety-critical Software. *Comm. ACM* 33(6):636–648, 1990.

117. M.C. Paulk, B. Curtis, M.B. Chrissis und C.V. Weber: Capability Maturity Model for Software, Version 1.1. Software Engineering Institute CMU/SEI-93-TR-24, 1993.

118. M. Popp und K. Weber: *Der Schnelleinstieg in PROFINET*. Karlsruhe: Profibus Nutzer-Organisation 2004.

119. Profibus User Organisation: http://www.profibus.com

120. F.J. Redmill (Hrsg.): *Dependability of Critical Computer Systems*. Vol. 1. London-New York: Elsevier Applied Science 1988.

121. L. Rembold: *Realzeitsysteme zur Prozeßautomation*. München-Wien: Hanser 1994.

122. RTOS-UH: http://www.irt.uni-hannover.de/rtos/rtosfble.html

123. RTSJ Reference Implementation (RI) and Technology Compatibility Kit (TCK). http://www.timesys.com/java/index.php

124. RTSJ Final Release 3. http://jcp.org/en/jsr/detail?id=1

125. RTSJ Real-Time Specification for Java. http://www.rtsj.org/

126. N.C. Schaller, G.H. Hilderink und P.H. Welch: Using Java for Parallel Computing: JCSP versus CTJ, a Comparison. In *Communicating Process Architectures 2000*, P.H. Welch und A.W.P. Bakkers (Hrsg.), S. 205–226. Amsterdam: IOS Press 2000.

127. W. Schaufelberger et al.: *Echtzeitprogrammierung bei Automatisierungssystemen*. Stuttgart: Teubner 1985.

128. R. Schiedermeier: *Programmieren mit Java – eine methodische Einführung*. München: Pearson 2005.

129. K.P. Schmidt: Rahmenprüfplan für Software: Formblätter und Anleitung für Prüfungen von Software nach den Güte- und Prüfbestimmungen Software RAL-GZ 901 und der Vornorm DIN 66285: Anwendungssoftware, Prüfgrundsätze. Forschungsbericht GMD 312. Sankt Augustin: Gesellschaft für Mathematik und Datenverarbeitung 1988.

130. F.B. Schneider: *On Concurrent Programming*. New York: Springer-Verlag 1997.

131. S. Schneider: *Concurrent and Real-Time Systems*. Chichester: John Wiley and Sons 2000.

132. G. Schrott: *Ein Zuteilungsmodell für Multiprozessor-Echtzeitsysteme*. Dissertation, Technische Universität München 1986.

133. F. Schulz v. Thun: Verständlichkeit von Informationstexten: Messung, Verbesserung und Validierung. *Z. Sozialpsychol.* 5:124–132, 1974.

134. B. Selić, G. Gullekson und P.T. Ward: *Real-Time Object-Oriented Modeling*. John Wiley and Sons, Inc., 1994.

135. SIGAda: Ada Performance Issues. *Ada Letters* 10(3), 1990.

136. J.A. Stankovic: Misconceptions about Real-Time Computing. *IEEE Computer*, pp. 10–19, Oktober 1988.

137. I. Steinbach, I. Langer und R. Tausch: Merkmale von Wissens- und Informationstexten im Zusammenhang mit der Lerneffektivität. *Z. Entwicklungspsychol. Päd. Psychol.* 4:130–139, 1972.

138. R. Steinmetz: *Multimedia-Technologie: Einführung und Grundlagen.* Berlin-Heidelberg: Springer-Verlag 1993.

139. F. Stetter: *Softwaretechnologie.* Reihe Informatik Nr. 33. Mannheim: B.I. Wissenschaftsverlag 1980.

140. Sun: Java Community Process (JSP). `http://jcp.org/en/home/index`

141. Sun: Java Real-Time System (Java RTS). `http://java.sun.com/javase/technologies/realtime.jsp`

142. A. Schürr: Vorlesung Echtzeitsysteme, Technische Universität Darmstadt. `www.es.tu-darmstadt.de/lehre/ws0607/es/download/ES.pdf`

143. T. Swoyer: Balancing Responsiveness, I/O throughput, and Computation. *Real-Time Magazine* 1:73–78, 1994.

144. S.T. Taft, R.A. Duff, R.L. Brukardt, E. Ploedereder und P. Leroy (Hrsg.): *Ada 2005 Reference Manual. Language and Standard Libraries.* International Standard ISO/IEC 8652/1995(E) with Technical Corrigendum 1 and Amendment 1. Lecture Notes in Computer Science, Vol. 4348. Berlin-Heidelberg-New York: Springer-Verlag 2006.

145. A.S. Tanenbaum: *Moderne Betriebssyteme.* München: Carl Hanser 1995.

146. A. Tanenbaum und M. van Steen: *Distributed Systems.* Pearson Prentice Hall, 2007.

147. T. Tempelmeier: On the Real Value of New Paradigms. In *OMER – Object-Oriented Modeling of Embedded Real-Time Systems*, P.P. Hofmann und A. Schürr (Hrsg.). Lecture Notes in Informatics, P-5. Bonn: Bonner Köllen Verlag 2002.

148. J.P. Thomesse: Time and Industrial Local Area Networks. Proc. *Computers in Design, Manufacturing, and Production*, S. 365–374, 1993.

149. M. Uhle: Leistungstest für Prozeßrechner nach DIN 19242. *Automatisierungstechnische Praxis atp* 31(5):224–229, 1989.

150. VDE 0116: *Elektrische Ausrüstung von Feuerungsanlagen.* Berlin: Beuth Verlag 1989.

151. VDI 2880: *Speicherprogrammierbare Steuerungsgeräte – Sicherheitstechnische Grundsätze.* Berlin: Beuth Verlag 1985.

152. VDI/VDE-Richtlinie 3687: Auswahl von Feldbussystemen durch Bewertung ihrer Leistungseigenschaften für verschiedene Anwendungsbereiche. Berlin: Beuth Verlag, 1997.

153. M. Wannemacher und W.A. Halang: GPS-based Timing and Clock Synchronisation for Real-time computers. *IEE Electronics Letters* 30(20):1653–1654, 1994.

154. D. Whiddett: *Concurrent Programming for Software Engineers.* Ellis Horwood 1987.

155. E. Yourdon: *Structured Walkthroughs.* Englewood Cliffs: Prentice-Hall 1980.

156. D. Zöbel: *Echtzeitsysteme – Grundlagen der Planung.* Berlin-Heidelberg: Springer 2008.